南京水利科学研究院出版基金资助

长江上游梯级水库群多目标联合调度技术丛书

应对突发水污染事件的水库群应急预警与调度

陈炼钢　施勇　等 著

·北京·

内 容 提 要

本书选择长江上游为研究区域，以突发水污染事件风险识别与评估为切入点，构建梯级水库群应急调度水量水质模拟与预警模型，研究突发水污染事件风险扩散、传递、演化规律，提出梯级水库群应急与常态协同调度方法，编制针对突发水污染事件的梯级水库群应急调度预案；从事前的风险预判和调度预案，到事后的实时预警和应急调度，形成梯级水库群应急预警与调度快速、精准、协同响应成套技术，对长江上游梯级水库群安全运行及发挥其综合效益具有重大的现实意义和科学价值。

本书可供从事水资源与水环境保护领域的广大科技工作者、工程技术人员和管理人员参考使用，也可作为高等院校水利工程、环境科学与工程等相关专业高年级本科生和研究生的教学参考书。

图书在版编目（CIP）数据

应对突发水污染事件的水库群应急预警与调度 / 陈炼钢等著. -- 北京 : 中国水利水电出版社, 2020.12
（长江上游梯级水库群多目标联合调度技术丛书）
ISBN 978-7-5170-9324-4

Ⅰ. ①应… Ⅱ. ①陈… Ⅲ. ①长江流域—上游—水污染—突发事件—影响—水库污染—预警系统—研究②长江流域—上游—水污染—突发事件—影响—并联水库—水库调度—研究 Ⅳ. ①TV697.1

中国版本图书馆CIP数据核字(2020)第270204号

书　　名	长江上游梯级水库群多目标联合调度技术丛书 **应对突发水污染事件的水库群应急预警与调度** YINGDUI TUFA SHUIWURAN SHIJIAN DE SHUIKUQUN YINGJI YUJING YU DIAODU
作　　者	陈炼钢　施勇　等　著
出版发行	中国水利水电出版社 （北京市海淀区玉渊潭南路1号D座　100038） 网址：www.waterpub.com.cn E-mail：sales@waterpub.com.cn 电话：（010）68367658（营销中心）
经　　售	北京科水图书销售中心（零售） 电话：（010）88383994、63202643、68545874 全国各地新华书店和相关出版物销售网点
排　　版	中国水利水电出版社微机排版中心
印　　刷	北京印匠彩色印刷有限公司
规　　格	184mm×260mm　16开本　13.75印张　335千字
版　　次	2020年12月第1版　2020年12月第1次印刷
印　　数	0001—1000册
定　　价	**128.00**元

前言

突发水污染事件具有不确定性、流域性、易扩散性、持续性、危害性、处理艰巨性、影响长期性，难以从根本上杜绝，且其污染物排放无固定途径等特点。相关统计结果显示，在每年的各类突发环境事件中，水污染事件所占比重均达到了50%左右。每一次突发水污染事件都可能危及城乡供水系统，而且破坏当地的生态环境，给社会稳定造成巨大的威胁。我国是世界上水库大坝数量最多的国家，合理调度水库进行应急处置可有效降低突发水污染事件的危害程度和影响范围。但是，运用水库调度进行流域突发水污染应急处置仍然存在着诸多问题，包括水污染事件信息掌握不足，水库运用方式的选择尚不成熟，应急调度理论、技术方法和管理体系不完善等，流域水库群应急预警与调度研究任务依然艰巨。

截至2020年，长江上游已建成大型水库112座，总调节库容800余亿m^3。在保证水库大坝本身和上下游水流安全及生态环境允许的条件下，如何科学合理地利用水库宝贵的调节库容，充分发挥各水库的应急调度潜力，以实现突发水污染事件的高效处置，是一个复杂且亟待解决的科学技术难题。本书以长江上游为研究区域，以突发水污染事件风险识别与评估为切入点，构建梯级水库群应急调度水量水质模拟与预警模型，研究突发水污染事件风险扩散、传递、演化规律，提出梯级水库群应急与常态协同调度方法，编制针对突发水污染事件的梯级水库群应急调度预案；从事前的风险预判和调度预案，到事后的实时预警和应急调度，为长江上游突发水污染事件应急预警和调度提供理论指导和技术支撑。

本书共分为6章：第1章概述了研究背景、进展和内容；第2章梳理了突发水污染事件演化规律，并对长江上游突发水污染事件风险进行了识别与评估；第3章研发了长江上游突发水污染事件应急模拟与预警数学模型，并开展了情景模拟应用；第4章构建了梯级水库群应急与常态协同优化调度模型，提出了高效的求解算法，并开展了应急调度的情景应用；第5章编制了长江上游突发水污染事件应急调度预案，明确了相关的应急体系及业务流程；第6章为结论与展望。

全书由陈炼钢、施勇统稿；施勇负责顶层设计、技术指导和成果审核；陈炼钢主笔第3章、1.2.2节、1.5节，参编1.1节和第6章；刘俊峰主笔第4章，参编1.1节、1.2.3节和第6章；朱惇主笔第2章，参编1.1节、1.2.1节和第6章；张静主笔第5章和2.2节，参编第6章；熊金和主笔1.3节；喻杉主笔1.4节。

本书的研究得到了“水资源高效开发利用”国家重点研发计划课题“应对突发水安全事件的水库群应急调度技术”（2016YFC0402207）的支持，该课题研究由南京水利科学研究院、武汉大学、长江水资源保护科学研究所、长江流域生态环境监测与科学研究中心、长江勘测规划设计研究有限责任公司、长江水利委员会水文局联合承担，感谢所有参研人员的辛勤付出和相关单位诸多领导及专家的大力帮助和指点。本书的出版还得到了国家自然科学基金面上项目“多闸坝河网多源水龄时空分异特征及其水质效应”（51679143）的支持和南京水利科学研究院出版基金的资助，在此一并深表感谢！

由于作者水平有限，书中错漏在所难免，很多问题有待进一步深入探讨和研究；在引用文献时，也可能存在挂一漏万的问题，盼请读者斧正。

作者

2020年10月于南京

目录

第1章

绪　论

1.1 研究背景与意义

突发水污染事件主要是指由于事故（交通、污染物储存设施破坏、污水管道破裂、污水处理厂事故排放等）、人为破坏和极端自然现象（地震、大暴雨等）引起的一处或多处污染泄漏，短时间内大量污染物进入水体，导致水质迅速恶化，影响水资源的有效利用，严重影响经济、社会的正常活动和破坏水生态环境的事件。如1994年淮河下游特大水污染事件，2002年南盘江流域突发水污染事件，2004年四川沱江流域突发氨氮污染事件，2004年黄河包头段挥发酚特大水污染事件，2005年松花江特大突发苯污染事件，2006年岳阳新强河突发砷污染事件，2007年贵州都柳江砷污染事件，2008年湖南辰溪砷中毒事件，2008年云南阳宗海砷污染事件，2009年江苏盐城酚污染事件，2011年浙江新安江苯酚泄漏污染事件，2012年广西河池市宜州区境内龙江镉污染事件，2013年山西浊漳河苯胺泄漏污染事件，2013年广西贺江镉、铊污染事件，2016年江西仙女湖重金属污染事件，2017年山西汾河粗苯污染事件等。每一次突发水污染事件不仅造成了巨大的经济损失，而且严重地破坏了当地的生态环境，影响城市供水系统，给社会稳定造成巨大的威胁。

长江作为我国第一大河流，承载着我国重要的社会经济发展重任，随着工业经济的快速发展，人为或者自然灾害造成的突发水污染事件越来越多，包括交通运输车翻倾导致的有毒有害化学品泄漏、尾矿塌坝泄漏、船舶石油泄漏，这些事故的发生严重威胁城市的供水安全。突发水污染事故的发生往往具有地点、污染源的不确定性，同时由于事发突然，往往会在极短时间内存在大量的污染源，如果不采取有效的措施来处置这些污染物，会严重地影响正常的生产和生活，甚至会造成受灾区域人员的伤亡。

突发水污染事件的特点是：突如其来、演变迅速、连带效应强、社会影响较大。具体表现如下：

（1）事件的潜在性。潜在性包括两个方面：一是导致水污染事件发生的因素不易被人们发现或重视；二是水污染事件造成的损失也是潜在的，即水污染事件的发生不一定立刻表现出明显的损失，有时候损失具有缓慢性、隐蔽性、延时性、累积性及传递性等。事件的潜在性使人们难以客观地认识和预防事件的发生以及事件带来的损失。

（2）发生的突然性。一般的环境污染是一种常量的排污，有其固定的排污方式和排污途径，并在一定时间内有规律地排放污染物质。而突发水污染事件没有固定的排污方式，往往突然发生，始料未及，来势凶猛，有着很大的偶然性和瞬时性。

(3) 形式的多样性。突发水污染事件种类多，有农药化学品污染事件、溢油事件、重金属污染事件等，还有交通事故引起的水污染事件、生产事故引起的水污染事件等。发生的时间、地点与污染物质种类均具有不确定性。

(4) 危害的严重性。一般的环境污染多产生于生产过程之中，在短时间内的排污量少，其危害性相对较小，一般不会对人们的正常生活和生产秩序造成严重的影响。而突发水环境污染事件则是瞬时内一次性大量泄漏、排放有毒、有害物质，如果事先没有采取防范措施，在很短时间内往往难以控制，因此其破坏性强，污染损害惨重，不仅会打乱一定区域内人群的正常生活、生产的秩序，还会造成人员伤、国家财产的巨大损失以及生态环境的严重破坏。

(5) 发生发展的不确定性。突发水污染事件往往是由同一系列微小环境问题相互联系、逐渐发展而来的，有一个量变的过程，但事件爆发的时间、规模、具体态势和影响深度却经常出乎人们的意料，即突发水污染事件发生突如其来，一旦爆发，其破坏性的能量就会被迅速释放，其影响呈快速扩大之势，难以及时有效地予以预防和控制，同时，突发水污染事件大多演变迅速，具有连带效应，以至于人们对事件的进一步发展，如发展方向、持续时间、影响范围、造成后果等很难给出准确的预测和判断。

(6) 社会公众的影响性。水污染事件直接涉及范围不一定是普遍的公共领域，但是事件却往往因为传播迅速引起公众的关注，成为公共热点并造成公众心理恐慌和社会秩序混乱。政府必须要通过调动紧急应对的公共资源，进行有序的组织协调和应对处理，才能妥善地予以解决和平息。

(7) 处理的紧迫性、艰巨性。突发水污染事件涉及的污染因素较多，一次排放量也较大，发生又比较突然，事件发展迅速，危害强度大，而处理处置这类事件又必须快速及时，措施得当有效。因此，需要及时拿出对策，采取非常态措施，以避免事态恶化。

水污染事件影响时间长、处理困难、危害严重，造成污染事件的有害物质很难清除，污染物在水环境中扩散可能污染到更为广泛的生态环境，而且也可能富集或转变成毒性更大的物质，从而使危害具有长期性。在处理污染的过程中，通常会投放其他化学物质与污染物发生反应，容易产生新的污染物，因此处理任务艰巨。对于突发性水污染的应急处置通常可分为工程性措施和非工程性措施两大类。在天然河流中，若采用工程措施（如吸附、混凝等）进行处置，不仅投入大，而且一些化学药物的运用还存在负面影响。如果能够充分地利用当地调蓄水工程，在第一时间采取应急调度措施，合理调度水库进行污染处置，不仅可以快速稀释河流中污染物的浓度，而且还能够加快污染团的运移、扩散作用，有效降低污染物的危害程度和危害范围。例如：2005 年广东北江镉污染事件中采用了加大上游水库下泄流量稀释水体中的污染物，利用人工小洪峰加快污染物运移到下游处置区的应急措施，有效地控制了污染事故的恶化；2006 年 1 月黄河一级支流伊洛河柴油污染事件发生后，水利部黄河水利委员会实施应急水量调度，分别采取减小支流水库下泄流量和加大小浪底水库下泄流量的措施，减少了单位时间内进入黄河干流的污染物总量，不仅为地方政府组织实施柴油清理、处置污染事件赢得了时间，而且也有效地降低了干流河水中污染物的浓度；2009 年渭河发生的柴油泄漏事件导致黄河水体受到污染，事发后利用三门峡水库截留作用成功地为油污处置赢得了时间；2011年四川涪江锰矿水污染事件中，通过人工控泄和梯级调度的方式实现了水体中污染物扩散的控制，有效地保护了未受污染的水源；2012年广西龙江发生的镉污染事件中，通过调度柳江上游大埔、麻石等水库的下泄流量进行冲污稀释，保证了下游柳州市供水安全。

1.2 国内外研究进展

1.2.1 突发水污染事件风险识别与评估

1.2.1.1 污染风险源识别标准与技术

风险源的有效辨识是风险评估的前提。环境风险源识别最初来源于危险源的识别。1982年6月欧洲共同体（简称“欧共体”）发布了关于化学品引发的重大事故的委员会指令，即《工业活动中重大事故危险法令》（EEC Directive 82/501，简称《塞韦索法令》），该法令列出180种（类）物质及其临界量标准，既包括工业生产，也包括危险化学品的仓储。如果工厂内某一设施或相互关联的一组设施中聚集了超过临界量的上述物质，则将该设施或该组设施定义为一个重大危险源。经过几年的实践，1996年12月通过了对《塞韦索法令》的修正案，发布了新的委员会法令——《危险物质重大事故危险的控制》（简称《塞韦索法令Ⅱ》），《塞韦索法令Ⅱ》限定的化学危险品的数量为30种（类），较原法令规定的180种（类）要少，但考虑到它又将清单外的化学危险品作了危险分类并规定了相应的临界量，因而从总体上看，《塞韦索法令Ⅱ》的管理范围要大于原法令（李荷华等，2018）。

为实施《塞韦索法令》，英国、荷兰、德国、法国、意大利和比利时等欧共体成员国都颁布了有关重大危险源的控制规程，要求对工厂的重大危险源进行辨识、评价，并提出相应的事故预防和应急计划措施。1988年国际劳工组织（ILO）出版了《重大危险源控制手册》，1991年ILO出版了《预防重大工业事故细则》。1992年国际劳工大会第79届会议对预防重大工业灾害的问题进行讨论，1993年通过了《预防重大工业事故公约》和建议书，该公约为建立国家重大危险源控制系统奠定了基础。1992年美国政府颁布了《高度危险化学品处理过程的安全管理》标准（PSM），随后美国环境保护局（EPA）颁布了《预防化学泄漏事故的风险管理程序》（RMP）标准，对重大危险源辨识提出了规定。1996年澳大利亚国家职业安全卫生委员会（NOHSC）颁布了重大危险源控制国家标准。此后，综合参考各国发生的重大事故和各成员国之间协商与交流的意见，欧盟先后在2003年颁布修订后的《塞韦索法令Ⅱ》，即《塞韦索法令》（2003/105/EC）及2012年《塞韦索法令》（2012/18/EU），使得该法令内容更加完善。

我国关于重大危险源控制的研究工作开始于20世纪90年代，并列入了国家的“八五”攻关计划。1997年开始，在全国的6个大城市北京、上海、天津、青岛、深圳和成都，进行了重大危险源的普查试点，2000年颁布了国家标准《重大危险源辨识》（GB 18218—2000），为我国重大危险源的辨识提供了基本的依据。该标准特别注重可能会对社会带来灾害的化工生产中的危险源，鉴于核设施和军事设施的特殊性，该标准并不适用；

同样也不适用于地下采掘和危险物质运输等行业，虽然有导致众多人员伤亡的危险，但这类事故有它们的特殊性。2009年，为了进一步和国际接轨，我国在颁布一系列法律、法规的基础上，参考《塞韦索法令Ⅱ》和《塞韦索法令》(2003/105/EC)，颁布了《危险化学品重大危险源辨识》(GB 18218—2009)，这个标准弥补了《重大危险源辨识》(GB 18218—2000)多方面的不足，更有针对性和操作性，使我国重大危险源评价和控制与国际标准相近，为重大危险源的监管工作确定了依据(王爽和王志荣，2010)。

《危险化学品重大危险源辨识》(GB 18218—2009)与旧标准《重大危险源辨识》(GB 18218—2000)相比主要变化有：标准名称的改变、标准适用范围的改变、部分术语和定义的修订、危险化学品类别的修订、危险化学品临界量的改变以及危险单元划分的改变(应红梅，2013)。新标准将旧标准名称《重大危险源辨识》改为《危险化学品重大危险源辨识》，对其辨识范围进行了重新定位；新标准将采矿业中涉及的危险化学品加工工艺和存储活动的内容纳入了适用范围，并将海上石油天然气开采活动划入了不适用范围；新标准将辨识依据分为两部分内容，按照《危险货物分类和品名编号》进行归类，并参考了国外法规或标准对于危险物质的分类，在旧标准基础上加入了易燃固体、易于自燃物质、遇湿易燃物质以及腐蚀性物质等类别划分成分，标准中包含的物质参考了重大危险源普查城市数据中构成重大危险源的主要化学品、500起重大事故的引发物质、国外重大危险源有关法规或标准规定重点控制的危险物质，以及其他危险化学品的类别和临界量；新标准取消了生产场所危险单元和贮存区危险单元的概念，也取消了生产场所临界量和贮存区临界量的区分，并参考了国外法规标准中相应物质的界定方法。

1.2.1.2 水污染风险源评价发展趋势

国外水污染风险源评价主要经历三个阶段：第一阶段，按风险源发生事故的概率进行评价，又称为概率风险评价；第二阶段，根据水污染事故发生后，其污染物质对生态环境和人体健康的影响程度进行评价，又称为污染物生态安全性评价；第三阶段是根据风险源固有风险及其发生污染事故后所产生的一系列影响进行的综合分析评价来确定风险大小，又称为综合评价。概率风险评价始于20世纪70年代，起源于美国。此间随着一些重大事故的发生，各国政府投入巨大的精力研究此种方法进行风险评价，使得概率风险评价技术得到了极大的完善与发展。其中，美国核管理委员会于1975年完成的核电厂概率风险评价体系、英国生产管理局的工业设施危险评价、荷兰对石油化工地区的风险评价是此阶段概率风险评价具有代表性的评价体系。20世纪80年代左右，水污染事故频发，其事故后的污染对人体健康和生态环境的严重影响引起了人们的广泛关注，同时依靠污染物生态安全性的评价渐渐取代了依靠概率评价风险的评价体系。这一时期，风险评价在理论上有了更为丰富的内容，其中美国科学院提出的以危险鉴别、剂量-效应评价、暴露评价和风险表征的健康风险评价体系被多国和国际组织所采用。在风险评价发展和完善的基础上，风险源识别技术理论上也有了更为丰富的内涵，改善了第一阶段的风险源识别技术评价的时空局限，风险源识别不仅关注自身的风险性，同时又将事故发生后的污染所导致的环境风险一并纳入考虑范围。在众多学者的不断开拓创新下，如今对风险源的评价已将健康风险评价和事故风险评价结合起来进行综合评价，也就是现在经常采用的综合风险评价。综合风险评价包含多指标、综合性等特点，多种化学污染物及各种环境风险事故也逐渐纳入风险源识别体系中，评价的范围也逐渐扩大到流域及景观区域尺度，风险源识别范围也将逐渐扩展到时间与空间交错变化的尺度（Ramaswami 等，2005；Donaldson 等，2007）。

我国的风险评价研究起步较晚，多以介绍和应用国外的研究成果为主，且大多局限于对生产安全危险源的评价。对河流突发污染事件的风险评价方面，胡二邦（2009）通过全面归纳突发水污染事件的含义，概括和总结了风险评价理论，从而提出了对突发水污染事件进行风险评价的设想。具体评价内容及体系基本上参阅化工、工程类风险评价，包括危害识别、事故频率和后果估算、风险计算及风险减缓四个步骤。在环境风险管理方面，汪立忠等（1998）论述了国内外突发污染事件研究的进展过程，提出在解决包括突发水污染在内的突发性环境污染事件进行风险管理的具体措施及要求。此外，在具体评价方法的研究方面，张维新等（1994）借助模糊优选理论提出了经济实用的工厂环境污染事件风险模糊评价方法；刘国东等（1999）在探讨交通污染事件对河流水质影响的风险评价方法之后将其应用于实际工程；徐峰等（2003）在水体扩散模型的理论基础上，推导出了一系列适用于评估突发水污染事件危害后果的定量估算公式，能够用于危险源鉴别、特征等浓度线确定、事件特征危害区与危害期估算、事件下游各处危害期估算等方面的研究分析。在对河流突发与非突发水污染风险分析进行比较研究的前提下，曾光明等（1998）通过对比分析，提出不同时间段、不同河流断面，两类风险的大小有显著差别。在探讨河流水环境的脆弱性和受污染水体对人体健康的危害性方面，祝慧娜等（2009）在借助模糊评价理论综合研究分析后，建立了模糊综合评价模型，并且利用该模型对湘江水环境污染风险进行分析评价，较直观地反映了湘江水环境污染风险水平。贾倩等（2010）利用蝴蝶结分析法、危害指数法、数据库技术与网络技术方法，以突发事件固定源、突发事件移动源与累积环境风险源为研究对象，完成了环境污染事件解析、环境风险源评估以及需要借助 GIS 的环境风险源管理软件系统。

我国学者通过长期的研究总结，不断吸收国外成功的风险评价经验，在评价方法上，由先前已有的单因子、多因子综合评价，引入了近年发展起来的指标体系法，有效地对风险源的各个组织水平的各类信息进行了综合评价，而对区域综合性风险评价的研究还是相对较少，且多以定性为主。

1.2.1.3 水污染风险源的分级评估方法

用于生产过程或设施的危险评价方法有几十种。常用的危险评价方法可分为定性评价方法、指数评价方法和概率风险评价方法等几大类（郭振仁等，2009）。

1. 定性评价方法

定性评价方法主要是根据经验和判断能力对生产系统的工艺、设备、环境、人员、管理等方面的状况进行定性的评价。属于这类评价方法的有：安全检查表、预先危险性分析、故障类型和影响分析，以及危险可操作性研究等方法。这类方法的特点是简单、便于操作，评价过程及结果直观。目前，在国内外企业安全管理工作中被广泛使用。但是，这类方法含有相当高的经验成分，带有一定的局限性，对系统危险性的描述缺乏深度。不同类型评价对象的评价结果没有可比性。

2. 指数评价方法

美国陶氏化学公司（Dow Chemical）的火灾、爆炸指数法，帝国化学工业公司（Imperial Chemical Industries）的蒙德评价法，日本的六阶段危险评价法和我国的化工厂危险程度分级方法等，均为指数评价方法。指数的采用使得对系统结构复杂、用概率难以表述其危险性单元的评价有了一个可行的方法。这类方法操作简单，是目前应用较多的评价方法之一。采用指数可以避免事故概率及其后果难以确定的困难，评价指数还同时含有事故频率和事故后果两个方面的因素。但其主要缺点是评价模型对系统安全保障体系的功能重视不够，特别是未予考虑危险物质和安全保障体系间的相互作用关系。尽管把蒙德评价法应用于我国化工厂的危险程度分级时，已对上述问题有了一定的考虑，但这种缺陷仍是很明显的。各因素之间均以乘积或相加的方式处理，忽视了各因素之间重要性的差别。自开始起，评价就用指标值给出，使得评价后期对系统的安全改进工作较困难。在目前的各类指数评价模型中，指标值的确定只和指标的设置与否有关，而与指标因素的客观状态无关，致使危险物质的种类、含量、空间布置相似，而实际安全水平相差较远的系统，其评价结果相近，导致这类方法的灵活性和敏感性较差。指数评价法目前在石油、化工等领域应用较多。

3. 概率风险评价方法

概率风险评价方法是根据元部件或子系统的事故发生概率，求取整个系统的事故发生概率。1974 年，美国学者拉姆逊教授（Porf. Norman C. Rasmussen）采用该方法进行民用核电站的安全评价，继而在 1977 年英国坎威岛（Canvey Island）石油化工联合企业的危险评价、1979 年德国对 19 座大型核电站的危险评价、1979 年荷兰学者雷杰蒙德（Rijnmond）6 项大型石油化工装置的危险评价等，都是使用概率评价方法。这些评价项目都耗费了大量的人力、物力，在方法的讨论、数据的取舍、不确定性的研究，以及灾害模型的研究等方面均有所创建，对大型企业的危险评价方法影响较大。一方面这种方法系统结构清晰，相同元件的基础数据相互借鉴性强，已在航空、航天、核能等领域得到了广泛应用；另一方面，这种方法要求数据准确、充分，分析过程完整，判断和假设合理，对于化工、煤矿等行业，由于系统复杂，不确定性因素多，人员失误概率的统计十分困难。因此，这种方法至今未能在此类行业中取得进展。

1.2.2 突发水污染事件模拟与预警

突发水污染事件由于具备不确定性，对于突发事件的预报预警是减少环境、经济财产、人员损失的重要措施。突发水污染事件的预报预警通常是利用先进的检测手段，建立监测网络，及时向相关部门发送突发危险报告，以引起相应的举措。20 世纪 60 年代美国就开始建立自动水质监测系统，随后英国和法国分别在特棱特河和塞纳河建立了各自的突发水污染预警系统。污染物进入河流后随水流运动，在运动过程中受到水力、水文、物理、化学、生物、生态、气候等因素的影响，引起污染物的对流、扩散、混合、稀释和降解（张明亮，2007），河流水量水质耦合模型就是研究水流及其携带的污染物质在河道中运动规律的基本数学工具。自 1871 年圣维南建立一维非恒定水流运动方程、1925 年 Streeter - Phelps 提出 DO - BOD 氧平衡模型，水量水质耦合模型从一维到二维再到三维、从单一河道到河网、从单一组分到多组分相互作用再到包含生态学过程的发展非常迅速（徐祖信等，2003）。随着计算机及信息科学的高速发展，水量水质耦合数学模型的应用也越来越广泛，已成为流域水环境管理必不可缺的基本工具。

1.2.2.1 水量水质模拟进展

自1925年Streeter－Phelps在Ohio河建立河流水质模型以来，水质模型的研究已经历了如下3个阶段（徐祖信等，2003；宋国浩等，2008）：①线性系统模型阶段，以氧平衡模型为核心，模型中考虑的水质因子包括BOD、DO、有机氮、氨氮、亚硝酸盐氮和硝酸盐氮等，模型空间维度包括一维和二维；②非线性系统模型阶段，围绕水体的富营养化，模型涉及营养物质氮、磷循环系统，浮游动植物系统，生物生长率同这些营养物质、阳光、温度的关系，以及浮游植物和浮游动物生长率之间的关系，模型维度拓展到三维；③多介质环境综合生态系统模型阶段，将水体内部的污染物变化过程和水体外部污染物跨边界的过程相联系，组成一个能描述多介质环境中污染物转化和介质间污染物迁移的数学模型，包括水生生态系统和水中营养物质的交互、水质与底质的交互、水相与固相的交互、水体与大气的交互等多个方面。

1. 国外水质数学模型研究概况

国外对水质模型的研究历史很长，目前已相对成熟和完善，已进入产品化和系统化阶段，当前国际上知名的水质模型有EFDC、WASP、MIKE、QUAL2K、EPD－RIV1、CE－QUAL－ICM等。

EFDC是弗吉尼亚海洋科学研究所开发的地表水水动力-水质模型，支持一维、二维、三维模拟，包括水动力模块、泥沙输移模块、有毒污染物模块及常规水质因子模块。EFDC是USEPA最为推荐使用的水质模型之一，目前已在100多个水体（包括河流、湖泊、水库、湿地、河口及海湾）的水动力-水质过程模拟中得到了成功应用（Tetra Tech，INC.，2007）。

WASP是USEPA环境研究实验室开发的地表水水质模型系统，支持一维、二维、三维模拟，包括EUTRO和TOXI两个模块，能模拟多种水质组分：如水温、盐度、细菌、氮化合物、磷化合物、DO、BOD、藻类、硅土、底泥、示踪剂、杀虫剂、有机物以及用户自定义的物质等在河流、湖泊和河口等水体中的输移与扩散（Wool等，2001）。

MIKE系列模型是丹麦水力学研究所推出的水环境模拟综合软件产品，包括MIKE11、MIKE21、MIKE3、ECOLab等，支持一维、二维、三维模拟，可用于河流、湖泊、湿地、水库等的水动力-水质-生态模拟，在大量的工程应用中取得了良好的效果。

QUAL2K是USEPA水质模拟中心于2003年在QUAL2E基础上开发的纵向一维河流稳态模型，可模拟分枝河网的富营养过程。模型可模拟溶解氧、生化需氧量、氨氮、亚硝酸盐氮、硝酸盐氮、溶解的正磷酸盐、藻类-叶绿素a、大肠杆菌、温度等15种水质因子，并引入了水生生态系统与各污染物之间的关系，是非线性多因子水质模型的代表（Chapra等，2008）。

EPD－RIV1是USEPA水质模拟中心基于美国陆军工程师兵团水道实验站CE－QUAL－RIV1模型开发的纵向一维河流水动力-水质模型，包括水动力模块和水质模块两个部分。模型能够模拟具有大量水工建筑物的河网系统的非恒定水流状态，可模拟水温、氮、磷、溶解氧、生化需氧量、藻类、铁、锰、大肠杆菌等 16 种水质因子（Martin 等，1995）。

CE－QUAL－ICM 是美国陆军工程师兵团水道实验站开发的一个一维、二维、三维水体富营养化水质模型，适用于河流、湖泊、水库、湿地、河口及海湾等任意地表水水体。模型可模拟水温、盐度、藻、碳、氮、磷、硅、溶解氧、浮游动物、病原体及有毒物质等 27 种水质因子（Cerco 等，1995）。

2. 国内水质数学模型研究概况

与国外相比，我国水质模型的研究起步较晚，但在 20 世纪 80 年代中期以后迅速发展，取得了相当多的成果，但总体来说相对零散，模型的通用性、全面性和易用性都有待进一步提升，还未进入产品化和系统化阶段。褚君达等（1992）、韩龙喜等（1998）采用类似河网水动力三级联解的方法建立了河网水质模型。徐贵泉等（1996）建立了感潮河网水量水质模型，不仅能反映感潮河网水体的水量、水质在受到各种因素影响下的变化规律，而且能反映感潮河网水体中各水质组分在厌氧、缺氧和耗氧状态下互相影响的变化规律。金忠青等（1998）采用组合单元法构建了适用于平原河网的水质模型，并在江苏南通河网进行了应用。徐小明（2001）采用松弛迭代法构建了大型河网水力水质数学模型，并在上海市河网中进行了应用。李锦秀等（2002）建立了三峡水库整体一维水质模型，该模型包含十余个水质要素变量，采用双扫描方法求解水动力和水质方程。彭虹等（2002）采用有限体积法建立了一维河流综合水质模型，包含了 8 种水质变量，并考虑变量之间的相互作用。徐祖信等（2003）基于一维对流扩散方程建立了平原感潮河网水质模型，并对主要水质参数的灵敏度进行了分析。朱德军等（2012）基于汉点水位预测-校正法和改进的四阶显式 Holly－Preissmann 格式建立了大型复杂河网一维动态水流-水质数值模型 THU－River1D。陈炼钢等（2014）集合水文、水动力、水质多学科的模型与方法，构建了面向水环境实时预警和调度的闸控大型河网水文-水动力-水质耦合数学模型 DHQM，并在淮河中游进行了应用。

1.2.2.2 水环境预警进展

自 20 世纪 70 年代以来，随着水污染事故的增加，水环境预警预报方法的研究得到了广泛的重视，并且发挥了巨大的社会、经济效益，其中莱茵河流域水污染预警系统和多瑙河流域水污染预警系统在区域水污染控制中都发挥了重要作用。一些在 20 世纪五六十年代严重污染的河流，如芝加哥河、泰晤士河、莱茵河、鲁尔河、俄亥俄河、密西西比河等，水污染预警系统在其水环境改善中都发挥了重要作用。我国对水环境预警的研究最早始于 20 世纪 90 年代末，主要表现在监测、预测预警方法和网络体系建设三方面。目前，我国已经在桂江、汉江、辽河、黄河、淮河、长江三峡库区、长江口等开展了水环境预警系统平台的初步研究，并取得了一定成效。随着水环境预警模型、地理信息系统、遥感、计算机、软件系统等理论和应用技术的发展，利用水环境预警预报及应急响应决策支持系统平台，预测事故污染团输移变化的全过程，提高应急响应的效率和科学性，日益得到各国政府的高度重视。

现有的河流水量水质数学模型在单独的某一方面都进行了大量深入的研究，并取得了丰富的理论研究成果。然而，在实际应用中缺乏多方法、多模型的集成组合运用，因而限制了其解决复杂实际问题的能力。此外，这些模型及其计算平台绝大部分是服务于科研、规划及设计，其应用对数据、人员等有非常严苛的要求；而水环境管理机构在日常业务工作中所能获得的条件难以满足，导致目前很多国际顶尖的水流水质模型及计算平台无法直接服务于管理机构的日常工作、并应用到水环境实时预警和调度中（陈炼钢等，2013）。

1.2.3 突发水污染事件应急调度

近年来，流域水系突发事件日趋增多，比如山体滑坡形成堰塞湖、水污染、突发海损事件、水工建筑物结构破坏等，可能导致重大生命财产安全、生态环境破坏及社会危害等。这类突发事件往往在一定条件下突然爆发，具有来势猛、反应时间短、蔓延迅速、危害严重、影响广泛等特点，超过了水利工程管理机构的常规管理能力。由于这类事件的突然性和紧迫性，在事故发生时，若缺乏及时有效的应对策略，会造成巨大的损失，且流域内水利工程也不能发挥出应有的社会经济综合效益。流域水库群调度是对流域内水资源的时空分布进行合理配置，以最大限度地发挥出水资源综合效益的过程。常规情况下，水库群调度是为了充分利用水资源，发挥最大经济效益；在特定情况下，当流域内发生某种突发事件时，水库群可以发挥突发事件的应急功能，比如在汛期，水库群的防洪调度通过拦蓄洪水保障下游人民的生命财产安全。应对突发事件的水库群调度称为水库群应急调度，具体是指采用水库实时调度，对水资源进行分配以应对某种特定需求的过程。

1.2.3.1 应急调度进展

近年来，诸多学者针对水库应急调度的研究开展了卓有成效的工作，并为突发水污染事件的快速处理提供了直观的决策支持。苏友华（2011）研究了崇左市各县区突发水污染时如何利用上游水库进行应急调度的调水方案与实施办法。辛小康等（2011）探讨了三峡水库应急调度措施对长江宜昌段水污染事故处置的有效性和可行性，结果表明，水库调度对瞬排型水污染事故的处置作用明显。毕海普（2011）基于数值模拟结果建立了三峡库区河道突发水污染事故的动态风险评估模型，研究不同应急调水方案下各类突发水污染事件的风险值及风险等级。陶亚等（2013）探讨了包括工程应急调度、吸附拦截等在内的多种污染物应急处置措施的应用原理和处置效果。余真真等（2014）研究了小浪底水库应急调度运行方式对下游水污染事故的调控能力及实施效果，研究表明，水库应急调度降低了下游一定范围内的污染程度。王家彪等（2018）以突发水污染事件应急处置为目标，构建了水污染溯源、浓度预测和水库应急调度模型，并通过数值模拟的方式对水库调度方案进行优选，结果表明，模型重构的检测断面污染物浓度过程与实测过程较为接近，优选的水库调度方案及其处置效果也与实际情况基本吻合。

尽管水库在流域突发水污染事件中起着重要的作用，但是运用水库调度进行流域突发水污染应急处置仍然存在着诸多问题（郝丽娟等，2007），包括水污染事件信息掌握不足、水库调蓄功能发挥不充分、应急处置理论和技术不完善等。如果水库调度不恰当，不仅其功能不能实现，而且可能引发二次突发事件，加重灾害损失。如 1994 年淮河污染事件和 2003 年三门峡泄水污染事件，都是由于水库对污染物的富集作用未得到正确处置而在突然大量泄水情况下引发的（王家彪等，2016）。此外，水利工程应用于水污染事件的处置时间相对较短，运用方式的选择尚不成熟，又缺乏完善的理论指导和系统的调度方法与管理体系，流域应急调度研究任务艰巨（余真真等，2014）。

1.2.3.2 水库优化调度进展

在水电站水库优化调度模型取得丰硕研究成果的同时，各种求解方法也相继被提出并改进。水库优化调度模型的求解方法大致可以分为三大类：①基于运筹学的数学规划算法；②基于现代最优控制理论的算法；③基于人工智能的现代智能优化算法。目前，最常用的数学规划算法包括线性规划（Linear Programming，LP）、非线性规划（Non－linear Programming，NLP）、动态规划（Dynamic Programming，DP）、网络流规划（Network Flow Programming，NFP）、大系统分解协调（Decomposition－Coordination，DC）技术、拉格朗日松弛法（Lagrangian Relaxation，LR）、混合整数规划（Mixed Integer Programming，MIP）、多目标规划（Multi－Objective Programming，MOP）、随机优化（Stochastic Optimization，SO）等。对于求解水电能源优化调度模型而言，线性规划（LP）形式简单，可应用于大规模水电能源调度问题的求解。但是，线性规划在求解过程中需要对目标函数和约束条件（如水位-库容曲线、尾水位-下泄流量曲线等）进行线性化处理，致使优化调度模型与具有非线性特征的水电系统之间有较大的误差，而采用分段线性处理又会人为地增加新的变量和约束，使求解变得异常困难（翁士创，2008）。非线性规划（NLP）能够有效处理阶段不可分目标函数与非线性约束优化问题，其求解思路是将非线性规划问题的非线性约束条件进行线性化处理，使其转化为线性规划问题，或者采用惩罚函数或障碍函数对约束条件进行处理，并将其纳入目标函数中构造成新的无约束优化问题来进行求解（王森，2014）。但是，非线性规划存在收敛速度慢、数学建模复杂、难以处理来水随机性等不足（翁士创，2008）。动态规划（DP）是水电站群优化调度中应用最为广泛的优化搜索技术，其对约束条件和目标函数没有严格的要求，不受任何线性、凸性、连续性等因素的限制，非常适用于随机性优化问题的求解（翁士创，2008）。但是，动态规划在求解多变量、复杂、高维优化问题时容易产生“维数灾”问题。为了突破动态规划“维数灾”的瓶颈，学者们提出了一些改进的动态规划方法，包括增量动态规划（Incremental Dynamic Programming，IDP）、微分动态规划（Differential Dynamic Programming，DDP）、离散微分动态规划（Discrete Differential Dynamic Programming，DDDP）、动态规划逐次逼近（Dynamic Programming Successive Approximations，DPSA）、状态增量动态规划逐次逼近（Incremental Dynamic Programming Successive Approximations，IDPSA）、逐次优化算法（Progressive Optimality Algorithm，POA）、动态解析（Dynamic Analytical，DA）法等。网络流规划（NFP）是一种基于图论理论和方法、能够求解具有网络结构特点优化问题、特殊的线性或非线性优化方法。在求解水电站能源优化调度问题时，网络流规划法首先将水电站群系统的内在联系描述为一个具有一系列网络节点和网络弧的网络结构（Lerma 等，2014），其中网络节点代表水电站或水库，网络弧代表水电站或水库的发电量、下泄流量、蒸发量等相关属性，约束条件上下限代表库容量（刘广一等，1988；Li 等，1993）。然后从初始可行流量开始逐步逼近最优可行流量。需要注意的是，求解过程中所有中途点的流入量和流出量必须保持平衡（Fredericks 等，1998）。但是，网络流规划不能用于求解网络模型表现困难的优化问题（王森，2014）。

大系统分解协调技术（Decomposition - Coordination，DC）是求解大规模系统优化问题的一种高效的方法，其求解的基本思路是将一个给定的大规模复杂系统分解为若干个规模相对较小且相互独立的子系统，以达到降低问题求解复杂度的目的；其次运用恰当的优化方法对各个子系统进行优化；然后再根据各子系统之间的关联关系，寻找上层协调器和下层子系统之间的耦合关系，调整各子系统的输入和输出，以实现系统的全局优化（杨侃等，2001）。鉴于各子系统的决策变量以及约束条件相对较少，求解较为简单，从而可以有效降低大规模水电系统优化调度问题的维数，避免“维数灾”问题。但大系统分解协调技术的收敛性受选取的协调变量的影响较大，以至于其在工程领域中的应用受到了限制（郭媛，2012）。拉格朗日松弛法（Lagrangian Relaxation，LR）是一种处理复杂约束条件的数学理论方法，其基本原理是将优化问题中不易处理且容易造成目标函数求解困难的约束条件以拉格朗日项的方式融入目标函数中，在保持目标函数线性特点的前提下，通过不断更新朗格朗日算子求得原问题的解（王森，2014）。该方法一般用于求解存在系统关联约束的水电站水库优化调度问题或组合优化问题。混合整数规划（Mixed Integer Programming，MIP）是一种能有效处理决策变量为离散型变量的数学优化方法，其通常与线性规划和非线性规划相结合。传统上，混合整数规划可分为线性混合整数规划（Linear Mixed Integer Programming，LMIP）和非线性混合整数规划（Non - linear Mixed Integer Programming，NLMIP）两大类。目前使用较为广泛的混合整数规划方法有分支界定法、割平面法等。混合整数规划多用于水电能源优化问题中的机组开停机状态、运行时间等约束条件的处理（王森，2014）。然而，对于大规模、离散变量维数较多的优化问题，混合整数规划则存在求解困难、计算时间长等缺点。多目标规划（Multi - Objectiue Programming，MOP）是在给定的搜索空间内同时对多个目标函数进行优化的数学规划方法，其基本求解思路大致可分为三类（余真真等，2014）：①统一目标法，运用加权组合法、目标规划法、功效系数法、乘除法等方法将多个目标函数统一为一个总目标函数，即把多目标优化问题转化为单目标优化问题，然后再运用求解单目标优化问题的方法获得最优解。②分层序列法，把多个目标函数按照其重要程度进行排序，然后分别求各个子目标函数的最优解。在求某个子目标函数的最优解时，通常把其他目标函数作为辅助不等式约束纳入约束条件中。此外，进行优化时，后一个子目标函数的优化是在前一个子目标函数的最优解集内进行的。③协调曲线法，根据各个子目标函数的等值线和约束条件建立其协调曲线，然后依据某一规则建立一个满意度函数，最后基于所建立的满意度函数，通过目标函数的协调曲线族即可得出所优化问题的最优解。随机优化（SO）是指在构建优化问题的数学模型时，充分考虑随机因素的影响，然后运用恰当的优化方法求得符合实际的最优解。入库流量是求解水电能源优化模型时常见的随机因素。根据模型对入库流量随机性体现方式的不同，随机优化可分为隐式随机优化（Implicit Stochastic Optimization，ISO）和显式随机优化（Explicit Stochastic Optimization，ISO）（王森，2014；Yeh，1985；Labadie 等，2004；Lee 等，2007）。目前，随机优化已经在水电能源优化调度领域得到了广泛的应用。但是，这些方法同样存在着求解效率低下以及求解大规模优化问题时，容易遭受比动态规划更为严重的“维数灾”问题。

从 1987 年 Hiew 将最优控制理论（Optimal Control Theory，OCT）用于水库优化调

度问题开始，运用最优控制理论求解水电站水库优化调度问题逐渐引起了学者们的广泛关注（Hiew，1987）。与数学规划算法相比，最优控制理论最大的优势在于能够建立连续的优化调度模型，这与水电站水库的实际运行过程是相契合的。目前，最常用的最优控制理论方法是离散最优控制理论（Discrete Optimal Control Theory，DOCT）。然而，同数学规划算法一样，基于最优控制理论的方法也存在着一些缺陷，如在最优控制建模过程中需要对水电站水库的运行环节进行概化，即通过等效或者拟合的方式来表达水库-库容关系、尾水位-下泄流量关系、发电水头损失以及机组出力方式等过程。这种处理方式不仅会造成计算精度的下降，也会弱化实际物理过程，不利于方法的推广（王学敏，2015）。随着现代计算机技术和系统工程理论在水电站水库优化调度中的广泛应用，各种能够有效求解水电能源优化调度模型的智能优化算法相继被提出。目前，最常用的智能优化算法主要有人工神经网络、遗传算法、粒子群优化算法、蚁群优化算法、新型混沌优化算法、差分进化算法、模拟退火算法以及其他混合优化算法等。尽管这些智能算法不存在其他优化方法所面临的“维数灾”问题，且具有对目标函数及约束条件没有任何限制（如连续、可导、单峰等）等优势。但是这些智能优化算法偏重于研究小规模水电站水库群的优化调度问题，对复杂条件下大规模巨型水电站水库群联合优化调度问题普遍缺乏关注。此外，对智能优化算法时空复杂度的分析及其加速技术的研究的不足，致使智能优化算法在有限计算时间内的收敛性得不到保证，严重阻碍了智能优化算法在实际优化调度中的推广应用（翁士创，2008）。因此，设计高效的智能优化算法具有重要的学术意义和工程应用价值。

1.3 研究区域概况

1.3.1 自然地理及水系

长江发源于“世界屋脊”——青藏高原的唐古拉山主峰格拉丹东雪山西南侧，干流自西而东，横贯中国中部，流经青海、西藏、四川、云南、重庆、湖北、湖南、江西、安徽、江苏、上海等11个省（自治区、直辖市），于上海崇明岛以东注入东海，全长6300余km。

长江流域介于东经90°33′～122°19′和北纬24°27′～35°54′之间，形状呈东西长、南北短的狭长形。流域西以芒康山、宁静山与澜沧江水系为界，北以巴颜喀拉山、秦岭、大别山与黄、淮水系相接，东临东海，南以南岭、武夷山、天目山与珠江和闽浙诸水系相邻，流域总面积为180万km^2，占我国陆地面积的18.8%。流域面积10000km^2以上的支流有49条，其中80000km^2以上的一级支流有雅砻江、岷江、嘉陵江、乌江、湘江、沅江、汉江、赣江等8条，见表1.1。

长江干流自江源至湖北宜昌称上游，长4500余km，面积约为100万km^2；宜昌至江西湖口称中游，长约955km，面积约为68万km^2；湖口至长江口称下游，长938km，面积约为12万km^2。

上游河段，长江正源沱沱河长358km；与南源当曲汇合后至青海省玉树藏族自治州境内的巴塘河口段称通天河，长815km；由巴塘河口至四川省宜宾市，长2316km，称金沙江；在宜宾接纳岷江后始称长江。宜宾至宜昌河段，又称川江，长约1040km，川江的奉节白帝城至宜昌南津关，长约200km，为著名的三峡河段。

金沙江干流以石鼓和攀枝花为界，分上、中、下三段。直门达至石鼓为上段，区间流域面积为7.65万km^2，河段长984km，落差约为1720m，河道平均比降为1.75‰，加入的主要支流左岸有赠曲、巴曲、松麦河，右岸有多曲藏布、热曲；石鼓至攀枝花为中段，区间流域面积为4.5万km^2，河段长约为563.6km，落差约836m，河道平均比降为1.48‰，加入的主要支流左岸有水洛河，右岸有渔泡江；攀枝花至宜宾为下段，区间流域面积为21.4万km^2，河段长768.4km，落差为712.6m，河道平均比降为0.93‰，加入的主要支流左岸有雅砻江、黑水河、西溪河、美姑河，右岸有龙川江、普渡河、小江、牛栏江、横江。

表1.1 长江流域面积大于8万km^2支流情况统计表

序号	所在水系	支流名称	流域面积/km^2	多年平均流量/(m^3/s)	河道长度/km	天然落差/m
1	雅砻江	雅砻江	128000	1914	1637	4420
2	岷江	岷江	133000	2850	735	3560
3	嘉陵江	嘉陵江	159776	2120	1120	2300
4	乌江	乌江	87920	1690	1037	2124
5	洞庭湖	湘江	93376	2070	844	756
6	洞庭湖	沅江	88451	2070	1022	1462
7	汉江	汉江	159000	1640	1577	1962
8	鄱阳湖	赣江	83500	2180	766	937

1.3.1.1 雅砻江

雅砻江是金沙江第一大支流，也是长江8条大支流之一，发源于青海省玉树藏族自治州境内的巴颜喀拉山南麓，自西北向东南流，在呷依寺附近进入四川省，至两河口与左岸鲜水河汇合后转向南流，经雅江至洼里上游约8km处右岸有小金河汇入，其后折向东北方向，绕锦屏山形成长约150km的大河湾，巴折以下继续南流，至小得石站下游约3km处左岸有安宁河加入，再向南流，于攀枝花市下游的倮果站汇入金沙江。干流河道全长约1570km，流域面积约为12.8万km^2，约占长江上游流域总面积的13%，除河源和西南部有少量分属青海和云南外，97%的流域面积在四川省境内。干流天然落差为3870m，平均坡降为2.46‰，年径流量约为580亿m^3。

雅砻江流域位于青藏高原东部，地理位置介于东经96°52′～102°48′、北纬26°32′～33°58′之间，北以巴颜喀拉山与黄河分水；东以大雪山与大渡河分界；西以雀儿山、沙鲁里山与金沙江上段相邻，南接滇东北高原的金沙江谷地。整个流域呈南北向条带状，流域平均长度约950km，平均宽度约137km，河系呈羽状发育。流域东、北、西三面大部分为海拔4000m以上的高山包围，其主峰均在5500m以上，南面分水岭高程较低，约为2000m。

依据河谷型态、河道特征以及河流切割程度的不同，将雅砻江干流分为上游（河源—

尼拖）、中游（尼拖—理塘河口）、下游（理塘河口以下）。

雅砻江源远流长，流域降水较为丰沛，支流众多，水网比较发育。流域面积大于$1000km^2$的支流有24条，其中大于$10000km^2$的有鲜水河、理塘河、安宁河3条，$5000\sim10000km^2$的有达曲（鲜水河一级支流）、卧龙河（理塘河一级支流）、力丘河3条，$3000\sim5000km^2$的有麻摩柯河、德差河、九龙河、敢鱼河4条，$2000\sim3000km^2$的有俄曲、俄柯河、玉隆河、热衣曲4条，$1000\sim2000km^2$的有孙水河、牙河、三岔河、宁蒗河等10条。

1.3.1.2 岷江

岷江为长江上游左岸一级支流，是四川省一条重要的河流。岷江流域面积为$135838km^2$，干流全长735km，天然落差为3560m，平均比降为4.84‰，河口多年平均流量为$3020m^3/s$，是长江流域水量最大的支流，也是中国水利开发最早的河流之一。岷江干流流向基本为自北向南。上有东西二源，东源漳腊河发源于松潘县弓杠岭斗鸡台，西源潘州河发源于松潘县郎架岭。两源在松潘县元坝乡川主寺汇合后始称岷江。西源长于东源，因东源为今松潘至南坪的川甘公路所经，故多以东源为岷江正源，但岷江干流的河长仍按西源计算。岷江除支流大渡河上游发源地和少量河段流经青海省外，干支流大都在四川省境内。根据地形地貌和河道特征，以都江堰市和大渡河河口为分界点，都江堰市以上为上游，河长约340km，地势自西北向东南倾斜。北面岷山雪宝顶是岷江与涪江的分水岭；东南面的茶坪山是岷江与沱江的分水岭。都江堰市至大渡河河口为岷江中游，河长约230km，在乐山市境内右岸有支流大渡河先纳青衣江后汇入。干流中游流域属于成都平原，除在浦江县东南的总岗山为海拔600～900m的低山外，大部为平原和浅丘，中部平原海拔约500m。大渡河河口以下至宜宾市为下游，河长约160km。

岷江流域水系发育，支流众多，岷江流域面积$300km^2$以上的一级支流21条，流域面积大于$1000km^2$的一级支流有10条，流域面积大于$10000km^2$的有大渡河干流、青衣江和绰斯甲河。

大渡河是岷江最大支流，上有三源，东源梭磨河，西源绰斯口甲河，正源足木足河，三源汇合后始称大金川，南流至丹巴县，左纳小金川河，以下始称大渡河。大渡河干流河道略呈L形，全长1062km，全流域面积为$77732km^2$（不含青衣江，包括青衣江流域面积为$90700km^2$）。大渡河在金口河区的胜利乡臼熊沟口流入乐山市境内，干流在乐山市境内河长172km，落差为253m，平均比降约为1.31‰，境内流域面积为$4610km^2$。

青衣江又名雅河，系大渡河左岸一级支流，岷江右岸的二级支流。上游由宝兴河、天全河及荥经河三河汇集，向东南流经雅安、洪雅、夹江等县（市），至乐山草鞋渡注入大渡河。青衣江河长284km，流域面积为$12968km^2$，平均比降为12.9‰。青衣江流域水系发达，支流众多，流域面积$500km^2$以上的较大的支流有7条，分布于流域的中上游。河系呈树枝状分布，有利于洪水的汇集。

1.3.1.3 沱江

沱江为长江左岸一级支流，发源于绵竹市九顶山大盐井沟，流至汉旺镇出山区进入成都平原，经德阳，先后纳石亭江、湔江及都江堰水系中的青白江、毗河，在金堂县的赵镇始称沱江。其下流经简阳、资阳、资中、内江、富顺，至泸州市江阳区注入长江，全长

639km，流域面积为 27844km²。一般自赵镇以上为上游，赵镇至内江为中游，内江至河口为下游。

沱江流域呈长条形，南北长，东西窄，地势自西北向东南逐渐降低。全流域由山区、平原、丘陵三种地貌组成。绵竹市汉旺镇以上为山区，海拔为 700～1500m，区内山高坡陡，沟深谷狭，水流湍急，河谷呈 V 形，河谷宽一般在 40～150m，该区植被覆盖良好，森林茂密，耕地较少。汉旺镇至赵镇属成都平原水网区，海拔为 440～730m，区内地势平缓，河渠纵横，气候温和，工农业发达。赵镇以下至河口为盆地丘陵区，海拔多为 250～500m，其中龙泉山河段河谷狭窄，为 V 形，以下河道平缓，滩、沱相间，弯曲度大。

上源分三条水流，东源绵远河，长 180km，中源石亭江，长 119km，西源湔江，长 123km，在金堂县赵镇附近相汇，成沱江主干流。另外，沱江源头活水还来源于青白江和毗河，这样它就有了 5 个源头，由于岷江水网交错其间，流域被打乱，沱江里还流淌着岷江的水，所以沱江不像其他河那样泾渭分明，是一条“混血”的江，由于绵远河最长，通常把它定为正源。

沱江在上游的平原地区，干支流及人工渠系交织，流域呈扇形水网分布；在金堂峡以下的丘陵地区，水系发育，呈树枝状分布。流域面积 300km² 以上的一级支流有 12 条，流域面积大于 1000km² 的一级支流有 9 条。

1.3.1.4 嘉陵江

嘉陵江是长江水系流域面积最大的一条支流，发源于秦岭山脉陕西省凤县代王山南侧东峪沟，全流域（包括涪江、渠江）集水面积约为 16 万 km²，干流全长 1120km，天然落差约为 2300m，平均比降为 2.05‰。流域大致介于东经 102°30′～109°、北纬 29°40′～34°30′之间，北及东北面以秦岭、大巴山与黄河及汉江为界，东及东南面以华蓥山与长江相隔，西北面有龙门山脉与岷山相接，西及西南面与沱江毗连。嘉陵江发源于秦岭南麓，流经甘肃省徽县至略阳的两河口与源自甘肃礼县的西汉水汇合，过阳平关进入四川，在广元昭化镇与白龙江相汇，经苍溪在阆中、南部县有东河、西河汇入，再流经蓬安、南充、武胜，在重庆合川与渠江、涪江相汇，构成巨大的扇形水系，向东南流经北碚抵重庆入长江。流域地势北、西、东较高，向东南倾斜，河道走向顺地势从西北流向东南。

四川省广元市昭化区以上为上游，河道长约 380km，山势陡峻，河流穿行于高山深谷之间，台地少，植被差，河谷狭窄，水流湍急，险滩密布。昭化至合川为中游，河道长约 645km，天然落差为 284m，平均比降为 0.44‰。中游河段河流由北向南纵贯川中盆地，其中昭化至苍溪段穿剑门山，形成 120km 峡谷段；苍溪以下，河流由深丘进入浅丘，河谷逐渐开阔，河道蜿蜒穿行于四川盆地丘陵区，有东河、西河、渠江、涪江等支流汇入，河滩及两岸阶地发育，人口稠密，土地利用程度高。合川至河口为下游，河道长约 95km，落差为 27.5m，平均比降为 0.29‰。下游河段河道较为顺直，水势平缓，河流向东横切华蓥山脉，峡谷深邃，河谷明显束窄，形成著名的沥鼻峡、温塘峡、观音峡等峡谷，谓之“小三峡”。两岸阶地发育，属川东弧形褶皱带，由于植被覆盖，水土流失程度较上游小。

嘉陵江水系主干明显，支流发育，是典型的树枝状水系。支流西汉水、白龙江、渠江、涪江等流域面积都在 10000km² 以上。流域面积超过 300km² 的一级支流共有 37 条，流域面积超过 1000km² 的支流有 11 条。

涪江是嘉陵江右岸一级支流，长江二级支流，古称涪水、内江、武水。干流发源于四川省松潘县黄龙乡岷山雪宝顶西北之雪山梁子，自西北流向东南，经平武县、绵阳、三台、射洪，至遂宁市三新乡出川，入重庆市潼南区，至合川区汇入嘉陵江。全流域集水面积为 35982km²，干流全长 697km，总落差为 3730m，河口多年平均流量为 588m³/s。涪江在江油市武都镇为上游，上游段河长 238km，平均比降为 13‰，河宽在平武县城以上为 20～80m，以下为 70～120m；江油市武都镇至遂宁市城区东为中游，河段河长 308km，平均比降为 1.1‰，河宽一般为 200～250m，最窄处为 160m，最宽处为 400m；遂宁市城区以下为下游，河段河长 151km，平均比降为 0.56‰，河宽一般为 300m，最窄处为 160m，最宽处为 370m。涪江流域支流发育，呈树枝状分布。流域面积大于 100km² 的支流共有 91 条，大于 500km² 的支流共有 22 条，1000～5000km² 的共有 8 条，超过 5000km² 的有 1 条。

渠江发源于川陕交界处米仓山系铁船山，流向由东北向西南，于重庆市合川区城北 7.5km 处汇入嘉陵江。除上游有一部分属陕西省外，大部分都在四川省和重庆市境内。流域面积为 39211km²，约占嘉陵江面积的 26%，河长 723km，天然落差约为 1400m。渠江分东源州河和西源巴河两支，以巴河为正源。渠江上游河流盘行于崇山峻岭之中，在三汇以上分巴河、州河，三汇以下进入丘陵区，水流平缓，向南蜿蜒，流经渠县、广安区，在新民河口附近出川，进入重庆市合川区境内。渠江流域支流密布，全流域大小支流共有 582 余条，其中流域面积在 10000km² 以上的河流有 2 条，5000～10000km² 的河流有 3 条，1000～5000km² 的河流有 13 条，100～1000km² 的河流有 64 条，100km² 以下的河流有 498 条。

1.3.1.5 乌江

乌江是长江上游右岸的最大支流，发源于贵州省西北部乌蒙山东麓，三岔河与六冲河在黔西、清镇、织金三县交界的化屋基汇合后，流向由西南向东北横贯贵州省中部，流经黑獭堡至思毛坝黔渝界河段后，进入重庆境内，至涪陵注入长江。乌江流域面积为 87920km²，干流全长 1037km，总落差为 2124m，多年平均流量为 1690m³/s，多年平均年径流量为 534 亿 m³。

乌江流域位于东经 104°18′～109°22′、北纬 26°54′～30°22′，地处云贵高原的东部，涉及滇、黔、渝、鄂四省（直辖市）。西与牛栏江、横江以乌蒙山为界，分水岭高程为 2000～2700m，南以苗岭与珠江流域分隔，西北有大娄山与赤水河、綦江分流，这三面分水岭高程为 1200～1600m，东与武陵山脉及沅江水系相邻，分水岭高程为 700～1000m，东北与长江和湖北清江为岭。地势由西南向东北逐渐倾斜，东西高差大，南北高差小。

乌江干流全长 1037km（三岔河源头起），其中贵州省境内 802.1km，黔渝界河段 72.1km，重庆市境内 162.8km。天然落差为 2124m，其中贵州省境内 1979.1m，黔渝界河段 56.4m，重庆市境内 88.5m。乌江干流在化屋基以上为上游，化屋基至思南为中游，思南至涪陵为下游。

上游两源流是典型的山区峡谷型河流，地处云贵高原过渡山区，河流流向东南，河谷深切，河道水流湍急，岩溶发育，水流明暗相间，三岔河有伏流3段，六冲河有伏流9段。河道弯曲狭窄，枯水水面宽30～50m，多崩石堆积，滩多水浅。河流两岸多为深切峡谷，唯三岔河的马场、六冲河的寄仲坝和六圭河一带河谷较开阔，阶地发育。上游段区间流域面积为18138km²，占全流域的20.6%。北源六冲河支流红岩河有云南省汇入的集水面积为667km²。河段内流域面积大于1000km²的支流有北源支流的白甫河和红岩河。

中游河段区间流域面积为33132km²，占全流域的37.7%。该区上段穿越黔中丘陵区，下段为盆地至高原斜面河谷深切区。中游河段流向北东，两岸多绝壁，河谷深切成峡谷，水面宽50～100m，宽谷较少，河道险滩众多，尤以乌江渡—构皮滩河段的漩塘、镇天洞和一子三滩最为险恶，为全江著名的断航险滩。河段内流域面积大于1000km²的支流有8条，右岸有猫跳河、清水河、余庆河、石阡河，左岸有野纪河、偏岩河、湘江、六池河。

下游思南—彭水河段流向正北，彭水以下河段折向北西向。该河段两岸阶地发育，人口、耕地较为集中。思南、沿河、彭水、武隆、涪陵等城镇分布两岸。河段内虽有潮砥、新滩、龚滩、羊角滩等主要碍航险滩，但大部分河段水流较平稳，河谷较开阔，是目前的主要通航河段，可通行100t级的机动船舶，其中重庆境内白马以下可通行300t级船舶。区间流域面积为36650km²，占全流域的41.7%。河段内流域面积大于1000km²的支流有7条，右岸有印江河、甘龙河（渝黔界河）、阿蓬江（濯河、唐岩河，鄂渝界河）、郁江（鄂渝界河）；左岸有洪渡河、芙蓉江（黔渝界河）和鸭江（大溪河）。

乌江水系发育，支流众多，流域面积在1000km²以上的一级支流共有16条，其中：大于10000km²的1条（六冲河），5000～10000km²的3条（清水河、阿蓬江、芙蓉江），2500～5000km²的4条，1000～2500km²的8条。流域面积大于1000km²的二级支流有8条。

1.3.2 气候

1.3.2.1 气候特征

长江流域位于东亚季风区，具有显著的季风气候特征。辽阔的地域、复杂的地貌又决定了长江流域具有多样的地区气候特征。长江中下游地区，冬冷夏热，四季分明，雨热同季，季风气候十分明显。对于宜昌以上的上游地区，北有秦岭、大巴山，冬季风入侵的强度比中下游地区弱，南有云贵高原，东南季风不易到达，季风气候不如中下游明显。

根据我国气候区划，我国有10个气候带，长江流域就有4个，即南温带、北亚热带、中亚热带和高原气候区。流域东西高差达数千米，高原、盆地、河谷、平原等各种地貌使气候多种多样，在长江上游，复杂多样的地区气候更为突出。江源和川西高原几乎全年皆冬，地区海拔在3000～4000m或更高，年平均气温在0℃以下，仅5—9月气温会高于0℃，盛夏也可出现霜、雪，具有气温低、湿度小、降水少、日照多、风力大等特点。

金沙江地区干湿季分明。冬季受来自印度、巴基斯坦北部的干暖气流控制，湿度小，降水少。1月平均相对湿度不足50%，降水大多不足5mm；夏季受来自孟加拉湾的西南季风影响，湿度大，7月平均相对湿度达70%～80%，5—10月降水量占全年的90%左右。金沙江及支流雅砻江自北向南流经我国横断山脉，跨越8个纬度和6个气候区，地势不仅南北高度差异大，山顶和河谷的垂直高差也很悬殊，就是同一地区，也有“一山有四季，五里不同天”的“立体气候”特征。

四川盆地温和湿润，这里因有四周的地形屏障，冬无严寒，夏无酷暑，少霜少雪，作物生长期长达一年，又少大风的灾害，因而以“天府之国”得名。此外，还有多种局地性气候，如金沙江河谷地区的元谋、攀枝花等地全年无冬，常年晴热少雨；昆明的“四季如春”；雅安的“天漏”；重庆的“雾都”等。

1.3.2.2 主要气候要素

形成长江流域降水的水汽主要从流域的南边和西边输入。长江流域平均年降水量为1087mm，远远超过全国年均降水量650mm和亚洲陆面年均降水量740mm。年降水量的地区分布很不均匀，总的趋势是由东南向西北递减，山区多于平原，迎风坡多于背风坡。江源地区地势高、水汽少，年降水量小于400mm，其他大部分地区年降水量为800～1600mm。年降水量大于1600mm的地区主要分布在四川盆地西部边缘和江西、湖南部分地区。年降水量超过2000mm的地区都分布在山区，如四川省荥经县金山站的2518mm，为全流域之冠。长江上游各大支流年降水量为：金沙江715mm，岷江1089mm，沱江1014mm，嘉陵江935mm，乌江1151mm。降水量的年内分配很不均匀，连续最大4个月（6—9月）降水量占年降水量的百分比自上游向下游递减，在60%～80%之间。降水量的年际变化较明显，其变差系数C_v值一般在0.15～0.25之间，大于0.30的地区主要出现在嘉陵江上游局部地区。最大年降水量与最小年降水量的比值为1.3～6.9，大多在3.5以下，北岸较南岸大。

依据E601型或折算至E601型蒸发器资料统计，长江流域多年平均年水面蒸发量为835mm。金沙江流域超过1000mm，以云南省龙街站的2034mm为最大值，这里风速较大，干燥炎热，饱和差大，导致蒸发能力强。水面蒸发小于700mm的地区不多，主要分布在四川盆地西部边缘、乌江中部，如四川省夹江站的485.4mm，乌江沿河站的440.4mm，这些地区风速较小、雨量多、气温低是造成蒸发量较小的主要原因。水面蒸发量的年内分配是夏季最大，冬季最小，但金沙江石鼓以下和大渡河上游大部分地区，则是春季水面蒸发量最大。年水面蒸发量的年际变化较降水量小，年水面蒸发量变差系数变化范围在0.13～0.18。

受地形及纬度变化的影响，年平均气温各地差异很大。从四川盆地到川西高原，年平均气温从17℃急剧下降至0℃，等温线几乎呈径向分布。在横断山脉地区，年平均气温的南北变化和随高度的变化十分之大，如云南省元谋站为21.9℃，为全流域的最高值，江源五道梁站却低至－5.6℃，是全流域的最低值。受季风的影响，长江上游冬夏气温差异较大，1月气温最低，为2～8℃；7月最热，达28～30℃。地区差异很大，如1月云南省元谋站为15.2℃，而在青藏高原上的五道梁站却为－16.9℃；7月两站气温差异比1月要小，分别为26.4℃和5.4℃。极端最高气温大多出现在7月下旬至8月中旬，少数地区如云南，出现在5月下旬至6月中旬。极端最低气温全流域都在0℃以下，以川西高原上的色达站的－36.3℃（1961年1月16日）为最低值。极端最低气温大多数出现在1月中旬至2月上旬。

长江上游年平均大气水汽含量大致自东南向西北递减。四川盆地东南部及乌江下游是高湿区，是全流域的湿中心。河源一带，水汽含量最少。1月水汽含量最小，7月水汽含量最大。年平均相对湿度也大致自南向北递减。相对湿度较大的地区为湘西、鄂西山地、四川盆地至云贵高原部分地区，其年平均相对湿度略大于80%。嘉陵江、岷江中上游大多在80%以下，并继续向北递减至嘉陵江上游的65%左右。金沙江横断山脉地区相对湿度等值线与山脉走向大体一致，在巴塘至得荣地区，相对湿度不到50%，是长江流域相对湿度最小的地区。年最大相对湿度及最小相对湿度出现的季节各地不一，四川盆地大部、三峡地区最大相对湿度出现在秋冬两季，最小相对湿度发生在春季。川西及横断山脉地区最大相对湿度出现在夏季。云贵高原区夏季相对湿度最大，冬季及早春相对湿度最小。

长江上游地区盛行风地区差异较大。云贵高原冬季盛行东北风，夏季盛行偏南风。四川盆地和横断山脉地区，由于地势复杂，风向受地形的影响，季节性变化不明显。如四川盆地中部和西部常年盛行偏北风，金沙江中段和云南昆明、元谋一带常年盛行西南风。近地面风力的分布受气压场和地形的影响，总的趋势是：高原地区风速大，盆地和丘陵地区风速小。江源地区、金沙江、雅砻江中上游年平均风速超过3m/s。四川盆地年平均风速较小，为1m/s左右。8级（17m/s）以上大风，流域各地均能出现，出现机会以金沙江攀枝花以上地区最多，特别在长江河源地区，海拔超过6000m，地势平坦，冬半年又位于西风急流控制之下，年大风日数达100d，是我国三个大风区之一。大风日数较少的地区位于四川盆地至三峡区间，全年大风日数只有1～5d。长江上游大风多出现在春季。

有雾的地区分布较复杂。高耸入云的山区，常处在凝结高度以上，雾日特别多，如峨眉山年雾日为320d。四川盆地是长江流域范围最大的多雾区，其中遂宁站达100d，重庆为69.3d；其次是金沙江下游屏山至雷波一带，雾日也多达50～70d。雾日少的地区位于流域西部，西昌至攀枝花地区、川西高原上的平武、甘孜一带，年雾日不足1d。雾主要出现在秋、冬季节。

长江上游年霜日数最多的地区位于川西高原上，达150多天。金沙江上游通天河地区，年霜日为100～150d。金沙江巴塘至得荣段、会理、盐源一带，为70～100d。年霜日较少的地区是四川盆地、云贵高原、金沙江下游，在25d以下，云南的元谋站、四川的泸县分别为2d和2.5d，是长江流域霜日最少的地区。流域西部高原地区一年四季均可出现霜，其他地区只在10月至次年4月才出现霜。

长江上游多年平均年雷暴日数的分布是南方比北方多，山区比平原多。雷暴最多的地区在流域西部、金沙江丽江至元谋区间及雅砻江流域，多年平均年雷暴日数为70～90d，其中，四川的盐源站达90.6d，是全流域雷暴最多的地区。云南、贵州全年各月均可出现雷暴，其他地区有8～10个月可出现雷暴，但流域各地雷暴主要发生在7月、8月，雷暴日数可占全年的50%～60%。

1.3.3 水雨情特性

1.3.3.1 径流

1. 径流地区分布

长江上游径流主要由降雨补给，河源地区有高山融雪、冰川径流补给，但所占比重很小。径流的地区分布基本上与降水一致，受气候、降水、地形、地质条件综合影响，既有地带性变化和垂直变化，也有局部地区的特殊变化。径流地区分布的总体趋势是自东南向西北递减。若以 800mm、200mm、50mm、10mm 径流深等值线划分丰水带、多水带、过渡带、少水带、干涸带，长江上游大多是多水带（200～800mm），小部分地区为过渡带（50～200mm）。

长江流域多年平均年径流深为 553mm，若以接近流域平均径流深的 500mm 等值线来划分多水区与少水区，则 500mm 等值线沿大巴山、米仓山、龙门山东北麓于岷山折向正南，在九顶山西北背风坡，西北偏北向，经岷江上游西南沿邛崃山、鲁南山绕行五莲峰至乌蒙山。500mm 等值线以西、以北地区属少水地带，长江河源为全流域径流深最小的地区，不足 50mm，通天河玉树以上多在 200mm 以下，直门达站以西径流深仅 100～200mm；500mm 等值线以南、以东，除少数地区外均大于流域多年平均径流深，其中四川盆地有一 300mm 的低值闭合圈。径流深大于 1200mm 的多水区位于四川盆地西部边缘、大巴山南部；大于 1400mm 的多水区主要分布在山脉迎风坡的上游，四川盆地西部边缘特别突出，大相岭北麓，包括峨眉山、二郎山为径流深高值中心，此处正处在“雅安天漏”的气候区内，雅安西南方向的荥经站和天全站径流深高达 1606mm 和 1580mm。

地形对径流分布的影响很大，山的迎风坡水汽受阻抬升，凝云致雨，一般形成径流高值区，背风坡和平原地区形成相对低值区。长江上游径流深大于 1000mm 的等值线所包围的丰水区均分布在山脉的迎风坡。如五莲峰与乌蒙山之间的云贵高原山区，有多个径流深大于 1000mm 的闭合圈，反映局地地形影响；还有大巴山南面的长江上游支流小江、汤溪河，均为径流深大于 1000mm 的多水带。年径流深小于 300mm 的低值区位于四川盆地。金沙江上游和雅砻江上游部分地区径流深小于 300mm，为本流域最大的过渡带。受地形影响十分明显的山区，径流深等值线梯度变化较剧烈。

根据 1952—2006 年长江流域主要控制站同期水文资料，分析了长江上游控制站宜昌多年平均年径流地区组成。在宜昌径流来源地中，金沙江集水面积约为 45.9 万 km^2，但其上中游约有 7 万 km^2 的地区多年平均年降水量小于 400mm，是长江流域降水量最小的地区，约有 30 万 km^2 的地区多年平均年降水量小于 800mm。产流与降水相应，长江河源径流深不足 50mm，是全流域径流深最小的地区，直门达站以西径流深多在 200mm 以下，从上游向下游径流深才逐渐增加，所以金沙江集水面积虽然占宜昌的 45.6%，接近一半，但其多年平均年径流量所占比例远小于其面积比。金沙江汇水面积大，地下水补给丰富，金沙江多年平均年径流量仍占宜昌的 1/3，是宜昌径流来源的基础。岷江高场水文站集水面积占宜昌的 13.5%，由于流经著名的鹿头山和青衣江暴雨区，充沛的雨量补给使得水量丰富，岷江径流量占宜昌的 19.9%，大于其面积占比；嘉陵江北碚水文站集水面积占宜昌的 15.5%，虽然嘉陵江上游因地势较高降雨量较少，中、下游位于盆地腹部地区暴雨较盆地边缘少，但由于流经大巴山和川西暴雨区，使得其径流量占宜昌的比例与面积占比相当；乌江武隆站集水面积占宜昌的 8.3%，乌江流域多年降雨量为 1151mm，比宜昌径流其他来源地如金沙江的 715mm、岷江的 1089mm、嘉陵江的 935mm 均大，故乌江多年平均径流量所占比例大于面积占比，径流量占宜昌的11.4%。长江干流宜昌控制站多年平均年径流地区组成见表1.2和图1.1。

表1.2　长江宜昌水文站以上年径流地区组成表

河名、区间、站名		集水面积		年径流	
		面积/km²	占宜昌/%	径流量/亿m³	占宜昌/%
金沙江	屏山	458592	45.6	1446	33.4
岷江	高场	135378	13.5	862	19.9
沱江	富顺	19613	2.0	120	2.8
嘉陵江	北碚	156142	15.5	664	15.3
乌江	武隆	83035	8.3	495	11.4
屏山至宜昌区间		152741	15.1	744	17.2
长江	宜昌	1005501	100	4331	100

2. 径流年际变化及丰枯特性

河川径流量的年际变化主要取决于降水量的年际变化，同时还受到流域的补给类型及流域内地貌、地质等条件的影响。长江流域河川径流主要来源于大气降水，由于各地产流、汇流条件不一，使得河川径流的年际变化比降水要大。

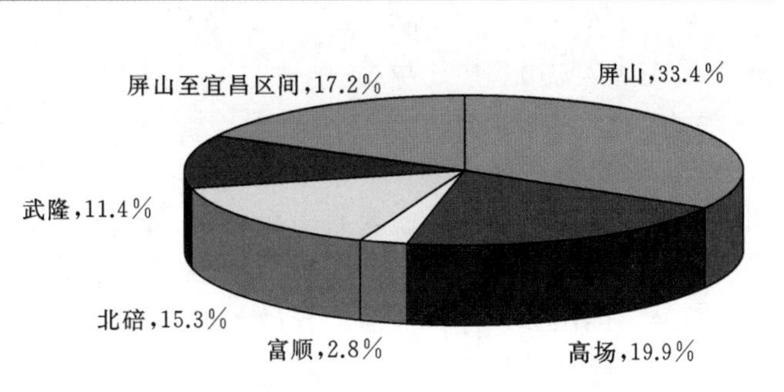

图1.1　宜昌站多年平均径流地区组成图

长江上游年际变化呈现支流大、干流小的规律。从年径流变差系数来看，主要支流控制站在0.1～0.2之间，变差系数较大的地区主要分布在嘉陵江中上游干流、金沙江上游、青衣江、岷江干流、大渡河。长江上游干支流年际之间存在丰、枯水互补现象，随着汇入支流的增加，干流年径流变化渐趋稳定，干流年径流变差系数呈现沿程递减的趋势，从河源的0.38到攀枝花的0.17，至宜昌减至0.11。

年径流量的极值比也可反映径流丰枯的年际变化。各主要支流控制站年径流量极值比多在2.0～5.0之间。承接了支流来水后，干流的年径流极值比变化比较稳定，从攀枝花至宜昌，干流控制站的极值比在2.0左右。从年径流量极值比也可看出径流年际变化支流明显大于干流的特点。长江上游主要水文站年径流量级值比见表1.3。

长江流域年径流年际变化，还表现在年径流系列中有连续数年水量较丰和连续数年水量较枯的情况。连续丰水年一般为2～6年，连丰2～4年比较多见，连续丰水年平均年径流量与多年平均值之比为1.1～1.6；连续枯水年一般也为2～6年，连续枯水年平均年径流量与多年平均值之比为0.6～0.9。

表 1.3 长江上游主要水文站径流特征值统计表

河名	站名	多年平均年径流量/亿 m^3	变差系数 C_v	实测最大		实测最小		极值比 $W_大/W_小$
				年径流量/亿 m^3	年份	年径流量/亿 m^3	年份	
金沙江	攀枝花	576	0.17	764	1998	382	1994	2.0
	华弹	1270	0.17	1690	1998	964	1994	1.8
	屏山	1458	0.17	1970	1998	1060	1994	1.9
雅砻江	小得石	517	0.17	779	1965	389	1994	2.0
岷江	高场	874	0.11	1260	1949	635	2006	2.0
沱江	富顺	121	0.23	191	1961	59.2	2006	3.2
嘉陵江	北碚	663	0.27	1070	1983	308	1997	3.5
乌江	武隆	495	0.20	838	1954	200	2006	4.2
长江	寸滩	3527	0.12	4626	1949	2479	2006	1.9
	宜昌	4453	0.11	5751	1954	2934	2006	2.0

从统计资料看，长江流域较大地域范围出现丰水的年份主要有 1954 年和 1998 年。1954 年，乌江年径流量为实测系列的最大值；1998 年，金沙江年径流量为实测系列最大值。较大地域范围出现枯水的年份主要有 2006 年，该年岷江、沱江、乌江、干流的寸滩—宜昌河段均出现历年最枯。

3. 径流年内分配

长江流域有明显汛期、非汛期之分，汛期与雨季时间相应。径流年内分配规律与降雨相似，年内分配不均匀，主要集中在夏季。连续最大 4 个月径流占全年径流百分比，北岸多在 60%～75%，南岸在 60%左右。干流从上游向下游呈递减的趋势，直门达在 72%以上，石鼓、屏山、朱沱、寸滩、宜昌各站逐渐减少，至宜昌为 60%左右。连续最大 4 个月径流出现时间的早晚，与各地进入雨季的时间相似，由东南向西北逐步推迟，南岸乌江为 5—8 月，北岸的岷江、沱江为 6—9 月，秋汛现象明显的嘉陵江为 7—10 月。长江干流攀枝花至宜昌为 7—10 月。

从干支流主要控制站径流年内分配情况看，连续 4 个月径流量占年径流的百分比，干流有从上游向下游递减的趋势，直门达为 72%，屏山为 66%，宜昌为 59%。北岸支流连续 4 个月径流量占年径流的百分比较南岸支流大，雅砻江、岷江、沱江、嘉陵江均在 62%以上，乌江为 60.4%，说明上游支流径流年内分配北岸较南岸集中。

每年 11 月至次年 3 月间雨量稀少，为枯水季节，径流补给以地下水为主。各地雨季结束时间一般下游早于上游，南岸早于北岸，各地出现枯水的时间也呈现此规律。随着雨季的结束，长江上游各地自东向西、自南向北依次进入枯季，一般南岸乌江最早进入枯季，以 12 月至次年 2 月最枯，北岸的嘉陵江、沱江、岷江以 1—3 月最枯，雅砻江以 2—4 月最枯。干流出现枯水的时间也是下游早于上游，华弹至屏山以 2—4 月最枯，寸滩至宜昌河段以 1—3 月最枯。长江主要干支流控制站最枯 3 个月径流量占年径流量的比例一般在 7%左右。

长江上游主要站连枯、连丰径流特征值统计表见表 1.4，长江干流控制站宜昌站多年平均径流年内分配见图 1.2。

表 1.4　　长江上游主要站连枯、连丰径流特征值统计表

河名	站名	多年平均年径流量/亿 m^3	连续最丰 4 个月			连续最枯 3 个月		
			月份	径流量/亿 m^3	占年径流量/%	月份	径流量/亿 m^3	占年径流量/%
金沙江	攀枝花	576	7—10 月	382.1	66.4	1—3 月	45.2	7.8
	华弹	1270	7—10 月	859.9	67.3	2—4 月	93.3	7.3
	屏山	1458	7—10 月	961	65.9	2—4 月	112	7.7
雅砻江	小得石	517	7—10 月	343.9	66.5	2—4 月	37.2	7.2
岷江	高场	874	6—9 月	550	62.9	1—3 月	60.9	7.0
沱江	富顺	121	6—9 月	86.4	71.4	1—3 月	6.05	5.0
嘉陵江	北碚	663	7—10 月	440	66.4	1—3 月	34.7	5.2
乌江	武隆	495	5—8 月	299	60.4	12 月至次年 2 月	37.9	7.7
长江	寸滩	3527	7—10 月	2215	62.8	1—3 月	254	7.2
	宜昌	4453	7—10 月	2649	59.3	1—3 月	327.4	7.3

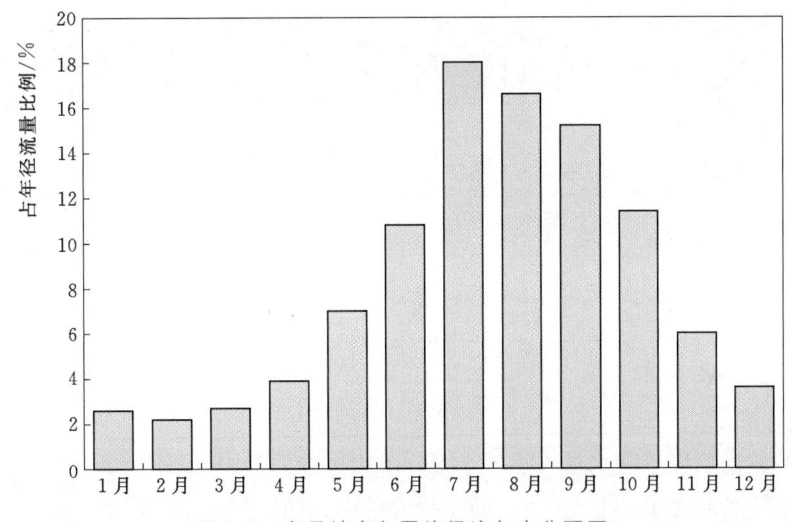

图 1.2　宜昌站多年平均径流年内分配图

长江主要干支流控制站最枯 3 个月径流量占年径流量的比例一般在 5.0%～11.0%之间。干支流主要控制站枯季径流统计见表 1.5。根据干支流主要控制站的资料，选择 2006 年、1994 年为枯水典型年进行径流分析。2006 年，全国出现大面积旱灾，涉及全国 28 个省（自治区、直辖市），一度发展到耕地受旱 2.64 亿亩，1991 万余人出现临时性饮水困难，其中川渝旱情最为严重。该年上游干支流中，岷江高场站、沱江富顺站、乌江武隆站年径流量均位居实测系列最末位，金沙江的屏山站、嘉陵江北碚站年径流量位于其实测系列倒数第三。中下游支流中，较枯的是洞庭四水中的沅水和澧水，沅水桃源站实测径流量为 1956 年以来最小，澧水石门站实测径流量为 1956 年以来倒数第二位。川渝大面积的旱灾，使得靠上游来水补给的长江干流寸滩站的年径流量仅为 2476 亿 m^3，为 1893 年以来

实测最枯年；宜昌站实测年径流量为2848亿m^3，较多年平均值偏小36%，为1878年以来实测最枯年；汉口站径流量只比1900年、1928年稍大，为1865年以来第三枯水年；大通站径流量为6886亿m^3，比1978年稍大，为1951年以来最二枯水年。2006年枯水主要是由于上游干支流共同出现枯水而造成的。1994年，全国受旱范围广，全国受旱面积为45423万亩，减产3成以上的成灾面积为25573万亩，其中绝收3789万亩。该年金沙江屏山站年径流量为1064亿m^3，较多年平均值（1950—2006年系列）小26%，为1940年以来实测最枯年。上游支流中，岷江、沱江、嘉陵江、乌江站本年均出现较枯水情，年径流量较多年平均值偏小20%～35%。长江干流宜昌站年径流量为3475亿m^3，位居1878—2006年系列的倒数第4位，较多年平均值（1878—2006年系列）偏小22%。2006年中下游的洞庭湖和鄱阳湖水系没有出现明显枯水，才没有使出现旱情的影响范围扩大。

表1.5 长江干支流控制站枯季径流统计表

河名	站名	年径流量/亿m^3	枯季径流		
			枯季月份	径流量/亿m^3	占年径流量的比例/%
雅砻江	小得石	517	2—4月	37.2	7.2
金沙江	攀枝花	577	1—3月	45.4	7.9
	华弹	1276	2—4月	94.5	7.4
	屏山	1446	2—4月	112	7.7
岷江	高场	862	1—3月	60.9	7.1
沱江	富顺	120	1—3月	6.05	5.0
嘉陵江	北碚	664	1—3月	34.7	5.2
乌江	武隆	495	12月至次年2月	37.9	7.7
长江	寸滩	3458	1—3月	254	7.4
	宜昌	4331	1—3月	327.4	7.6

1.3.3.2 暴雨洪水

1. 暴雨特性

长江流域的暴雨以日降水量大于等于50mm为标准，其中，日降水量在100～250mm的为大暴雨，日降水量大于等于250mm的是特大暴雨。通常以一年出现暴雨的日数的多寡反映一个地区暴雨的频繁程度，以暴雨日数的月分配及年际变化反映暴雨的时间分布特征。

长江流域暴雨天气系统主要有冷锋低槽、低涡切变、梅雨锋及热带气旋（台风）、东风波等。冷锋低槽和低涡切变天气系统在全流域都能受其影响。金沙江下游，岷江、沱江、嘉陵江，三峡区间的暴雨天气系统以西南低涡为主；乌江流域以冷锋低槽、南北向切变和长江横切变为主。

利用1962—1987年长江流域300余站逐日降水量资料绘制的多年平均年暴雨日数等值线图，可以看出，除金沙江巴塘以上、雅砻江雅江以上及大渡河上游共约35万km^2地区，因地势高、水汽条件差，基本无暴雨外，其他广大地区均能发生暴雨。暴雨的地区分布趋势为：暴雨自四川盆地西北部边缘向盆地腹部及西部高原递减；山区暴雨多于河谷和平原，迎风坡多于背风坡；多暴雨区也是年降水量多的地区。长江上游年暴雨日数在5d以上的多暴雨区有两处，分别为大巴山暴雨区和川西暴雨区。多暴雨区均具备特定的地形，它们或者在暖湿气流的迎风坡，或者位于C形环状喇叭口地形中，这些地形对低层暖湿气流起着加强抬升或辐合作用，从而加强了降雨。长江上游的暴雨大多自西向东或自西北向东南移动，恰与川江洪水传播方向一致，易形成上游峰高量大的洪水。

流域内暴雨发生在4—10月，一般下游早于上游，江南早于江北。嘉陵江、岷江、沱江和乌江流域4月开始出现暴雨，金沙江石鼓以下5月开始有暴雨，再向西、北到了青藏高原地区，只在7—8月才有暴雨出现。暴雨结束时间与开始时间相反，自流域西北向东南推迟，大多于9—10月结束。而长江上游，暴雨开始得晚，结束得早，可出现暴雨的时期短，川西高原和青藏高原上只有7—8月才有暴雨。暴雨出现最多的连续4个月时间，长江上游大部为6—9月。暴雨出现最多的月份，乌江大部为6月，其暴雨日数可占全年的30%；而嘉陵江等地为7月，可占全年的30%～50%；岷江、沱江和金沙江下游为8月，其次为7月，7月、8月两月暴雨日数可占全年的80%，有的地区如雅砻江冕宁一带、渠江和大巴山南坡为9月。金沙江下游、乌江下游、渠江7月、9月多暴雨，8月相对较少，有些年份秋季暴雨十分突出，易酿成秋季大洪水。

年暴雨日的年际变化比年降水量的年际变化大得多，如雅砻江的冕宁站平均年暴雨日数为2.5d，1975年暴雨日多达10d，而1969年、1973年、1974年却无一天暴雨。

暴雨笼罩面积是指日降水量图上50mm以上成片雨区面积。据对汛期5—10月逐日雨量图量算，长江上游暴雨面积不大，约有75%日暴雨面积在4万km^2以下；有19%在4万～8万km^2；面积在8万km^2以上的暴雨仅占6%，以1973年6月30日暴雨面积最大，达17万km^2，以1981年7月13日的13.7万km^2居第二位。

根据暴雨动态及其对洪水的影响，可将暴雨分为稳定型和移动型暴雨两类。稳定型暴雨是指暴雨在某地出现后，就地持续3d以上，雨区位置变动不大。这种暴雨易造成洪涝灾害，如1961年6月下旬发生在川西的暴雨均系稳定型暴雨。移动型暴雨在全流域均能发生，其移动方向以自西北向东南移动最多，其次是自西向东移动，第三是自西南向东北或自南向北移动。

短历时暴雨分布与年最大变化规律类似。最大1h降雨量100mm以上的点暴雨大多分布在长江中下游，大于150mm的点暴雨，在长江上游分布有2处，分别为乌江流域的安顺和岷江流域的峨眉山，其中贵州安顺最大达157mm。最大6h降雨量300mm以上的点暴雨较少，主要分布在长江中下游，上游地区未见发生。最大24h降雨量300mm以上、最大3d降雨量350mm以上的点暴雨在四川盆地西部边缘、大巴山南麓出现过。大于800mm的点暴雨，则仅发生在峨眉山区。长江流域实测最大1h的特大暴雨可发生在沿海地区，也可发生在内陆地区，而6h以上各历时的大暴雨几乎均发生在长江中下游地区；不同历时的前三位最大点暴雨均发生在7月、8月盛夏季节；1h、6h的最大点暴雨和24h及3d最大点暴雨出现时间不相应，而24h和3d的发生时间相应性较好，即它们常发生在同一场大暴雨中。

2. 洪水特征

长江上游洪水主要由暴雨形成。直门达站以上，年平均气温在0℃以下，仅7—8

月有少量降雨，因此直门达站很少有洪水，其水量主要由融冰化雪形成。直门达至宜宾为金沙江，其洪水由暴雨和融冰化雪共同形成。上游宜宾—宜昌河段，有川西暴雨区和大巴山暴雨区，暴雨频繁，岷江、嘉陵江分别流经这两个暴雨区，洪峰流量甚大，暴雨走向大多和洪水流向一致，使岷江、沱江和嘉陵江洪水相互遭遇，易形成寸滩、宜昌站峰高量大的洪水。经对宜昌百余次洪水分析，宜昌站一次洪水过程至少由两次暴雨过程形成。

根据历史记载和实测资料分析，按照干、支流洪水情况不同，长江上游洪水可分为以下几种类型：①以嘉陵江洪水为主并与重庆—宜昌区间洪水遭遇的洪水。如历史上的1870年洪水，北碚站洪峰流量达56800m³/s，重庆—宜昌区间各支流如小江、磨刀溪、大洪河、渠溪河等均发生历史上的大洪水，致使宜昌洪峰流量达105000m³/s，为800多年来首位洪水。在实测资料中的1982年7月29日，北碚出现年最大洪峰，重庆—宜昌区间支流如小江、汤河、磨刀溪、龙河等均出现接近或超过调查的历史洪水，但因嘉陵江洪峰量较小，宜昌洪峰流量仅59300m³/s。②上游各主要支流均发生大洪水，虽量级不大，但形成遭遇的洪水。如1954年金沙江、乌江年最大15d洪量均发生在7月26日至8月9日，形成遭遇，致使宜昌站8月7日洪峰流量达66800m³/s，中、长时段的洪量为近百年来的首位，并为中下游近百年来的首位洪水。③嘉陵江、岷江、沱江等北岸支流洪水相互遭遇的洪水。如1981年岷江高场站7月14日洪峰流量为25900m³/s，沱江李家湾站7月15日为15200m³/s，嘉陵江北碚站7月16日44800m³/s，三江洪水遭遇，寸滩7月16日的最大洪峰流量达85700m³/s。但由于重庆—宜昌区间及乌江基本上没有暴雨，经河槽调蓄后，宜昌站7月18日洪峰流量削减为70800m³/s。

洪水发生时间和地区分布与暴雨一致，一般是中下游早于上游，江南早于江北，乌江为5—8月，金沙江下游和四川盆地各水系为6—9月。长江上游干流受上游各支流洪水的影响，洪水主要发生时间为7—9月。年最大洪峰出现时间，干流站洪峰主要集中在7—8月。

长江上游两岸多崇山峻岭，江面狭窄，河道坡降陡，洪水汇集快，河槽调蓄能力较小。长江流域暴雨的走向多为自西北向东南或自西向东，与河流流向一致，常形成上游岷江、沱江、嘉陵江陡涨陡落、过程尖瘦的山峰形洪水。长江上游干支流洪水先后叠加，汇集到宜昌后，易形成峰高量大的洪水，过程历时较长，一次洪水过程短则7～10d，长则可达1个月以上。长江干流宜昌站多年平均年最大洪峰流量在50000m³/s以上，实测最大洪峰流量为1896年的71100m³/s，历史调查最大洪峰流量为1870年的105000m³/s。支流中洪水较大的岷江、嘉陵江多年平均年最大洪峰流量在12300～23400m³/s，以1870年嘉陵江北碚调查的洪峰流量57300m³/s为最大。

宜昌以上水系繁多，水情复杂，各年主要暴雨区位置不同，使洪水来源与组成相差很大。金沙江屏山站控制面积接近占宜昌的1/2，其多年平均汛期（5—10月）水量占宜昌水量的1/3，因其洪水过程平缓，年际变化较小，是宜昌洪水的基础。岷江、嘉陵江分别流经川西暴雨区和大巴山暴雨区，洪水来量甚大，高场站、北碚站控制面积分别占宜昌控制面积的13.5%、15.5%，而多年平均汛期水量却占20.2%、16.2%，共计约占宜昌的36%，是宜昌洪水的主要来源。此外，干流区间的来水也不可忽视，寸滩—宜昌区间是长江上游的主要暴雨区之一，其面积占宜昌控制面积的5.6%，多年平均汛期水量约占宜昌的8%，但有些年份的水量可达宜昌的13%以上（如1982年、1983年），宜昌站汛期洪水地区组成见表1.6。

表1.6　　宜昌站汛期（5—10月）洪水地区组成表

河名		金沙江	岷江	沱江	嘉陵江	屏山—寸滩区间	长江	乌江	寸滩—宜昌区间	长江
站名		屏山	高场	富顺	北碚		寸滩	武隆		宜昌
集水面积/km²		458592	135378	19613	156142	66657	866559	83035	55907	1005501
占宜昌/%		45.6	13.5	2.0	15.5	6.7	86.2	8.2	5.6	100.0
多年平均	径流/亿 m³	1149	692	104	554	265	2764	383	271	3418
	占宜昌/%	33.6	20.2	3.0	16.2	7.8	80.9	11.2	7.9	100.0
1954年	径流/亿 m³	1614	894	128	655	438	3682	714	346	4742
	占宜昌/%	34.0	18.9	2.7	13.8	9.2	77.6	15.1	7.3	100.0
1980年	径流/亿 m³	1195	721	90.4	610	241.6	2858	510	366	3734
	占宜昌/%	32.0	19.3	2.4	16.3	6.5	76.5	13.7	9.8	100.0
1981年	径流/亿 m³	1143	784	158	926	173	3184	225	204	3613
	占宜昌/%	31.6	21.7	4.4	25.6	4.8	88.1	6.2	5.7	100.0
1982年	径流/亿 m³	1008	650	118	614	248	2638	451	473	3562
	占宜昌/%	28.3	18.2	3.3	17.2	7.0	74.0	12.7	13.3	100.0
1983年	径流/亿 m³	936	627	127	946	216	2852	453	514	3819
	占宜昌/%	24.5	16.4	3.3	24.8	5.7	74.7	11.9	13.4	100.0
1991年	径流/亿 m³	1336	644	95.4	422	296	2793	398	287	3478
	占宜昌/%	38.4	18.5	2.7	12.1	8.5	80.3	11.4	8.3	100
1995年	径流/亿 m³	1050	693	103	382	332	2560	445	308	3313
	占宜昌/%	31.7	20.9	3.1	11.5	10	77.3	13.4	9.3	100
1996年	径流/亿 m³	1042	606	78.5	311	347	2384	538	348	3270
	占宜昌/%	31.9	18.5	2.4	9.5	10.6	72.9	16.5	10.6	100
1998年	径流/亿 m³	1078	675	132	650	974	3509	471	469	4449
	占宜昌/%	24.2	15.2	3.0	14.6	21.9	78.9	10.6	10.5	100.0

长江上游支流众多，河道比降大，汇流迅速，如果暴雨笼罩面积大，几条支流同时发生大洪水，与区间洪水遭遇时，将形成干流洪峰特大的洪水，历史上的1870年7月和1981年7月洪水即属此类。1870年7月长江重庆至宜昌河段发生800多年来最大的一场大洪水，该年7月中下旬，嘉陵江、渠江、涪江三江洪水汇合后，致使嘉陵江下游洪水暴涨，合川区几乎全城淹没，北碚洪峰流量达57300m³/s。与此同时，长江江津以上江水盛涨，江津大水入城，洪水下泄至重庆与嘉陵江洪水相遇，洪流汹涌，顺江而下，于涪陵纳乌江洪水后，沿程又与寸滩至宜昌区间的各条支流大洪水相遇，江水迅速骤涨，寸滩与宜昌最大洪峰流量分别为100000m³/s和105000m³/s，洪水在宜昌出峡谷后，与清江中等洪水遭遇，一泻千里，直达长江中游的荆江，致使荆江南岸松滋口溃决成松滋河，公安县全城淹没，斗湖堤决口，监利邹码头、引港、螺山等处溃堤，数百里洞庭湖与辽阔的荆北平

原一片汪洋。1981年7月中旬，长江上游支流岷江、沱江、嘉陵江同时发生特大暴雨，嘉陵江发生特大洪水，北碚站7月16日洪峰流量达44700m^3/s，为1949年以来嘉陵江第一大洪水，与此同时，7月15日沱江也出现1949年以来的最大洪峰流量，岷江7月14日也出现洪峰，三江洪水倾泻入长江，正好相遇叠加，长江上游干流河段水位猛涨10～20m，寸滩实测最大流量为85700m^3/s，为1939年以来最大洪峰流量。所幸的是，寸滩以下至宜昌区间及南岸乌江基本无雨，使得寸滩的洪峰流量经河槽调蓄到达宜昌时，洪峰流量为70800m^3/s，沙市水位高达44.47m。如若该年寸滩—宜昌区间发生与1982年水情相同的区间洪水，则很可能出现比1870年更恶劣的水情。

1.3.4 长江上游水质现状

1.3.4.1 天然水化学特征

矿化度是地表水化学的重要属性之一，是水文地球化学特征之一，代表天然水体中八大离子浓度总和，反映出地表水无机盐类组成成分，是水体水质的核心指标，直接反映出地表水的水化学类型。矿化度在水体分布遵从水文地球化学循环的规律，有其区域地带性的分布，在不同的区域分布上存在着差异。其中，小于100mg/L为极低矿化度水，100～300mg/L为低矿化度水，300～500mg/L为中等矿化度水，大于500mg/L为较高矿化度水。长江上游水体矿化度不高，水质较好，平均浓度值为250～650mg/L，除嘉陵江外，其他区域均属于中高矿化度。矿化度从上游向下游呈递减趋势，通天河以上为高矿化度值区域（极端值通天河的北麓河站高达3250mg/L），长江上游流域矿化度分布见表1.7。2000年以来，中高矿化度流域面积占比上升。

表1.7 长江上游流域矿化度分布

水资源二级区	站点个数	最小值/(mg/L)	最大值/(mg/L)	平均值/(mg/L)
金沙江石鼓以上	42	105	3250	641
金沙江石鼓以下	162	68	1970	347
岷沱江	264	88	1475	367
嘉陵江	273	67	516	269
乌江	32	120	925	493
宜宾—宜昌	42	100	579	306

总硬度亦是地表水水化学的重要属性之一，是人类饮用、生活和工农业生产用水质量的重要标志之一，是碳酸盐硬度与非碳酸盐硬度的总和。水体中常以Ca^{2+}与Mg^{2+}之和来表示其量度。长江上游总硬度低，水质较好，平均浓度值在50～250mg/L范围内，流域从上游向下游呈递减趋势，长江上游流域总硬度分布见表1.8。水质监测表明，总体上水体总硬度小于250mg/L，水质较好。河水总硬度随矿化度的增加而增加，其地球化学区域地带性分布规律亦与矿化度相同。其中小于30mg/L为极低总硬度水，30～85mg/L为低总硬度水，85～170mg/L为中等总硬度水，大于170mg/L为较高总硬度水，长江上游总硬度总体状况较好。

表 1.8　　长江上游流域总硬度分布

水资源二级区	站点个数	最小值/(mg/L)	最大值/(mg/L)	平均值/(mg/L)
金沙江石鼓以上	42	53	1074	216
金沙江石鼓以下	162	27	606	176
岷沱江	264	18	2098	213
嘉陵江	273	54	300	160
乌江	32	73	461	226
宜宾—宜昌	42	59	307	167

1.3.4.2　河流水质

以 2016 年的水质测站监测数据为基础，评价长江上游全年期水质。评价总河长为 53283.7km，Ⅰ类水河长为 6626.2km，占总评价河长的 11.7%；Ⅱ类水河长为 34662.7km，占总评价河长 65.1%；Ⅲ类水河长为 8484.0km，占总评价河长的 15.9%；Ⅳ类水河长为 1927km，占总评价河长的 3.6%；Ⅴ类水河长为 632.5km，占总评价河长 1.2%；劣Ⅴ类水河长为 1350.8km，占总评价河长的 2.5%。符合或优于Ⅲ类水河长占总评价河长 92.7%，劣于Ⅲ类水河长占总评价河长 7.3%。2016 年长江上游水资源二级区全年河流水质状况详见表 1.9，2016 年长江上游河流水质全年期综合评价详见图 1.3。

表 1.9　　2016 年长江上游水资源二级区全年河流水质状况

水资源二级区	评价河长/km	占评价河长比例/%						
		Ⅰ类	Ⅱ类	Ⅲ类	Ⅳ类	Ⅴ类	劣Ⅴ类	Ⅰ类+Ⅱ类+Ⅲ类
金沙江石鼓以上	6612.0	55.1	34.3	10.6				100
金沙江石鼓以下	12826.5	5.0	73.3	13.3	1.1	1.7	5.6	91.6
岷沱江	9975.3	4.3	63.2	17.6	9.8	2.2	2.9	85.1
嘉陵江	11219.0	10.9	67.1	18.9	3.0	0.1		96.9
乌江	6581.6	0.9	70.4	16.2	5.6	2.7	4.2	87.5
宜宾—宜昌	6069.3	3.8	74.6	18.7	1.7	0.1	1.1	97.1
长江上游	53283.7	11.7	65.1	15.9	3.6	1.2	2.5	92.7

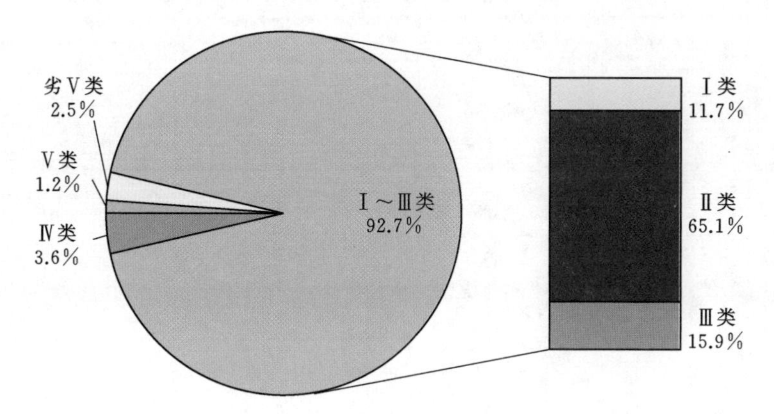

图 1.3　2016 年长江上游河流水质全年期综合评价

长江上游水质较好（水质符合或优于Ⅲ类标准占比90%及以上）的主要是长江干流、雅砻江、小江、牛栏江、大渡河、赤水河、嘉陵江、白龙江、渠江、涪江、大宁河等11条河流；水质较差（水质符合或优于Ⅲ类标准占比60%以下）的主要是沱江、乌江等2条河流，其中沱江劣于Ⅲ类标准的超标河长比例为68.1%，乌江为41.2%。

长江上游2000—2016年河流水质状况成果统计分析，水质符合或优于Ⅲ类标准的河长占比由2000年的79.8%提高至2016年的92.7%。其中，2000—2008年河流水质符合或优于Ⅲ类标准的河长占比在80%左右小幅波动；2009—2016年水质符合或优于Ⅲ类标准的河长占比由82.4%逐年增加至2016年的92.7%，近8年水质呈逐年好转趋势。

1.3.4.3 水库水质

2016年，长江上游有监测资料的251座水库中，水质符合或优于Ⅲ类标准的水库共236座，占总数的94.0%；总蓄水量为709.3亿m^3，水质符合或优于Ⅲ类标准的水库需水量为680.2亿m^3，占总数的95.8%。其中，乌江、岷江等流域的水库水质相对较差，超标项目主要为总磷、高锰酸盐指数和五日生化需氧量。

对长江上游240座水库进行营养状态评价，结果为：贫营养2个，占评价总数的0.8%；中营养139个，占评价总数的57.9%；轻度富营养82个，占评价总数的34.2%；中度富营养17个，占评价总数的7.1%。2016年长江上游水库营养状况评价成果见表1.10。水库蓄水量603亿m^3中，贫营养0.2亿m^3，占总评价蓄水量的0.03%；中营养172.3亿m^3，占总评价蓄水量的28.6%；轻度富营养415.6亿m^3，占总评价蓄水量的68.9%；中度富营养14.9亿m^3，占总评价蓄水量的2.5%。长江上游水库蓄水量营养状况评价成果见表1.11。其中，岷沱江、嘉陵江、乌江、宜宾至宜昌等区域有较多水库处于富营养化状态。

表1.10 长江上游水库营养状况评价成果（2016年）

水资源二级区	评价个数	水库座数所占比例/%				
		贫营养	中营养	轻度富营养	中度富营养	重度富营养
金沙江石鼓以上	—	—	—	—	—	—
金沙江石鼓以下	57	3.5	82.5	14	—	—
岷沱江	52	—	34.6	44.2	21.2	—
嘉陵江	62	—	53.2	41.9	4.8	—
乌江	44	—	68.2	29.5	2.3	—
宜宾—宜昌	25	—	44	48	8	—
长江上游	240	0.8	57.9	34.2	7.1	—

表1.11 长江上游水库蓄水量营养状况评价成果（2016年）

水资源二级区	水库评价蓄水量/亿m^3	蓄水量所占比例/%				
		贫营养	中营养	轻度富营养	中度富营养	重度富营养
金沙江石鼓以上	—	—	—	—	—	—
金沙江石鼓以下	87.4	0.2	98.6	1.1	—	—
岷沱江	33.9	—	68.9	22.2	8.8	—
嘉陵江	56.2	—	88.2	10.2	1.7	—

续表

水资源二级区	水库评价蓄水量/亿 m^3	蓄水量所占比例/%				
		贫营养	中营养	轻度富营养	中度富营养	重度富营养
乌江	21.6	—	40.6	9.4	50	—
宜宾—宜昌	403.9	—	1.07	98.89	0.03	—
长江上游	603	0.03	28.6	68.9	2.5	—

2000—2016年，长江上游大部分水库基本持续在中营养～轻度富营养状态，营养化程度有稳定降低趋势。

1.3.4.4 水功能区水质

1. 各级政府批复水功能区（国家及省级重要水功能区）

长江上游评价水功能区700个，根据长江上游各类水功能区全年期水质达标数据进行分析，详见表1.12。700个水功能区中，达标的水功能区有544个，占水功能区评价总数的77.7%。水功能区评价河长为32923.1km，达标河长为26269.4km，占评价河长的79.8%；湖泊水功能区评价面积为450.6km^2，达标面积为6.0km^2，面积达标率为5.9%；水库水功能区蓄水量评价23.9亿m^3，达标蓄水量为16.6亿m^3，蓄水量达标率为69.4%。按省级行政区统计评价，达标率最低的为西藏自治区，达标率为0（长江上游内西藏仅1个水功能区）；达标率最高的为青海省，达标率为100%。2016年长江上游分省水功能区全年水质达标状况见表1.13。长江上游水功能区水质在2000—2016年间呈现整体变好的趋势。

表1.12　2016年水资源二级区国家及省级重要水功能区全年水质达标状况

水资源二级区	水功能一级区			水功能二级区			合计		
	总个数/个	达标个数/个	百分比/%	总个数/个	达标个数/个	百分比/%	总个数/个	达标个数/个	百分比/%
金沙江石鼓以上	33	32	97.0	1	1	100	34	33	97.1
金沙江石鼓以下	135	112	83.0	58	20	34.5	193	132	68.4
岷沱江	85	75	88.2	22	13	59.1	107	88	82.2
嘉陵江	93	75	80.6	22	19	86.4	115	94	81.7
乌江	91	80	87.9	74	58	78.4	165	138	83.6
宜宾—宜昌	66	47	71.2	20	12	60	86	59	68.6
合计	503	421	83.7	197	123	62.4	700	544	77.7

2. 国家重要水功能区

长江上游全年期共评价重要江河湖泊水功能区561个，全指标评价达标的水功能区有414个，占水功能区评价总数的73.8%；水功能区评价河长为29855.1km，达标河长为22516.9km，占评价河长的75.4%；评价湖泊面积为350.1km^2，达标面积为49.2km^2，面积达标率为14.1%；评价水库蓄水量20.6亿m^3，达标蓄水量为12.2亿m^3，蓄水量达标率为59.3%。未达标水功能区的主要超标项目为总磷、氨氮、高锰酸盐指数和五日生化需氧量，详见表1.14。按省级行政区评价，达标率最低的为西藏自治区。长江上游内西藏仅 1 个水功能区，且未达标；达标率最高的为青海省，达标率为 100%。2016 年长江上游各省水功能区全年水质达标状况见表 1.15。

表 1.13　2016 年长江上游各省的国家及省级重要水功能区全年水质达标状况

省级区	水功能区							
	评价水功能区		其中河流		其中湖泊		其中水库	
	评价数	达标百分比 /%	评价河长 /km	达标比例 /%	评价湖泊面积 /km^2	达标比例 /%	评价水库蓄水量 /亿 m^3	达标比例 /%
青海省	14	100	2515.3	100				
四川省	217	85.7	10970.5	85.8				
云南省	152	61.2	6248.8	68	444.3	6	20.3	69
西藏自治区	1	0	539	0				
贵州省	252	84.1	9739.7	83.3	6.3	0	3.6	71.2
重庆市	69	52.2	1503.6	58.3				
甘肃省	22	77.3	1406.2	78.4				

表 1.14　2016 年水资源二级区国家重要水功能区全年水质达标状况

水资源二级区	水功能一级区			水功能二级区			合　计		
	总个数 /个	达标个数 /个	百分比 /%	总个数 /个	达标个数 /个	百分比 /%	总个数 个	达标个数 /个	百分比 /%
金沙江石鼓以上	11	10	90.9				11	10	90.9
金沙江石鼓以下	48	40	83.3	28	19	67.9	76	59	77.6
岷沱江	67	44	65.7	70	24	34.3	137	68	49.6
嘉陵江	71	65	91.5	80	75	93.8	151	140	92.7
乌江	31	21	67.7	20	12	60	51	33	64.7
宜宾—宜昌	82	55	67.1	53	49	92.5	135	104	77
合计	310	235	75.8	251	179	71.3	561	414	73.8

表 1.15　2016 年长江上游各省的国家重要水功能区全年水质达标状况

省级区	水功能区							
	评价水功能区		其中河流		其中湖泊		其中水库	
	评价数	达标百分比 /%	评价河长 /km	达标比例 /%	评价湖泊面积 /km^2	达标比例 /%	评价水库蓄水量 /亿 m^3	达标比例 /%
青海省	9	100	1896.1	100				
四川省	307	75.6	14962.2	83.8	49.2	100	14.4	77.2
云南省	44	59.1	3558.6	56	294.6	0	1.3	19.8
西藏自治区	1	0	704	0				
贵州省	76	73.7	3720.9	71	6.3	0	1.6	52.5
重庆市	172	71.5	3929.7	64.3			3.3	0
甘肃省	16	87.5	1083.6	85				

1.4 长江上游重要控制性水库

根据《长江流域综合规划（2012—2030）》，通天河及以上河段治理开发与保护的任务是以水资源保护、水生态环境保护为主，兼顾防洪、灌溉与供水等；金沙江河段主要任务为发电、供水与灌溉、防洪、航运、水资源保护、水生态环境保护和水土保持；宜宾至宜昌河段主要任务是防洪、发电、供水与灌溉、航运、水资源保护、水生态环境保护、岸线利用和江砂控制利用。

根据河段水电规划及综合规划相关成果，金沙江上游河段规划开发方案为西绒（东就拉）—晒拉—果通—岗托（俄南）—岩比（白丘）—波罗—叶巴滩（降曲河口）—拉哇—巴塘—苏洼龙（王大龙）—昌波—旭龙—奔子栏等 13 级，金沙江中游河段规划开发方案为虎跳峡河段梯级—梨园—阿海—金安桥—龙开口—鲁地拉—观音岩—金沙—银江 9 级；金沙江下游河段规划开发方案为乌东德—白鹤滩—溪洛渡—向家坝 4 级。宜宾至宜昌河段，已建成三峡和葛洲坝枢纽工程，发挥了巨大的防洪、发电、航运、生态环境保护等综合效益。截至 2020 年，长江上游（宜昌以上）已建成大型水库（总库容在 1 亿 m^3 以上）112 座，总调节库容 800 余亿 m^3，预留防洪库容 421 亿 m^3。长江上游干流已建成运行的大型水库分布见图 1.4，基本情况见表 1.6。

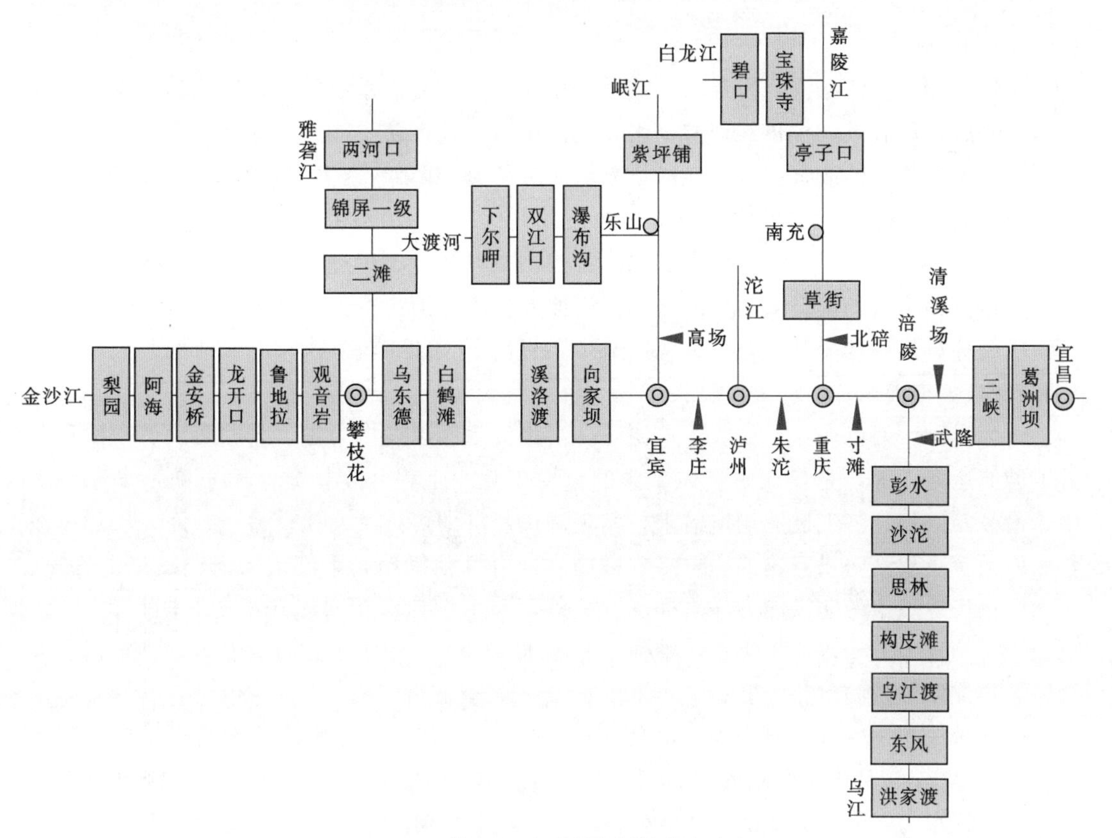

图 1.4　长江上游重要控制性水库分布

表 1.16 长江上游干流水库基本情况表

水系名称	水库名称	控制流域面积/万 km²	正常蓄水位/m	防洪高水位/m	汛期防洪限制水位/m	死水位/m	总库容/亿 m³	正常蓄水位以下库容/亿 m³	调节库容/亿 m³	防洪库容/亿 m³	装机容量/MW
金沙江	梨园	22	1618	1618	1605	1605	8.05	7.27	1.73	1.73	2400
	阿海	23.54	1504	1504	1493.3	1492	8.85	8.06	2.38	2.15	2000
	金安桥	23.74	1418	1418	1410	1398	9.13	8.47	3.46	1.58	2400
	龙开口	24	1298	1298	1289	1290	5.58	5.07	1.13	1.26	1800
	鲁地拉	24.73	1223	1223	1212	1216	17.18	15.48	3.76	5.64	2160
	观音岩	25.65	1134	1134	1122.3/1128.8	1122.3	22.5	20.72	5.55	5.42/2.53	3000
	乌东德	40.61	975	975	952	945	74.08	58.63	30.20	24.4	10200
	溪洛渡	45.44	600	600	560	540	126.7	115.74	64.62	46.5	13860
	向家坝	45.88	380	380	370	370	51.63	49.77	9.03	9.03	6400
长江	三峡	100	175	175	145	145	450.7	393	165	221.5	22500

1.4.1 水库群简介

1.4.1.1 三峡水库

三峡水库是长江干流开发最末一梯级，是长江流域防洪系统中关键性控制工程。三峡工程建成后，能有效调控长江上游洪水，提高中游各地区防洪能力，特别是使荆江地区防洪形势发生了根本性改善：荆江地区依靠堤防可防御10年一遇洪水，通过三峡水库调蓄，遇100年一遇及以下洪水可使沙市区水位不超过44.50m，不需启用荆江地区蓄滞洪区；遇1000年一遇或类似1870年特大洪水，可控制枝城泄量不超过80000m³/s，在荆江分洪区和其他分蓄洪区的配合下，可防止荆江河段发生干堤溃决的毁灭性灾害；城陵矶附近分蓄洪区的分洪概率和分洪量也可大幅度减少，提高了长江干流洪水调度灵活性。

1.4.1.2 溪洛渡水库

作为我国“西电东送”的骨干电源点，溪洛渡水库以发电为主，兼顾防洪、拦沙和改善下游航运条件等，是长江防洪体系中的重要工程。工程开发一方面用于满足华东、华中、南方等区域经济发展的用电需求，实现国民经济的可持续发展；另一方面，兴建溪洛渡水库是解决川渝防洪问题的主要工程措施，配合其他措施，可使川渝河段沿岸的宜宾、泸州、重庆等城市的防洪能力显著提高。此外，与下游向家坝水库在汛期共同拦蓄洪水，可减少直接进入三峡水库的洪量，增强了三峡水库对长江中下游的防洪能力，一定程度上缓解了长江中下游防洪压力。

设计阶段拟定的调度原则为：汛期（6月至9月上旬）水库水位按不高于汛期限制水位560m运行；9月中旬开始蓄水，每日的库水位上升速率不低于2m，并控制电站出力不低于保证出力，9月底水库水位蓄至600m；12月下旬至次年5月底为供水期，5月底水库水位降至死水位540m。

1.4.1.3 向家坝水库

向家坝水库是金沙江干流梯级开发的最下游梯级，坝址上距溪洛渡河道里程为156.6km，下距宜宾市33km。向家坝水库的开发任务以发电为主，同时改善通航条件，结合防洪和拦沙，兼顾灌溉，并具有为上游梯级溪洛渡水库进行反调节的作用。

设计阶段拟定的调度原则为：汛期6月中旬至9月上旬按汛期限制水位370m运行，9月中旬开始蓄水，9月底蓄至正常蓄水位380m；10—12月一般维持在正常蓄水位或附近运行；12月下旬至次年6月上旬为供水期，一般在4月、5月来水较丰时回蓄部分库容，至6月上旬末水库水位降至370m。

1.4.1.4 金沙江中游梯级

根据《金沙江中游河段水电规划报告》，金沙江中游按“一库八级”进行开发，已建成梯级为本河段下游六级，具体为梨园、阿海、金安桥、龙开口、鲁地拉和观音岩。

梨园水库正常蓄水位为1618m，死水位为1605m，调节库容为1.73亿m^3，防洪库容为1.73亿m^3，装机容量为2400MW；阿海水库正常蓄水位为1504m，死水位为1492m，调节库容为2.38亿m^3，防洪库容为2.15亿m^3，装机容量为2000MW；金安桥水库正常蓄水位为1418m，死水位为1398m，调节库容为3.46亿m^3，防洪库容为1.58亿m^3，装机容量为2400MW；龙开口水库正常蓄水位为1298m，死水位为1290m，调节库容为1.13亿m^3，防洪库容为1.26亿m^3，装机容量为1800MW；鲁地拉水库正常蓄水位为1223m，死水位为1216m，调节库容为3.76亿m^3，防洪库容为5.64亿m^3，装机容量为2160MW；观音岩水库正常蓄水位为1134m，死水位为1122.3m，调节库容为5.55亿m^3，防洪库容为5.42亿m^3（7月1—31日）、2.53亿m^3（8月1日至9月30日），装机容量为3000MW。

1.4.1.5 雅砻江梯级

锦屏一级水利枢纽主要开发任务为发电、防洪。水库正常蓄水位为1880m，死水位为1800m，调节库容为49.1亿m^3，防洪库容为16亿m^3，电站装机容量为3600MW。

二滩水利枢纽主要开发任务为发电、防洪。水库正常蓄水位为1200m，死水位为1155m，调节库容为33.7亿m^3，防洪库容为9亿m^3，电站装机容量为3300MW。

1.4.1.6 岷江、大渡河梯级

紫坪铺枢纽位于岷江干流，是集供水、防洪、发电等为一体的综合性水利工程，是举世闻名的都江堰灌区的水源工程，肩负着成都平原的工农业供水任务。水库正常蓄水位为877m，死水位为817m，调节库容为7.74亿m^3，防洪库容为1.67亿m^3，电站装机容量为760MW。

瀑布沟水利枢纽位于岷江支流大渡河上，是一座以发电为主，兼顾防洪、拦沙等综合利用的大型水电工程。水库正常蓄水位为850m，死水位为790m，调节库容为38.94亿m^3，防洪库容为11亿m^3，电站装机容量为3600MW。

1.4.1.7 嘉陵江梯级

亭子口水利枢纽位于嘉陵江干流，开发任务为防洪、灌溉和供水、减淤、发电、航运等综合利用。水库正常蓄水位为458m，死水位为438m，调节库容为17.32亿m^3，防洪库容为14.4亿m^3，其中正常蓄水位以下防洪库容为10.6亿m^3，电站装机容量

为 1100MW。

宝珠寺水利枢纽位于嘉陵江支流白龙江上，工程开发任务以发电为主，兼顾防洪、灌溉等综合效益。水库正常蓄水位为588m，死水位为558m，调节库容为13.4亿m^3，防洪库容为2.8亿m^3，电站装机容量为700MW。

1.4.1.8 乌江梯级

构皮滩水利枢纽位于乌江干流，工程开发任务以发电为主，兼顾航运和防洪等综合利用。水库正常蓄水位为630m，死水位为590m，调节库容为29.02亿m^3，防洪库容为4亿m^3，电站装机容量为3000MW。

构皮滩下游建有思林、沙沱和彭水3座水库。思林水库正常蓄水位为440m，死水位为431m，调节库容为3.17亿m^3，防洪库容为1.84亿m^3，装机容量为1050MW；沙沱水库正常蓄水位为365m，死水位为353.5m，调节库容为2.87亿m^3，防洪库容为2.09亿m^3，装机容量为1120MW；彭水水库正常蓄水位为293m，死水位为278m，调节库容为5.18亿m^3，防洪库容为2.32亿m^3，装机容量为1750MW。

1.4.2 联合调度方案

为充分发挥长江流域控制性水库群联合调度在流域防洪工程体系中的重要作用和综合利用效益，确保长江流域防洪安全，根据水库群联合调度基础研究成果，2012年起，长江防汛抗旱总指挥部每年汛前组织编制《年度长江上游水库群联合调度方案》报国家防汛抗旱总指挥部，《2012年长江上游水库群联合调度方案》是国家防汛抗旱总指挥部批复的首个大江大河水库群联合调度方案，确定了水库群联合调度的原则与目标，拟定了各控制性水库的调度方案，明确了调度权限，不断细化汛期防洪，汛末蓄水、枯水期补水，汛前消落等调度方式和应急调度内容，并逐步扩大联合调度范围和规模，纳入联合调度范围的水工程由2012年的10座增加至2020年的101座，其中上游水库群共22座。

每年获批复的联合调度方案在年度联合调度运用中均发挥了很好的指导作用，相关研究成果已纳入国务院批准的《长江防御洪水方案》，目前长江流域水工程联合调度运用计划日益成熟，可操作性日益增强，经水利部批复，在长江流域得到实施，通过调度实践已取得了良好的社会、生态和经济效益，促进了水库群防洪、发电、供水、航运、生态等综合效益的发挥。

1.4.2.1 调度原则与目标

1. 调度原则

水库群联合调度要正确处理水库群防洪与兴利，经济效益与社会、生态效益，局部与整体，汛期与非汛期，单个工程与多个工程等重大关系。通过水库群联合调度，实现流域上下游统筹、左右岸协调、干支流兼顾，保障流域防洪安全、供水安全、生态安全，充分发挥水库群综合效益，为推动长江经济带高质量发展提供水安全保障。

水库群联合调度实行水利部统一调度，水利部、水利部长江水利委员会、地方水行政主管部门、水库管理单位等分级调度管理。坚持局部服从全局、兴利服从防洪、电调（航调）服从水调、常规调度服从应急调度的原则。按照《长江流域综合规划（2012—2030年）》的要求，各水库汛期留足防洪库容，防洪和水量调度服从有调度权限的调度管理部门统一调度。

水库群联合防洪调度时，首先确保水库群自身安全，贯彻“蓄泄兼筹，以泄为主”的长江防洪治理方针，协调好所在河流防洪与长江中下游防洪的关系，在满足所在河流防洪要求的前提条件下，根据需要承担长江中下游防洪任务。防洪调度应兼顾水资源综合利用要求，结合水文气象预报，在确保防洪安全的前提下合理利用水资源。

针对不同的调度目标，应满足以下要求：① 水库供水（灌溉）调度，应统一协调本流域和跨流域水资源调度需求；② 水库群蓄水调度，应综合考虑防洪、供水、生态、发电、航运、泥沙、淹没等因素，统筹安排干支流、上下游水库蓄水进程，下泄流量按相关规定或要求执行；③ 枯水期运用，应统筹协调供水、生态、发电、航运等方面对水资源的需求，下泄流量不小于规定或要求的下限值；④ 汛前消落，应与长江中下游防洪相协调；⑤ 水库群生态调度，应贯彻“生态优先，绿色发展”的理念，保障流域基本生态用水，相机开展水库群生态调度试验；⑥ 水库群应急调度，应坚持“统一指挥、分级管理”的原则，发生特枯水、水污染、水生态破坏、咸潮入侵、水上安全事故、涉水工程事故等突发事件时，由突发事件发生地地方人民政府或相关部门提出应急调度请求，由有调度权限的水行政主管部门视情启动水量应急调度。

2. 调度目标

防洪调度应确保水工程自身安全，通过水库群拦蓄、蓄滞洪区运用、排涝泵站限排，实现流域防洪目标并提高整体防洪效益。通过水工程联合调度，使流域干支流重要城镇及设施达到相应的防洪标准；使荆江地区防洪能力达到100年一遇防洪标准，遭遇类似1870年特大洪水时，不发生毁灭性灾害；减少长江中下游分洪量和蓄滞洪区的使用概率。

水库群蓄水应兼顾与防洪、供水、生态、发电、航运等方面的需求，统筹上下游、干支流，有序逐步蓄水，提高水库群整体蓄满率，尽量减少集中蓄水对水库下游河段和长江中下游供水、生态、航运等带来的不利影响。水库群枯水期适时补水，加大下游河道主要控制断面的流量，尽量满足水库下游供水、生态、航运等方面的需求。

通过水库群联合调度，保障流域内及受水区供水安全，合理配置水资源，充分发挥水资源综合效益，引调水工程应按批准的年度水量调度计划供水，经批准后可根据需要适当调整供水量；满足流域主要控制断面生态基流，维护流域生态安全。适时开展生态调度试验，促进鱼类繁殖、减缓下泄水流滞温效应、抑制水华形成，减轻特枯水、水污染、咸潮入侵、水上安全事故、涉水工程事故等突发事件的影响。

1.4.2.2 防洪调度

1. 川渝河段

川渝河段的防洪任务为提高宜宾、泸州主城区的防洪标准至50年一遇，提高重庆主城区的防洪标准至100年一遇，主要由上游的溪洛渡、向家坝、瀑布沟、亭子口、草街等水库承担。

对宜宾、泸州主城区防洪时，溪洛渡、向家坝水库预留专用防洪库容14.6亿m^3，对宜宾、泸州进行防洪补偿调度。控制李庄（宜宾防洪控制站）、朱沱（泸州防洪控制站）两站洪峰流量分别不超过51000m^3/s、52600m^3/s。若遭遇以岷江来水为主的洪水类型时，视水情和防洪形势的需要，瀑布沟、紫坪铺等水库适时配合调度。

对重庆主城区防洪时，溪洛渡、向家坝水库预留防洪库容29.6亿m^3，对重庆主城区进行防洪补偿调度。控制寸滩（重庆防洪控制站）洪峰流量不超过83100m^3/s。当岷江大渡河、嘉陵江上游来水较大时，运用瀑布沟、亭子口、草街水库拦洪错峰，减轻重庆主城区防洪压力。通过上述水库群联合调度，提高重庆主城区防洪标准至100年一遇。

溪洛渡、向家坝水库联合防洪调度时，先运用溪洛渡水库拦蓄洪水，当溪洛渡水库水位上升至573.1m后，若溪洛渡入库流量超过28000m^3/s并呈上涨趋势，可继续动用溪洛渡水库拦蓄洪水；若溪洛渡入库流量低于28000m^3/s，溪洛渡水库维持出入库平衡，向家坝水库开始拦蓄洪水。当向家坝水库拦蓄至水位接近378m，溪洛渡和向家坝水库继续拦蓄；当溪洛渡水库水位达到600m、向家坝水库水位达到380m后，实施保枢纽安全的防洪调度方式。

在溪洛渡、向家坝开始拦蓄洪水时，视水情和防洪形势的需要，雅砻江、金沙江、岷江、嘉陵江等梯级水库适时配合调度。

2. 嘉陵江中下游

嘉陵江中下游的防洪任务主要由亭子口承担，碧口、宝珠寺、草街等水库适时配合调度。当嘉陵江中下游发生大洪水时，亭子口水库适时拦洪削峰，提高嘉陵江中下游苍溪、阆中、南充等城市的防洪标准，减轻合川、重庆主城区的防洪压力；碧口、宝珠寺等水库在保证枢纽安全和本河段防洪安全的前提下，适时减少亭子口水库的入库洪量。

3. 乌江中下游

乌江中下游的防洪任务主要是提高思南县城防洪标准，减轻沿河、彭水、武隆等城市的防洪压力，主要由构皮滩、思林、沙沱、彭水等水库承担，其他水库配合运用。

对思南防洪时，构皮滩联合思林水库适时拦洪削峰，遭遇20年一遇洪水时，控制思南县城河段的洪峰流量不超过13900m^3/s（10年一遇），与此同时，控制沙沱水库坝前水位降低思南县城河段的洪水位；遭遇20年一遇以上洪水时，适当拦洪削峰，尽量减轻思南县城受灾损失。

对沿河防洪时，构皮滩水库、思林水库、沙沱水库联合调度，适时拦洪削峰，减轻沿河县城的防洪压力，减少进入彭水水库的入库洪量，遭遇20年一遇入库洪水时还应控制彭水水库坝前水位不高于288.85m。

对彭水、武隆防洪时，构皮滩水库、思林水库、沙沱水库、彭水水库联合调度，适时拦洪削峰，彭水水库遭遇20年一遇入库洪水时其下泄流量不超过19900m^3/s；遭遇20年一遇以上入库洪水时，适当拦洪削峰，尽量减轻彭水、武隆县城受灾损失。

1.4.2.3 蓄水调度

长江上游配合三峡水库承担长江中下游防洪任务的梨园、阿海、金安桥、龙开口、鲁地拉、锦屏一级、二滩等水库，一般情况下，8月初开始有序逐步蓄水。承担所在河流防洪和长江中下游防洪双重任务的溪洛渡、向家坝、亭子口、草街、构皮滩、思林、沙沱、彭水等水库，9月初在留足所在河流防洪要求库容的前提下可逐步蓄水；观音岩、瀑布沟水库根据防洪库容预留要求分时段逐步蓄水。三峡水库9月中旬可逐步蓄水。紫坪铺、碧口、宝珠寺等水库10月初开始蓄水。水库具体开始蓄水时间根据水库承担的防洪任务及防洪形势确定，并合理安排蓄水过程。

干支流、上下游水库蓄水应统一协调，以满足长江中下游流量要求。为协调好水库群蓄水与各方面用水的关系，水库管理单位应编制蓄水实施计划并报备。提前蓄水实施计划须按程序报批。

1.4.2.4 供水调度

梯级水库群按照批复的水量分配方案和年度水量调度计划运行，通过水库群联合调度，满足控制断面最小下泄流量要求，保障流域生活、生产用水安全。水库枯水期应结合供水调度，逐步消落，汛前按规定时间消落至防洪限制水位或以下。

1.4.2.5 生态调度

通过水库群联合调度，满足各主要控制断面生态流量，维护两湖及河口地区的生态环境用水安全。5—6月，在防洪形势和水雨情条件许可的情况下，相机开展溪洛渡、向家坝、三峡等梯级水库促进典型鱼类自然繁殖的生态调度试验；溪洛渡水库在2—4月有针对性地实施单层或多层叠梁门分层取水调度试验，尽可能提高出库水温，以降低低温水下泄对达氏鲟、胭脂鱼等产黏沉性卵鱼类产卵繁殖的不利影响。

1.4.2.6 应急调度

当流域内发生特枯水、水污染、咸潮入侵、水上安全事故、涉水工程事故等突发事件时，在突发事件发生地人民政府或相关部门提出应急调度请求后，视当时水情、工情等具体情况适时启动水库群水量应急调度。长江口发生咸潮入侵灾害时，按照《长江口咸潮应对工作预案》的要求，实施应急调度。实施应急调度方案前，及时向相关部门和单位通报，视情况向社会公告。

1.5 主要研究内容

本书以突发水污染事件风险识别与评估为切入点，构建梯级水库群应急调度水量水质模拟与预警模型，研究突发水污染事件风险扩散、传递、演化规律，提出长江上游梯级水库群应急与常态协同调度方法，编制针对突发水污染事件的梯级水库群应急调度预案，形成梯级水库群应急预警与调度快速、精准、协同响应成套技术，为长江上游水库群的安全运行及其综合效益的发挥提供技术支撑。

1. 突发水污染事件风险识别与评估

针对长江上游突发水污染事件，调查与识别主要固定风险源的分布，并评估风险源的危险等级。在此基础上，构建长江上游典型区域突发水污染事件风险源数据库，摸清长江流域梯级开发典型区域水环境风险源的分布状况，为梯级水库群应对突发水污染事件的应急调度提供基础信息支撑。

2. 梯级水库群应急调度水量水质模拟与预警

针对突发水污染事件的应急调度，采用多学科交叉的技术手段，集成水文、水动力、水质等学科中与此相关的理论、方法和模型，研究数据适应性强、应用灵活、计算高效的梯级水库群水量水质耦合模拟与预警模型。以突发水污染事件作为典型案例，选择长江上游典型水库群为示范区，通过数值仿真及模型推演研究突发水安全事件风险扩散、传递、演化的时空过程。

3. 梯级水库群应急与常态协同优化调度

在水库群常态优化调度的基础上，针对突发水污染事件的应急调度，探索基于模拟与优化相结合的梯级水库群应急与常态协同调度技术方案，包括协同优化调度模型、调度方案效果模拟评估等，提出模型的高效求解算法。以突发水污染事件作为典型案例，选择长江上游典型水库群为示范区，从污染物达标所用时间最短和损失电能最少为目标，研究应急与常态协同优化调度方案。

4. 梯级水库群应急调度预案

借鉴国内外已有的梯级水库群联合应急调度经验，针对突发水污染事件，总结其发生、风险传递及演化规律，结合应急与常态协同调度成果，编制梯级水库群突发水污染事件应急调度预案，明确应急调度的原则、重点、秩序、库群间的协同等，为长江上游典型水库群的安全运行及其综合效益的发挥提供技术保障。

第2章

长江上游突发水污染事件演化规律与风险诊断

2.1 长江上游典型城市概况

重庆、宜昌、宜宾、泸州和攀枝花是长江上游重要沿江城市。三峡库区跨越重庆和宜昌两地，地处我国中西部的长江咽喉地带，三峡水库水环境安全问题受到国内外的广泛关注。尤其是水库蓄水运行后，随着库区水文状态改变，水环境安全面临越来越大的压力，水污染事件时有发生，事件发生频率及带来的危害呈逐年上升之势，给库区水环境安全带来了隐患。三峡库区上游宜宾至泸州江段是水库重要的水源补给区，同时是长江水系两大支流岷江和沱江的入河节点城市。而攀枝花市是长江上游第一座大型重工业城市，也是我国重要的钢铁、钒钛基地。这些城市化水平高、工农业生产发达的地区，将大量污废水排入长江中，势必会影响长江水质。尤其三峡水库竣工后，长江上游水污染事件时有发生，事件发生频率及带来的危害呈逐年上升之势，给居民的饮水安全带来了隐患。随着社会经济的发展和生产活动的加强，对长江干流水环境安全的胁迫效应也进一步加强。

2.1.1 自然环境

重庆市和湖北省宜昌市为三峡库区重要城市。三峡库区位于东经105°44′～111°39′，北纬28°32′～31°44′之间，东起湖北省宜昌市夷陵区，西至重庆市江津区，沿长江狭长分布，属长江上游下段。库区属于亚热带季风气候，多年年均气温为14～18℃；降水量时空分布不均，多年平均年降雨量为1200～1400mm。库区水系发达，其中长江干流全长约600km，长江干流自西向东横穿重庆三峡库区，全长683.8km，北有嘉陵江、南有乌江汇入，形成不对称的、向心的网状水系。另外，主要大的河流水系还有涪江、綦江、御临河、龙溪河、大宁河、小江等几十条。三峡库区江段是长江上游珍稀特有鱼类自然保护区最下游的江段，是关系到上游保护区内珍稀特有鱼类生存和三峡水库渔业资源增殖的重要通道。

泸州市和宜宾市为四川省的省辖市。泸州市位于北纬27°39′～29°20′、东经105°08′～106°28′，宜宾市位于北纬27°50′～29°16′、东经103°36′～105°20′，地处金沙江、岷江、长江三江交汇处。长江自西向东横穿宜宾市和泸州市，全长约220km，江水流经泸州市合江县后注入重庆市江津区，是三峡库区上游最直接的水源补给区，同时也是沱江和岷江两大支流入江的节点城市。泸州市和宜宾市为典型亚热带季风气候，气候暖温，降水量多。气温年较差偏大，年平均气温为18℃左右；降水量时空分布不均，多年平均降水量为1050～1200mm。宜宾境内河流众多，大小溪河600多条，水量丰富，属于长江水系外流河流。金沙江、岷江在宜宾境内汇合，成为长江，横贯市境北部。泸州境内属于长江水系，以长江为主，由四级支流组成树枝状水系。长江自西面江安县至纳溪区大渡口镇入境，自西向东流经纳溪区、江阳区、泸县，至合江县九层岩出境，全长133km。

攀枝花市位于四川省西南川滇交界部位，北纬26°05′～27°21′，东经101°08′～102°15′，金沙江与雅砻江交汇于此。攀枝花市属南亚热带—北温带的多种气候类型，被称为“南亚热带为基带的立体气候”，具有夏季长，四季不分明，而旱、雨季分明，昼夜温差大，气候干燥，降雨量集中，日照长，太阳辐射强，蒸发量大，小气候复杂多样等特点。攀枝花境内河流众多，有大小河流95条，分属金沙江水系、雅砻江水系。流域控制面积较大的主要有安宁河、三源河、大河三大支流。攀枝花江段多为峡谷地貌，地势陡峭，河道狭窄，险滩密布，河床纵向坡降达0.69‰，局部可达1.84‰。金沙江攀枝花境内干流长度为134km，雅砻江攀枝花境内干流长度为97km。

2.1.2 社会经济

重庆市是我国中西部唯一直辖市、国家中心城市、超大城市，也是国务院批复确定的中国重要的中心城市之一、长江上游地区经济中心、国家重要的现代制造业基地、西南地区综合交通枢纽。重庆市幅员面积82403km^2，包括26个区、8个县、4个自治县；2019年常住人口3124.32万人。2019年，实现地区生产总值（GDP）23605.77亿元，比上年增长6.3%。按产业分，第一产业增加值为1551.42亿元，增长3.6%；第二产业增加值为9496.84亿元，增长6.4%；第三产业增加值为12557.51亿元，增长6.4%。

宜昌市为湖北省地级市，位于长江中上游结合部、湖北省西南部，素有“三峡门户”“川鄂咽喉”之称，是国家中部地区区域性中心城市、湖北省省域副中心城市、长江中游城市群重要成员。宜昌市幅员面积4294km^2，下辖夷陵区、西陵区、伍家岗区、点军区、猇亭区5个市辖区，宜都市、枝江市、当阳市3个县级市，远安县、兴山县、秭归县、长阳土家族自治县、五峰土家族自治县5个县。2019年常住人口413.56万人，2019年实现地区生产总值（GDP）4064.18亿元，比上年增长7.7%。按产业分，第一产业实现增加值386.42亿元，比上年增长3.1%；第二产业实现增加值2132.27亿元，比上年增长8.0%；第三产业实现增加值1545.49亿元，比上年增长8.7%。

泸州市为四川省地级市，是川滇黔渝结合部的区域中心城市、成渝经济圈重要的商贸物流中心、长江上游重要的港口城市，幅员面积12232km^2，下辖江阳区、龙马潭区、纳溪区3个市辖区和泸县、合江县、叙永县、古蔺县4个县，2017年户籍人口509.58万人。2019年，泸州市实现地区生产总值（GDP）2081.3亿元，按可比价格计算，比上年增长8.0%。其中，第一产业增加值为216.98亿元，比上年增长2.6%；第二产业增加值为1021.86亿元，增长8.2%；第三产业增加值为842.42亿元，增长9.5%。

宜宾市为四川省地级市，地处长江黄金水道的起点、川滇黔区域的战略要地，有“万里长江第一城”之称。宜宾市幅员面积13283km^2，下辖翠屏区、南溪区、叙州区3个市辖区和江安县、长宁县、高县、珙县、筠连县、兴文县、屏山县7县，2019年末户籍人口551.5万人。2019年实现地区生产总值（GDP）2601.89亿元，按可比价格计算，比上年增长8.8%。其中，第一产业增加值为277.64亿元，增长2.9%；第二产业增加值为1308.92亿元，增长9.6%；第三产业增加值为1015.33亿元，增长9.8%。

攀枝花市为四川省地级市，地处中国西南川滇结合部，幅员面积7440km²，下辖东区、西区和仁和区3个市辖区和米易县、盐边县2县，2019年末户籍人口108.34万人，年末常住人口123.6万人。2019年实现地区生产总值（GDP）1010.13亿元，按可比价格计算，比上年增长6.3%。分产业看，第一产业增加值为91.68亿元，增长3.4%；第二产业增加值为550.74亿元，增长5.7%；第三产业增加值为367.71亿元，增长8.5%。

2.1.3 水质状况

重庆、宜昌、宜宾、泸州和攀枝花境内主要河流包括金沙江、长江干流，以及主要支流岷江、沱江、嘉陵江和乌江等。2008—2017年，金沙江石鼓以下干流，长江宜宾至宜昌干流，以及岷沱江、嘉陵江、乌江等重要支流水质状况见图2.1～图2.5。可以看出，宜宾至宜昌干流符合或优于Ⅲ类标准的河长比例，除2009年较低外，其余各年份均较高，近年来呈增加趋势。岷沱江符合或优于Ⅲ类标准的河长比例，在2008—2011年呈降低趋

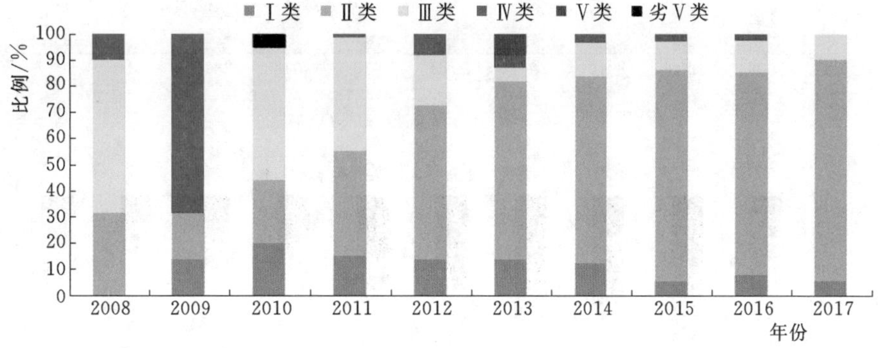

图2.1 2008—2017年宜昌至宜宾干流水质类别比例

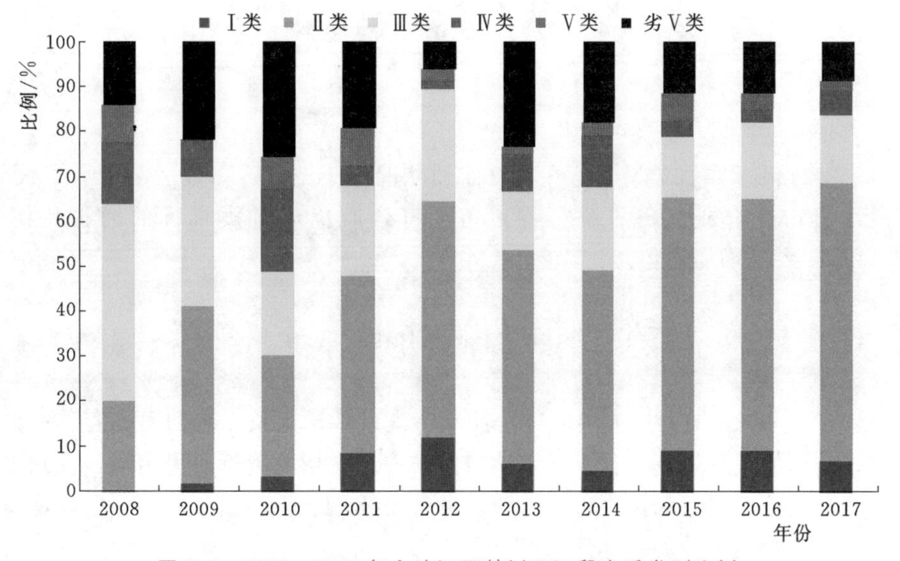

图2.2 2008—2017年金沙江石鼓以下江段水质类别比例

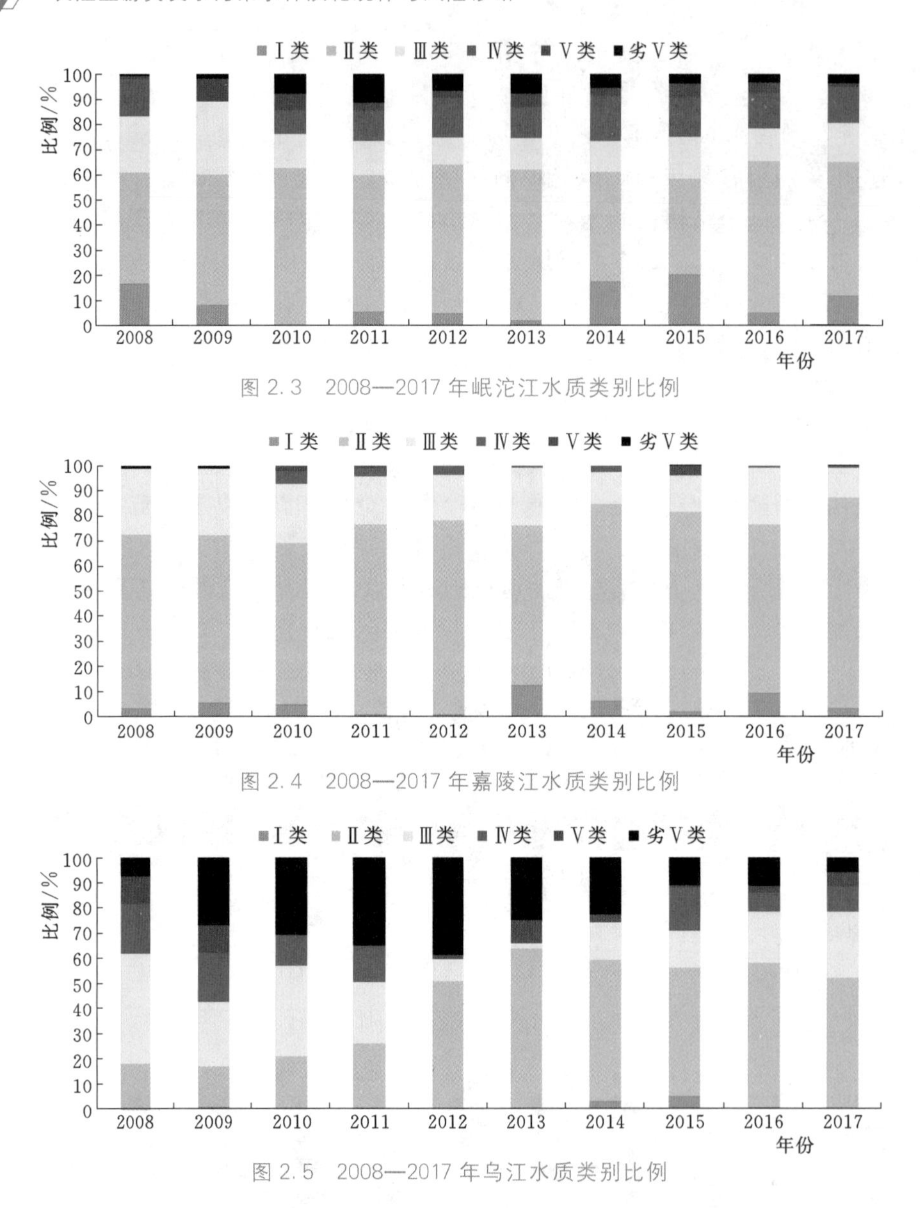

图 2.3 2008—2017 年岷沱江水质类别比例

图 2.4 2008—2017 年嘉陵江水质类别比例

图 2.5 2008—2017 年乌江水质类别比例

势，2011—2017 年呈增加趋势，其中岷江水质状况优于沱江。嘉陵江常年水质状况良好，干流河段水质均符合或优于Ⅲ类标准。乌江符合或优于Ⅲ类标准的河长比例平均为 63.91%，近年来呈增加趋势。

2.2 长江上游突发水污染事件演化规律

统计 2004—2016 年长江上游的突发性水污染事件，由长江水利委员会负责参与的总共有 8 起，造成的损失轻则仅仅只是水体暂时被停用，影响附近居民用水，重则出现鱼类死亡，有的甚至造成附近居民中毒，对流域的环境质量、生活质量以及生态环境安全等构成了严重威胁。污染事件的具体情况可见表 2.1。

表 2.1 长江上游突发水污染事件概况

序号	时间	地点	水安全事件类型	持续时间/d	影响范围	采取的应急处理措施	造成的损失
1	2004-02-26	四川沱江	高浓度含氨氮污水泄漏	11	沱江从金堂赵镇至沱江口几百公里河段氨氮严重超标	相关单位组织加强沱江出口断面及长江泸州段和川渝省界断面的水质监测；派工作组深入现场，了解有关水文观测及水质监测结果，掌握水污染动态；组织专家对水质监测结果进行分析汇总，并及时上报	沱江简阳段出现死鱼 63.72 万 kg，经济损失 405.69 万元。简阳、资中、内江等地近百万群众饮用水安全受到严重威胁
2	2005-07-09	三峡库区香溪河上游河段河口	雨水冲刷磷酸废弃物等化学物质冲入河道，黄磷污染引起死鱼事件	19	过峡口镇断面往高阳河上游约 3km 处	7 月 20 日，长江流域水环境监测中心接到通知，该中心的“长江水环监 2000”监测船于当月 23 日正午到达香溪河进行采样检测	各种鱼类死亡
3	2006-05-14	九寨沟县汤珠河	车上载有的 84 桶甲苯二异氰酸酯中的 21 桶落入汤珠河	4	约有 1875kg 化学品已经泄漏到水中或岸上	事发后各级地方政府通知沿江居民暂停饮用江水，并启用应急水源。两省的水文部门都在相关的水域提取水样，分析挥发酚类，甲苯二异氰酸酯和 COD_{Mn} 等项目。调查组在汤珠河和白水江中分别取样带回中心实验室分析	共发现 34 人中毒，中毒人员都已住院治疗
4	2011-07-21	涪江	电解锰尾矿坝溃坝	10	涪江干流平武段、江油段、绵阳段	严密加强水质监测，加强江油、绵阳段的监测并同时加强对三台、射洪的监测；确保信息畅通，与环保、水务、疾控等部门保持信息往来；及时将监测结果上报相关部门，做到测得准、报得出，每监测一批样品及时地向省、市级相关部门上报	涪江平武段锰、汞超标，水体水质为劣Ⅴ类，一定程度上影响饮用水
5	2012-04-06	甘肃白龙江	丙烯酸的槽车倾翻泄漏	4	才可河事发地下游 150m，白龙江才可河汇入口，白龙江，四川省若尔盖县红星乡	事发后，在事故现场 1km 范围内设置禁入区，实行交通管制并紧急疏散人员，向相关部门通报事故相关情况；同时在泄露河道边修筑临时围堰，阻止泄漏物入才可河，并紧急调运 25t 熟石灰对泄漏物进行中和处理	除事发地下游 150m 断面水体呈现出一定的生物毒性反应外，其余测点生物毒性检测未发现异常
6	2013-09-11	青海省曲麻莱县昆仑山垭口南青藏公路	格尔木至拉萨输油管线泄漏事件	3	泄漏点距离阿青岗欠陇巴河道约 1m，距离水边约 5m	启动预案、确定监测方案、进行现场调查、进行信息上报、开展应急监测等	
7	2014-08-13	重庆市巫山县千丈岩水库	乙基钠黄药污染	6	千丈岩水库	上报并开展应急监测，重庆市环保局对千丈岩水库开始投放熟石灰、聚合氯化铝、聚丙烯酰胺等絮凝剂，用于降低水库内悬浮物含量，改善水质状况，启用备用水源	停止对庙宇镇、铜鼓镇和红椿乡供水，并确保受污染水体不外排；同时，积极查找污染原因，寻找应急备用饮用水源
8	2015-11-24	甘肃省陇南市西和县	尾矿库发生尾砂泄漏	6	西汉水略阳境内部分河段	在下游河段拦截坝设置、河水截留，西汉水入陕不大于 $3m^3/s$。议定投药处理方案、开始投药，按照指挥部设想，先力争污染物降低一半，下游巨亭水电站再稀释，等临时拦河坝建好后，再逐步实施多级沉淀。巨亭水电站上午 9 时关闸蓄水，15 时已蓄水 320 万 m^3。甘肃、四川水文部门紧急部署，加强甘陕、川陕省界水文监测，指挥部从当月 30 日凌晨开始每小时收到镡家坝和朝天两省界水文站流量及流速信息	

对上述突发性水污染事件相关资料分析可知，长江流域突发水污染事件在一定条件下发生，通常具有事发突然、时间紧迫、原因复杂多样、发展迅速、危害难以预估、影响范围大等特点，不同事件的发生具有个体性、复杂性、动态性等特征，需要流域水利工程管理机构突破常规处置方法进行应急处理。以上突发水污染事件的演化过程复杂且影响较大，很难通过常规的方法处理和分析，由于具备不可预测性，会产生潜在的次生衍生危害并发生各种连锁反应，这就要求必须及时分析突发水污染事件动态响应事态的演化状态并采取及时的应急干预处置措施。突发事件的演化分析方法很多，相关研究表明，应对复杂的突发性水污染事件，“情景-应对”型处置方法可以针对事件的不可预见性、结构不确定性等特点，对其进行合理、有效的处置（张艳军等，2016）。情景演化机理分析是通过对突发事件的致灾因子、承灾载体、孕灾环境之间的相关作用进行分析，从而揭示突发水污染事件的演化过程和规律（沈园等，2016）。

2.2.1 突发水污染事件驱动要素分析

突发水污染事件的演化动力体系通常由致灾因子、承灾载体、孕灾环境和干扰因素构成（表2.2）。

表2.2 突发水污染事件演化动力体系

一级因素	二级因素	控制手段
致灾因子	各种石油、化学品危险源，设备故障，自然灾害等	对被污染水体进行监测，应急处置，及时掌握数据变化和水污染演化趋势
承灾载体	受灾的人群或者水体本身	有效切断污染源，采用物理化学手段控制污染物水平
孕灾环境	气象、水文、地质条件等	实时监测预警
干扰因素	应急处理能力技术水平、应急管理决策水平	加强应急能力建设，提高应急管理水平

2.2.1.1 致灾因子分析

致灾因子是突发水污染事件最主要的驱动因素，也是推动事件演化的根源。例如化学品、石油泄漏等是导致水污染的致灾因子，通过对不同事件致灾要素进行分析及控制，可获得有效的抑制水污染事件持续恶化的参考意见。

从突发性水污染事件的危险源即致灾因子分类分析，可分为以下几大类：

（1）流域内尾矿废矿管理不当的安全威胁与破坏。例如2015年11月24日上午9时，陇南市西和县陇星锑业公司崖湾山青尾矿库二号溢流井隔板破损出现漏沙，约3000m^3尾沙溢出，经太石河流入西汉水。随后经相关部门对甘陕交界西汉水建村断面水质采样分析发现特征污染物锑检出超标，污染河流已经进入陕西省境内。又如2011年7月21日，四川省阿坝州松潘县四川岷江电解锰厂发生尾矿坝垮坝事件，由于受暴雨影响，致使6000余m^3电解锰尾矿渣进入涪江。经绵阳市环保部门监测，尾矿渣造成涪江江油、绵阳段水质异常，沿线过百万居民饮用水受到影响。

（2）流域水系内违法排放废水等人为事故造成的突发事件，如水污染、城市供水安全等。以四川沱江两次水污染事件为例，2004年2月下旬，位于长江上游一级支流沱江附近的川化集团有限责任公司所属第二化肥厂，因违规技改并试生产，设备出现故障，在近20天里，将2000t氨氮含量超标数十倍的废水排进沱江，导致沱江流域简阳至资中段严重污染，上百万人近20天饮水受影响。同年5月，沱江再次发生污染事件，位于眉山市仁寿县的肇事企业东方红纸业有限公司在治污设备试运行过程中，偷排、超标排放造纸废液造成沱江支流球溪河严重污染，大量污染物沉积于河道。随后出现两次大规模降雨，沉积的污染物被暴涨的河水冲入沱江，致使沱江河水溶解氧急剧下降，造成沱江资中县河段出现大面积死鱼。又如2014年8月，地处三峡库区腹地的重庆巫山县千丈岩水库，受湖北建始县磺厂坪矿业有限公司硫精矿洗矿场直排废水影响，280万m^3水体受到严重污染，应急监测结果显示被污染水体具有有机物毒性，其中悬浮物高达260mg/L，COD、铁分别超标0.25倍和30.3倍，导致周边4个乡镇5万余名群众饮水困难。

（3）交通事故造成的流域内非常规污染物泄露等。例如2016年3月22日，一辆重型柴油罐挂车在陕西宁强县发生侧翻，导致罐体受损，近20t柴油外泄，部分进入潜溪河流域，致使潜溪河河口下游1200m（陕川界）石油类超标4.6倍，严重影响周围群众用水安全。

梳理近年来长江上游突发性水污染事件致灾因子不难发现，从客观条件来看，长江上游重点行业企业重大环境风险单位众多，突发性环境风险隐患不容忽视。

2.2.1.2 承灾载体分析

承灾载体既可以是受灾的人群，也可以是受灾的物体本身，且承灾载体又可能变成新的致灾因子。在河流突发水污染事件中，受污染的河段本身就是承灾载体，但是由于河段被化学药品或者油污污染，又造成了沿岸居民的饮用水安全受影响，并且危害到河流水生态的健康安全，受污染的河段又成为新的致灾因子。受灾群众受到水体污染引起的饮水安全问题，由于受到社会舆论、公众行为的影响，通常会感性决策，缺乏理性决策，反过来又会造成舆论失控，从而造成社会的不稳定，使得事件进一步恶化。

2.2.1.3 孕灾环境分析

气候条件和河道水文因素会在特定的时空环境下以一种催化剂的方式恶化水体污染的程度，激化水体污染的发生，促使水体污染向公共安全事件方向演化发展。例如，2004年沱江的第二次水污染事件，当年4—5月，四川境内出现两次大规模降雨，早期排放沉积的污染物被暴涨的河水冲入沱江，致使沱江河水水质进一步恶化；2011年涪江上游普降暴雨，猛烈的雨势致使电解锰厂发生尾矿坝溃坝，6000余m^3电解锰尾矿渣被冲进入涪江。

当致灾因子与特定的孕灾环境条件耦合作用，会导致突发性水污染事件的发生，甚至造成次生或衍生灾害的发生。因此，长江流域内日常监测管理工作中，应密切关注天气、气候以及河道水文条件的变化情况。在特殊的汛期、凌汛期或旱期期间，更应该时刻关注高风险源与雨情水情的交互影响，在防洪防旱的同时，加强风险源管控，防患于未然。

2.2.1.4 应急干预分析

突发水污染事件应急干预通常包括应急决策、应急监测、应急调度、应急保障能力等方面。相应的管理决策部门有效及时地决策和处理是防止突发水污染事件进一步扩散影响的关键。应急监测、应急调度、应急保障能力都为突发水污染事件的控制提供了重要抓手。及时有效的应急管理是减小灾害危害性的重要因素。政府应急干预的首要目标是控制事故事态发展以及阻断事故演化为水污染事件。发生可能造成水污染的事故后，如果政府只以控制事故、减少损失作为单一应急管理目标，事件的发展在其他因素的耦合作用下可能就会演化为水污染事件，政府的干预目的将失效，更大的威胁将会出现。因此，政府一方面要控制事态发展；另一方面要实时监测各种水质指标，及时进行风险评估和预测，对事故可能造成的环境污染进行预测预警。

高效的应急干预对及时发现、监控和抑制突发性水污染事件起到决定性作用。在应对陕西宁强"3·22"柴油泄漏污染事件的应急干预中，相关部门组成高效的应急队伍统筹监测力量，根据事态发展，不断优化监测方案，及时提供监测数据，为应对处置此次污染事件提供了科学决策依据。同时，各级政府部门组织协调，做好应急资源保障工作，协调错峰取水，启用备用水源、消防应急送水等，坚决保障市城区群众饮用水供应，最大程度降低事件影响。

2.2.2 突发水污染事件情景演化规律

2.2.2.1 突发性水污染事件的演化系统

依据前例，长江上游突发性水安全事件的发生及演化表现为各种灾害（无论是自然因素或人为因素造成）作用于人民群众的社会生活并会造成阶段性（水污染事件从发生到其恶性影响的结束）的伤害。

突发性事件演化来源于两种推动力：自然因素和社会因素的相互作用。除上述致灾要素（包含自然因素与人为因素）导致突发性水污染事件的发生及发展外，社会介入以及应急干预等社会因素将引导水污染事件的演化方向。突发事件的危险源纷繁复杂，水污染事件造成的影响范围广泛，事件发生及演化具有不确定性、复杂性和模糊性等特征。突发性水污染事件的演替过程实际上是致灾载体、致灾因子、孕灾环境和应急干预之间的动态相互作用（图2.6）。

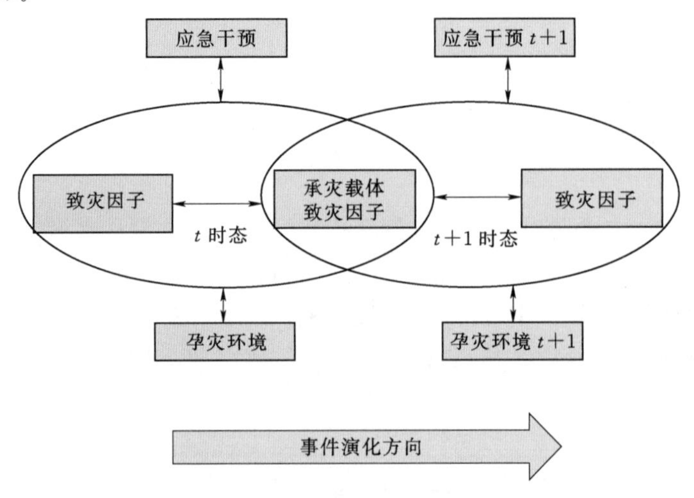

图2.6 突发水污染事件演化方向

2.2.2.2 基于情景的突发性事件演化模型

以驱动要素作用于情景分析突发事件的演化路径，主要分驱动要素对情景的作用路径和驱动要素和情景一起作用下的突发事件演化路径两步（王威等，2013）。根据长江水利委员会处理的长江流域8起突发水污染事件中驱动要素与情景结合的作用途径，可以得到长江突发水污染事件演化图（图2.7）。在长江流域突发水污染事件中，化学药品、尾矿、石油、水华等都是整个突发事件演化的致灾因子，而化学品泄漏、尾矿塌坝泄漏、石油泄漏和水华引起的水质变化是一个个的子事件，化学品泄漏、尾矿塌坝泄漏、石油泄漏和水华引起的水质变化又是引起突发水域水体环境污染的前提，它们之间的驱动因素就是各种气象、水文、地质条件等孕灾环境。当污染物进入水体中，造成了水体污染物超标、水源地供应停水、鱼虾死亡和人员中毒等情景。在应急处理小组的应急干预下，污染物被清理稀释，水体环境得到及时修复。可以看出由于应急干预行为恰当，正向驱动，控制了事态的发展，水体环境好转，人民生命财产安全得到保障。因此在及时有效地正面驱动作用下，突发水污染事件可以得到有效抑制。水污染突发事件演化分析可以为水污染突发事件应急模拟和发生初期的应急指挥决策提供相应的支持。

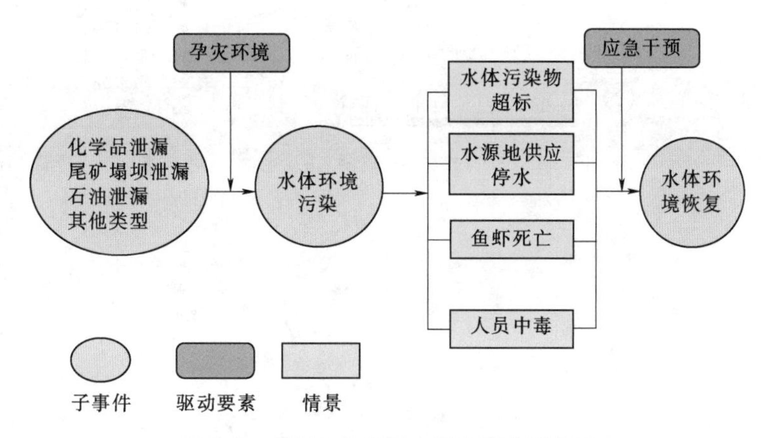

图2.7 长江上游突发水污染事件演化图

2.3 突发水污染风险源及敏感受体调查

收集整理2017年长江流域入河排污口专项整治工作调查成果和2012年水利普查取水口调查工作成果可知，重庆至宜昌江段筛选出年污水排放量300万t规模以上的317处；整理2012年水利普查取水口调查数据，筛选非农取水口438处。入河排污口和取水口具体分布情况如图2.8所示。宜宾至泸州江段筛选出年污水排放量300万t规模以上的入河排污口191处；筛选非农取水口48处。攀枝花江段筛选出年污水排放量300万t规模以上的入河排污口25处；筛选非农取水口48处。各城市江段入河排污口和取水口具体分布情况如图2.9和图2.10所示。详细调查各入河排污口设置单位的所属行业类型、生产规模、生产工艺，对企业生产或使用的危险物质类型和数量等进行调查，统计各企业的年废水产生量，详细调查各非农取水口年最大取水量、供水影响人口数量等基本信息。

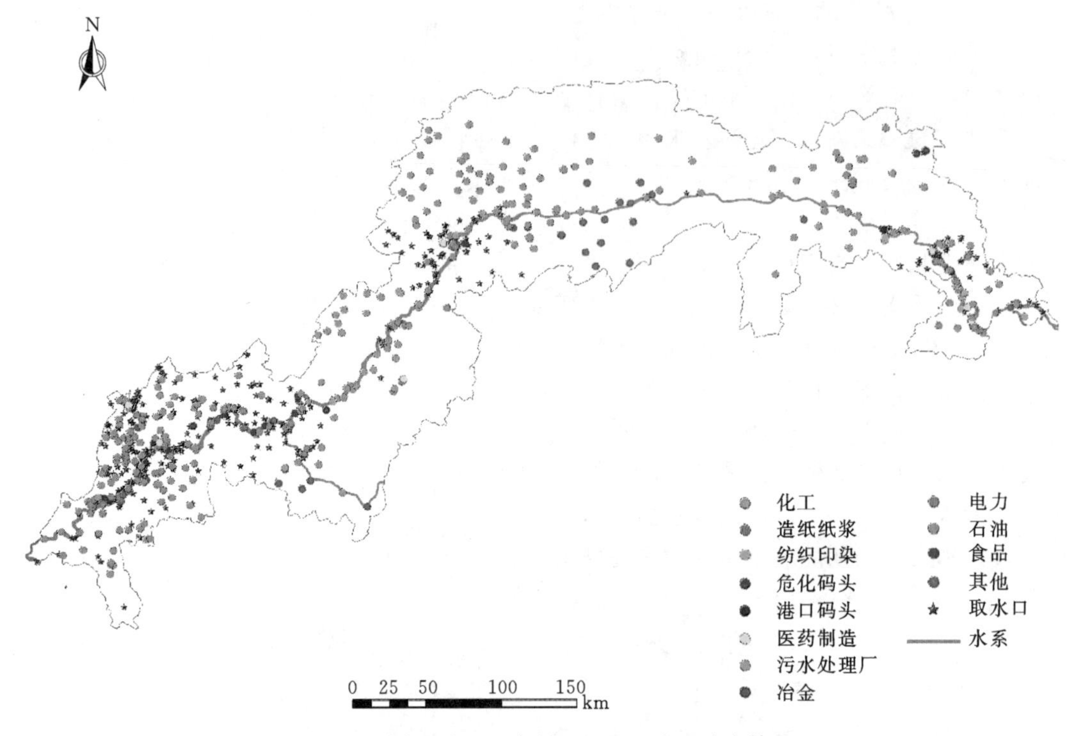

图2.8 重庆至宜昌江段排污口及取水口分布情况

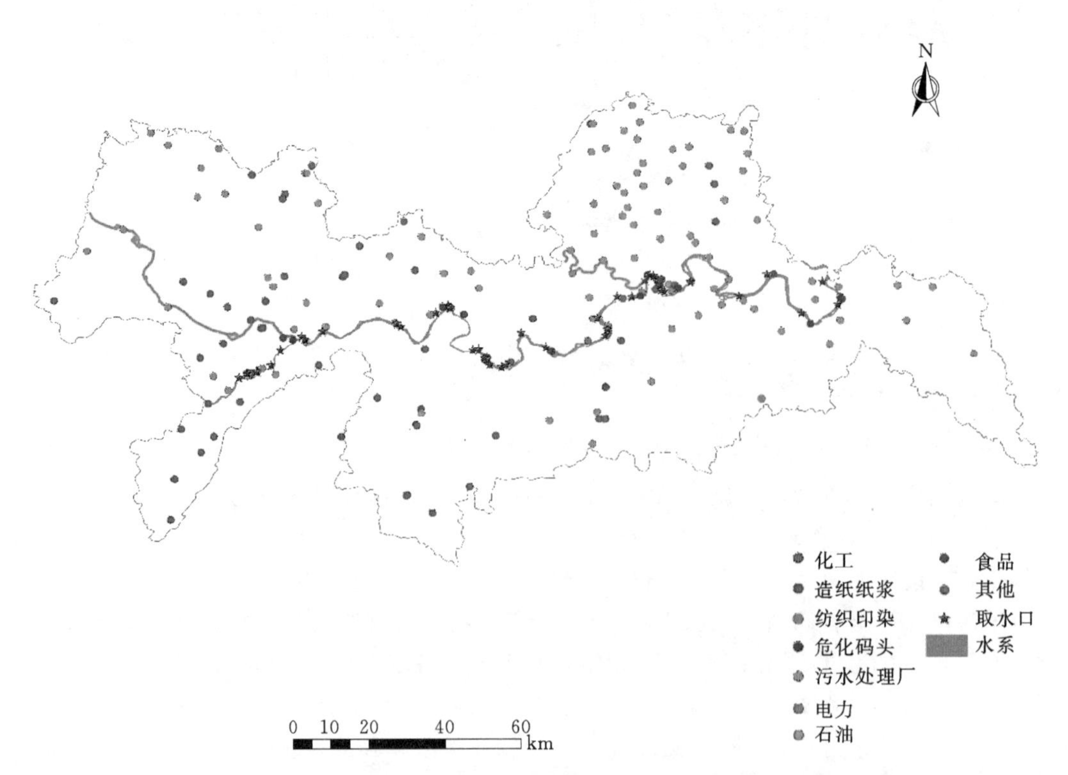

图2.9 宜宾至泸州江段排污口及取水口分布情况

图 2.10 攀枝花江段排污口及取水口分布情况

收集长江上游干支流寸滩、清溪场、沱口、奉节、碚石、太平溪、黄陵庙、南充、临江门、小河坝、武隆和宜宾等重要水质监测断面 2016 年逐月水质监测数据，断面位置如图 2.11 所示。收集研究区范围内各级行政区社会经济基础资料。

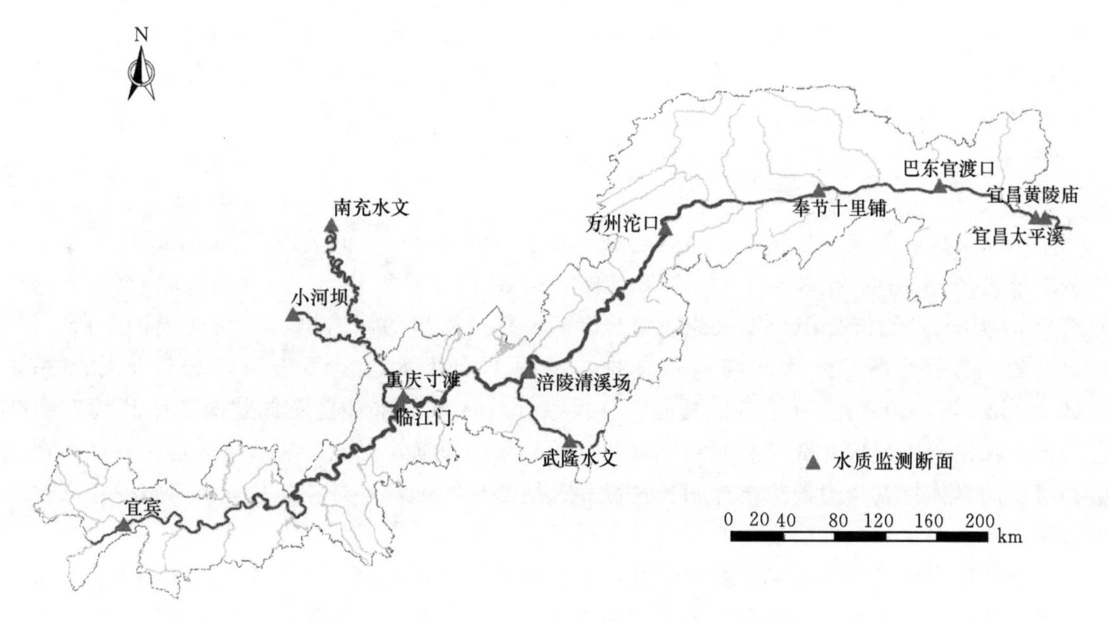

图 2.11 研究区江段水质监测断面分布情况

2.4 突发水污染风险评价方法

环境风险区划的核心和基础理论为环境风险系统理论，环境风险区划是依据环境风险系统结构的高维性、特征的不确定性及系统的开放性和动态性，从风险源危险性、风险受体脆弱性和区域环境风险可接受水平3个方面来表征突发环境污染事故风险在空间上的差异性和规律性。借鉴自然区划中“自下而上”的区划方法，结合突发水污染事故风险的特点，计算每个区划单元的环境风险源危险指数、环境风险受体敏感性指数和区域环境风险可接受水平指数，基于这些指数进行空间格局分析，将网格单元划分为相应的类别，进行“自下而上”的分区，利用GIS进行空间表达并进行环境风险区划，充分反映长江上游典型城市江段突发水污染事故风险的空间分异规律。

2.4.1 分区单元与风险分区

环境风险分区的基本单元有多种，可利用下层行政区作为分区单元，可划分区域网格作为分区单元，还可以采用最小图斑的自然单元作为分区单元。为获得较高的精度，基于区划单元聚类的突发环境污染事故风险区划，通常以区域地理自然网格进行环境风险分区。在实际研究中，考虑到一些具体的操作问题，大多数分区采用的是行政区作为区域划分和合并界线的基本单元。

在指标体系和量化模型的基础上，建立基于GIS的区域环境风险分区单元划分、指标属性数据和空间数据的提取、指标图层的函数运算、目标图层的叠加运算，进行各分区单元的风险源危险性量化、风险受体敏感性和区域环境风险可接受水平量化，完成所有分区基本单元的风险度量化，以风险度的大小进行分区，得到该区域的环境风险分区图。可以将过于分散的小区域合并到相邻区域中，充分考虑各分区单元的风险源危险性、风险受体敏感性和区域环境风险可接受水平的具体特点，对初步结果进行适当的合并与调整后，得到完整、分明的环境风险分区图。

2.4.2 突发水污染风险评价指标体系

水污染风险等级评价指标体系构建是突发水污染风险评价的关键环节。而风险等级划分的核心在于指标的选取、赋值和标准值的建立（陈秋颖等，2015）。联合国规划署（UNEP）和经济合作与发展组织（OECD）共同提出的压力-状态-响应模型（PSR）具有较好的系统性、灵活性和可操作性，可用于构建水环境污染风险评价指标体系（Costanza等，2002），所选指标既能充分反映评价区域的水环境整体状况和水环境安全内涵，又便于通过统计资料和监测资料获取所需指标数据，还能反映研究区自然环境、社会经济的具体特点。为消除指标间数量级和量纲差异的影响，对各类数据采用归一标准化处理，并采用变异系数法确定指标权重，详见表2.3。

（1）压力层对应环境风险源危险性，主要反映了对区域环境状况起驱动作用的压力，描述自然过程或人类活动给环境带来的影响和胁迫。本研究以重要排污口为风险源，考虑风险源类别、排污量和排污口距水系的距离3项指标，将风险源分为特大风险源、重大风险源和一般风险源。

（2）状态层对应环境风险受体敏感性，主要反映了自然环境状况和人类生活质量的影响因素。本研究以重要取水口为主要风险受体，考虑其供水人口、主要取水用途、所在江段水质状况 3 项指标，将风险受体划分为特大敏感目标、重大敏感目标和一般敏感目标。

（3）响应层对应区域环境风险可接受水平，主要反映了环境风险受体对其可能遭受的损失和危害客观上的接受能力或主观上愿意接受的程度。本研究主要评价各县区国内生产总值、人口密度、是否位于自然保护区范围内 3 项指标，将区域环境风险可接受水平划分为极高可接受水平、较高可接受水平和一般可接受水平。

表 2.3 水环境污染风险评价指标体系

目标层	指数层	指标	指标权重
压力层（P）	环境风险源危险性（S_1）	风险源类别 I_1	0.1472
		污水排放量 I_2	0.3147
		距离水系的距离 I_3	0.0580
状态层（S）	环境风险受体敏感性（S_2）	取水口供水人口 I_4	0.1684
		主要取水用途 I_5	0.1095
		水质状况 I_6	0.0281
响应层（R）	区域环境风险可接受水平（S_3）	是否位于保护区 I_7	0.0580
		国内生产总值 I_8	0.0580
		人口密度 I_9	0.0580

2.4.3 突发水污染风险空间格局分析

以研究区行政区为分区单元，根据各分区单元环境风险源危险性、环境风险受体敏感性和区域环境风险可接受程度指标评价得分，分析其空间自相关性和冷热点格局。

2.4.3.1 自相关分析

空间自相关分析（Spatial Autocorrelation Analysis）主要用于检验空间单元与其相邻空间单元的属性之间是否具有相似性，利用空间自相关分析判别各类污染风险评价指标是否存在集聚的趋向（Anselin，1995；Getis 和 Ord，1996）。Moran's I（GMI）是评价空间自相关统计的常用统计指标，其值在±1 之间，大于 0 则表明存在正相关，反之为负相关，等于 0 则表明不存在空间相关性。Z 为得分值，当 $Z<-1.65$ 或者 $Z>1.65$，$P<0.1$时，表明结果通过了置信度为 90%的显著性检验；当 $Z<-1.96$ 或者 $Z>1.96$，$P<0.05$ 时，表示结果通过了置信度为 95%的显著性检验；当 $Z<-2.58$ 或者 $Z>2.58$，$P<0.01$ 时，表示结果通过了置信度为 99%的显著性检验。其计算公式如下：

$$\text{Moran's I}=\frac{N\sum_{i=1}^{N}\sum_{j=1}^{N}W_{ij}(X_i-\overline{X})(X_j-\overline{X})}{\left(\sum_{i=1}^{N}\sum_{j=1}^{N}W_{ij}\right)\sum_{i=1}^{N}(X_i-\overline{X})^2} \tag{2.1}$$

$$Z=\frac{1-E(i)}{\sqrt{V(i)}} \tag{2.2}$$

式中：X_i 和X_j分别为 i 和 j 所在位置的观测值；W_{ij} 为权重；E 为标准化统计量值；$E(i)$ 为理论期型；$V(i)$ 为理论方差。

本书中 GMI 的计算利用 ArcGIS 实现。本书主要用以探索潜在污染源污水排放量指标以及环境敏感点的年取水量在研究区主要不同行政区尺度上的整体分布状况，判断该污染指标在空间上是否存在集聚。

2.4.3.2 区域冷热点分析

$$G_i^*(d)=\sum_{j=1}^{n}w_{ij}(d)X/\sum_{j=1}^{n}X_{ij} \tag{2.3}$$

冷热点分析（Hot Spot Analysis）是探索局部空间聚类分布特征的方法，通过计算要素集中每个要素的 Getis - Orid（G_i^*），判别其是否存在高值聚类或低值聚类，并对其位置进行识别。而统计值 $Z(G_i^*)$ 得分的显著程度则用于识别不同区域单元热点与冷点的空间分布（赵科理 等，2016），并将其划分为极显著热点、显著热点、热点、非显著点、冷点、显著冷点和极显著冷点等区域。

$$Z(G_i^*)=(G_i^*-E(G_i^*))/\sqrt{\mathrm{Var}(G_i^*)} \tag{2.4}$$

用冷热点来描述各行政区评价单元内风险源、风险受体及区域环境风险可接受水平评价结果的空间关联程度。

2.4.3.3 突发水污染风险区划评价

以县级行政区边界划分长江干流及重要支流江段，对于无主要江段过境的县区，根据其境内其他入库支流汇水方向与下游县区进行归并评价，并考虑评价江段左右岸关系划分江段区间。将不同级别的风险源、风险受体及环境风险可接受水平归并到不同江段区间内，将各县区对应江段区间内的风险源、受体以及各县区环境风险可接受水平评价得分分别累加求和，并依照自然间断点法（Natural Breaks）分类确定不同拐点值来定义分区标准，将水环境污染风险区划分为 3 种类型，即高风险区、中风险区和低风险区。研究中利用以下公式进行评分

$$R_k=(\sum_{i}^{n}(\alpha Ps_i)+\sum_{j}^{m}(\beta Ss_j)+\gamma\, Ts_k)/S_k \tag{2.5}$$

式中：R_k 为第 k 个县级行政区单元江段区间的突发水环境污染风险评估值；n 为该单元范围内风险源数目；Ps_i 为第 i 个风险源危险性评价得分；m 为该单元范围内风险受体数目，Ss_j 为第 j 个风险受体敏感性评价得分；Ts_k 为该单元区域环境风险可接受水平评价得分；α、β、γ 为风险等级评价指标体系中各指标层对应的权重；S_k 为第 k 个单元区间江段占库区评价江段总长度比例。

2.5 长江上游突发水污染风险评价

2.5.1 重庆至宜昌江段突发水污染风险

2.5.1.1 水环境污染风险评价指标评价结果

研究区江段范围内的风险源为 441 家重点废水产生企业，涉及电力、冶金化工、医药、食品、污水处理厂、造纸纸浆、码头等主要行业，重点污染源年废水产生总量约为

18.2 亿 t。经统计，有特大风险源 18 个、重大风险源 78 个、一般风险源 333 个。其中，特大水污染风险源主要以化工和污水处理厂为主，其污水排放量大，涉及污染物毒害性强，发生污染事故的可能性高，具有最强的潜在水环境污染风险程度。就区域分布而言，云阳县的风险源数量最多，共 38 个，以一般风险源为主；江津区其次，有特大风险源 1 个、重大风险源 3 个、一般风险源 27 个；江北区、涪陵区和宜都市的特大风险源较多，重庆市主城区范围内的风险源最密集。各县区主要水污染风险源名录及具体统计情况见图 2.12 和表 2.4。

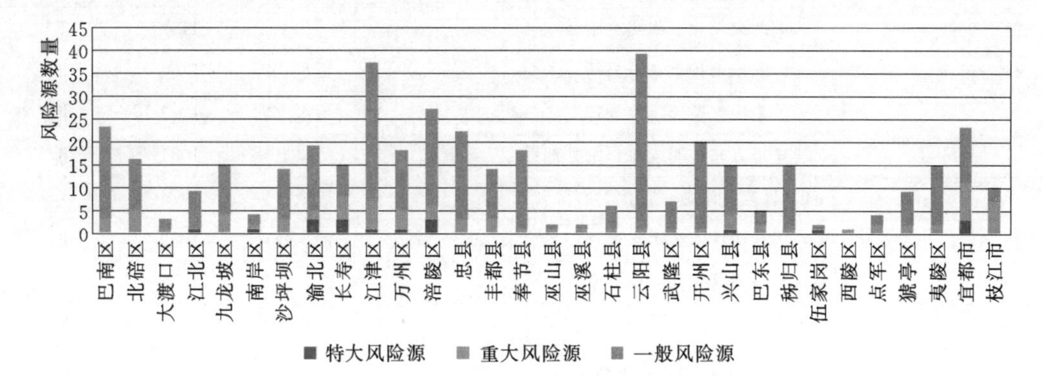

图 2.12　重庆至宜昌江段水污染风险源统计

表 2.4　重庆至宜昌江段水污染特大风险源、重大风险源名录

序号	风险源名称	企业类型	排污量/t	风险等级
1	华能重庆珞璜发电有限责任公司	电力	35340	Ⅱ
2	南岸区鸡冠石污水处理厂	污水处理	29485	Ⅰ
3	重庆中法唐家沱污水处理有限公司	污水处理	16182	Ⅰ
4	宜昌市临江溪污水处理厂	污水处理	7025	Ⅰ
5	重庆公路物流基地污水处理厂	污水处理	3655	Ⅱ
6	重庆市三峡水务涪陵排水有限责任公司（涪陵污水处理厂）	污水处理	3551	Ⅰ
7	重庆市三峡水务长寿排水有限责任公司	污水处理	2763	Ⅱ
8	重庆市万州区申明坝污水处理厂	污水处理	2347	Ⅱ
9	重庆市宜化化工有限公司	化工	2300	Ⅰ
10	宜昌东阳光药业股份有限公司	医药制造	2100	Ⅰ
11	重庆市三峡水务北碚排水有限责任公司	污水处理	1940	Ⅱ
12	重庆市李家沱排水有限公司	污水处理	1825	Ⅱ
13	沙坪坝区土主污水处理厂	污水处理	1825	Ⅱ
14	重庆市开州区排水有限公司	污水处理	1812	Ⅱ
15	渝北区双龙湖街道城北污水处理厂	污水处理	1705	Ⅱ
16	中国石化集团四川维尼纶厂	化工	1531	Ⅰ
17	重庆市三峡水务巴南排水有限责任公司鱼洞污水处理厂	污水处理	1530	Ⅱ
18	重庆市大九排水有限公司	污水处理	1517	Ⅱ
19	宜昌市猇亭区污水处理厂	污水处理	1460	Ⅱ

续表

序号	风 险 源 名 称	企业类型	排污量/t	风险等级
20	重庆市长寿区四川维尼纶厂污水处理厂	污水处理	1456	Ⅱ
21	江津区排水公司（几江）	污水处理	1400	Ⅱ
22	渝北区回兴街道城南污水处理厂	污水处理	1266	Ⅱ
23	重庆市云阳排水有限公司	污水处理	1228	Ⅱ
24	湖北大江化工集团有限公司	化工	1169	Ⅰ
25	奉节排水有限公司	污水处理	1108	Ⅱ
26	南岸区茶园污水处理厂	污水处理	1093	Ⅱ
27	重庆市万州区明镜滩污水处理厂	污水处理	1081	Ⅱ
28	江津区玖龙纸业（重庆）有限公司	造纸纸浆	1076	Ⅰ
29	江津区双福污水处理厂	污水处理	1056	Ⅱ
30	重庆市涪陵区化医大塚化学有限公司	化工	1055	Ⅰ
31	重庆长寿化工有限责任公司	化工	1039	Ⅰ
32	沙坪坝区西永污水处理厂	污水处理	1008	Ⅱ
33	沙坪坝区井口污水处理厂	污水处理	982	Ⅱ
34	巫山县巫峡镇污水处理厂	污水处理	963	Ⅱ
35	宜昌东阳光药业股份有限公司	医药制造	923	Ⅰ
36	宜都市威德水质净化有限公司陆城污水处理厂	污水处理	911	Ⅱ
37	两江新区九曲河污水处理厂	污水处理	891	Ⅱ
38	枝江市城市污水处理厂	污水处理	890	Ⅱ
39	夷陵区污水处理厂	污水处理	889	Ⅱ
40	丰都县排水公司	污水处理	857	Ⅱ
41	重庆市万州区沱口污水处理厂	污水处理	853	Ⅱ
42	重庆市蓬威石化有限责任公司	化工	839	Ⅰ
43	重庆市三峡水务忠县排水有限责任公司（州屏污水处理厂）	污水处理	812	Ⅱ
44	石柱县万安街道县城污水处理厂	污水处理	776	Ⅱ
45	兴发集团白沙河化工厂	化工	748	Ⅰ
46	重庆市长寿区葛兰镇综合污水处理厂	污水处理	730	Ⅱ
47	重庆江北化肥有限公司	化工	718	Ⅰ
48	西陵区沙河污水处理厂	污水处理	701	Ⅱ
49	北大国际医院西南合成制药股份有限公司一分厂	医药制造	686	Ⅰ
50	重庆川庆化工有限责任公司	化工	665	Ⅰ
51	重庆三阳化工有限公司	化工	650	Ⅱ
52	湖北昭君故里酒业公司	污水处理	640	Ⅱ
53	湖北兴发化工集团股份有限公司白沙河化工厂	化工	631	Ⅱ
54	湖北省三宁化工股份公司	化工	613	Ⅱ

续表

序号	风险源名称	企业类型	排污量/t	风险等级
55	重庆市三峡水务武隆排水有限责任公司	污水处理	609	Ⅱ
56	九龙坡区西彭污水处理厂	污水处理	602	Ⅱ
57	重庆市长寿区重庆（长寿）化工园区中法水务有限公司	化工	587	Ⅱ
58	重庆长寿化工园区	化工	587	Ⅰ
59	九龙坡区彩云湖污水处理厂	污水处理	586	Ⅱ
60	宜昌清河纺织股份有限公司	纺织印染	560	Ⅱ
61	清溪丝绸有限公司	纺织印染	560	Ⅱ
62	重庆市涪陵区拓源污水治理有限公司（李渡污水处理厂）	污水处理	557	Ⅱ
63	两江新区水土污水处理厂	污水处理	539	Ⅱ
64	湖北省三宁化工股份有限公司	污水处理	528	Ⅱ
65	重庆市巫溪排水有限责任公司污水处理厂	污水处理	508	Ⅱ
66	中国石油化工股份有限公司湖北化肥分公司	化工	496	Ⅱ
67	九龙坡区白含污水处理厂	污水处理	487	Ⅱ
68	两江新区果园污水处理厂	污水处理	475	Ⅱ
69	兴发集团白沙河化工厂	化工	453	Ⅱ
70	湖北宜化化工股份有限公司	化工	447	Ⅱ
71	重庆天原化学工业有限公司	化工	442	Ⅱ
72	巴东县信陵镇营沱污水处理厂	污水处理	430	Ⅱ
73	江津区排水公司（德感）	污水处理	398	Ⅱ
74	枝江市安福寺镇玛瑙河污水处理厂	污水处理	392	Ⅱ
75	宜昌东阳光药业股份有限公司	医药制造	354	Ⅱ
76	宜昌阿波罗肥业有限公司	化工	315	Ⅱ
77	秭归县县城污水处理厂	污水处理	315	Ⅱ
78	枝城污水处理厂	污水处理	311	Ⅱ
79	中石化湖北化肥厂	化工	300	Ⅱ
80	北大国际医院集团重庆大新药业股份有限公司	医药制造	295	Ⅱ
81	丰都县社坛场镇	污水处理	292	Ⅱ
82	江津区白沙污水处理厂	污水处理	292	Ⅱ
83	巴东县沿渡河镇污水处理厂	污水处理	283	Ⅱ
84	长风化学有限公司	化工	281	Ⅱ
85	点军区水处理厂	污水处理	260	Ⅱ
86	枝江朝阳纺织有限公司	纺织印染	259	Ⅱ
87	宜昌当代水质净化有限公司	污水处理	257	Ⅱ
88	宜昌东阳光药业	医药制造	250	Ⅱ
89	重庆市涪陵区拓源污水治理有限公司（白涛园区污水处理厂）	化工	242	Ⅱ

续表

序号	风 险 源 名 称	企业类型	排污量/t	风险等级
90	紫光化工园区污水处理厂	化工	235	Ⅱ
91	夷陵区鸦鹊岭污水处理厂	污水处理	221	Ⅱ
92	宜昌鄂中化工有限公司	化工	216	Ⅱ
93	九龙坡区陶家镇污水处理厂	污水处理	201	Ⅱ
94	重庆 3533 印染服装总厂有限公司	纺织印染	196	Ⅱ
95	宜昌三峡制药有限公司	医药制造	195	Ⅱ
96	重庆星博化工有限公司	化工	169	Ⅱ

重庆至宜昌江段范围内调查到的水环境污染风险受体为 433 个大型非农取水口，其中城乡供水饮用水源地取水口 246 个，一般工业企业取水口 174 个，火电厂取水口 8 个，其他生态环境取水口 5 个，影响人数累计达 1265 万人。其中特大敏感目标 30 个、重大敏感目标 114 个、一般敏感目标 289 个。从地区分布看，万州区最多，共 68 个，其次为涪陵区 57 个，北碚区 43 个，重庆市主城区的环境受体最为密集。各县区主要水污染环境受体名录及具体统计情况见图 2.13 和表 2.5。

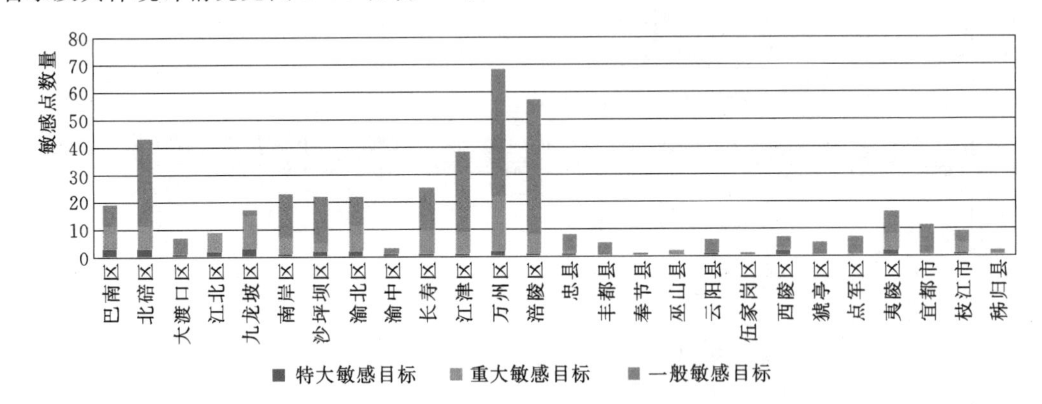

图 2.13 重庆至宜昌江段水污染风险受体等级统计

表 2.5 重庆至宜昌江段水污染特大敏感目标、重大敏感目标名录

序号	取 水 口 名 称	取水用途	敏感等级
1	江津区石蟆镇羊石自来水厂取水口	城乡供水	Ⅱ
2	重庆市江津区塘河自来水厂取水口	城乡供水	Ⅱ
3	重庆市江津区渝津自来水有限责任公司取水口	城乡供水	Ⅱ
4	重庆市江津区石门自来水厂取水口	城乡供水	Ⅱ
5	重庆市江津区海华自来水有限责任公司长江取水口	城乡供水	Ⅱ
6	重庆渝江水利开发公司安澜供水站取水口	城乡供水	Ⅱ
7	重庆市润江水利工程有限公司先锋水厂取水口	城乡供水	Ⅱ
8	重庆市江津区自来水公司取水口	城乡供水	Ⅰ
9	西南铝业集团有限责任公司取水口	一般工业	Ⅱ

续表

序号	取水口名称	取水用途	敏感等级
10	重庆四维自来水有限公司取水口	城乡供水	Ⅱ
11	重庆铜罐驿自来水公司取水口	城乡供水	Ⅱ
12	重庆润龙水资源开发有限公司汤家沱取水口	城乡供水	Ⅰ
13	重庆拓博水务有限责任公司取水口	城乡供水	Ⅱ
14	重庆市巴南区南湖自来水厂取水口	城乡供水	Ⅰ
15	重庆市渝南自来水有限公司道角水厂取水口	城乡供水	Ⅱ
16	重庆市渝南自来水有限公司鱼洞水厂取水口	城乡供水	Ⅰ
17	重庆市渝南自来水有限公司大江水厂取水口	城乡供水	Ⅱ
18	丰收坝水厂取水口	城乡供水	Ⅰ
19	重庆金福水务有限公司取水口	城乡供水	Ⅱ
20	重庆中实自来水有限公司取水口	城乡供水	Ⅱ
21	重庆市九龙坡区马家沟片区水库管理站取水口	城乡供水	Ⅱ
22	重庆市江津区双福水厂取水口	城乡供水	Ⅱ
23	重庆市巴南区东泉自来水厂取水口	城乡供水	Ⅱ
24	重庆渝江水利开发公司惠民供水站取水口	城乡供水	Ⅱ
25	重庆南城水务有限公司取水口	城乡供水	Ⅰ
26	重庆市自来水公司江南水厂李家沱取水口	城乡供水	Ⅱ
27	重庆贝迪自来水有限公司廖家沟水库取水口	城乡供水	Ⅱ
28	重庆贝迪自来水有限公司大河沟水库取水口	城乡供水	Ⅱ
29	重庆发电厂取水口	火（核）电	Ⅱ
30	重庆市九龙坡电力股份有限公司九龙发电分公司取水口	火（核）电	Ⅱ
31	成都铁路局重庆供电段取水口	城乡供水	Ⅱ
32	东部水务朱家岩水厂迎龙湖清油洞取水口	城乡供水	Ⅱ
33	重庆市自来水公司和尚山水厂取水口	城乡供水	Ⅰ
34	迎龙湖双谷水厂泵站取水口	城乡供水	Ⅱ
35	渝中区水厂黄沙溪取水口	城乡供水	Ⅰ
36	江南水厂黄桷渡泵站取水口	城乡供水	Ⅰ
37	重庆长安工业（集团）有限责任公司长安水厂取水口	一般工业	Ⅱ
38	沙坪坝区水厂中渡口取水口	城乡供水	Ⅱ
39	渝中区自来水公司取水口	城乡供水	Ⅰ
40	广阳镇内子口水库取水口	城乡供水	Ⅱ
41	重庆市巴南区木洞自来水厂取水口	城乡供水	Ⅱ
42	涂山水厂玄坛庙泵站取水口	城乡供水	Ⅱ
43	重庆中法供水有限公司茶园水厂取水口	城乡供水	Ⅱ
44	江南水厂玄坛庙泵站取水口	城乡供水	Ⅱ

续表

序号	取水口名称	取水用途	敏感等级
45	重庆中法供水有限公司江北水厂取水口	一般工业	Ⅱ
46	沙坪坝水厂高家花园深井车间取水口	城乡供水	Ⅰ
47	双碑水厂文昌宫泵站取水口	城乡供水	Ⅰ
48	鸡冠石镇翠云水库高坎子水厂取水口	城乡供水	Ⅱ
49	重庆复盛水厂琏珠分厂取水口	城乡供水	Ⅱ
50	重庆渝江公司双河口供水站取水口	城乡供水	Ⅱ
51	重庆中法供水有限公司梁沱水厂取水口	城乡供水	Ⅰ
52	重庆市江北区鱼嘴自来水有限公司取水口	城乡供水	Ⅱ
53	重庆东渝自来水有限公司取水口	城乡供水	Ⅰ
54	重庆复盛水厂五宝分厂取水口	城乡供水	Ⅱ
55	蒿枝坝水厂取水口	一般工业	Ⅱ
56	重庆复盛水厂三块碑分厂取水口	城乡供水	Ⅱ
57	重庆市自来水有限公司井口水厂取水口	城乡供水	Ⅰ
58	沙坪坝区回龙坝水厂取水口	城乡供水	Ⅱ
59	洛碛自来水有限公司泵站取水口	城乡供水	Ⅱ
60	涪陵坤源水务公司江东水厂取水口	城乡供水	Ⅱ
61	重庆市渝北区龙兴供水厂一级泵站取水口	城乡供水	Ⅱ
62	涪陵坤源水务公司二水厂取水口	城乡供水	Ⅰ
63	凤凰水厂取水口	城乡供水	Ⅱ
64	重庆市蔡家组团市政建设有限公司水务分公司取水口	城乡供水	Ⅱ
65	新妙水厂取水口	城乡供水	Ⅱ
66	重庆中法水务供水公司悦来水厂取水口	城乡供水	Ⅰ
67	清溪水厂取水口	城乡供水	Ⅱ
68	长寿区江南自来水厂取水口	城乡供水	Ⅱ
69	重庆市渝北区石船镇水厂一级泵站取水口	城乡供水	Ⅱ
70	中法供水公司两路水厂一级站2号取水口	城乡供水	Ⅰ
71	重庆（长寿）化工园区中法水务有限公司取水口	城乡供水	Ⅱ
72	中法供水公司两路水厂一级泵站1号取水口	城乡供水	Ⅱ
73	重庆市北碚区水土自来水厂银塘湾花生石坝取水口	城乡供水	Ⅱ
74	重庆玉龙水务有限公司两江水厂取水口	城乡供水	Ⅱ
75	中国石化集团四川维尼纶厂取水口	一般工业	Ⅱ
76	王家水厂取水口	城乡供水	Ⅱ
77	重庆市渝北区木耳供水厂泵站取水口	城乡供水	Ⅱ
78	重庆钢铁集团取水口	一般工业	Ⅱ
79	成都铁路局重庆供电段取水口	城乡供水	Ⅱ

续表

序号	取水口名称	取水用途	敏感等级
80	金钗堰水厂取水口	城乡供水	Ⅱ
81	重庆渝长燃气自来水有限责任公司取水口	城乡供水	Ⅰ
82	重庆天府矿业有限责任公司水电气分公司取水口	一般工业	Ⅱ
83	重庆市北碚区天府镇郭家沟人饮工程取水口	城乡供水	Ⅱ
84	重庆市自来水有限公司北碚水厂马鞍溪取水口	城乡供水	Ⅰ
85	重庆市北碚区嘉禾水务有限公司取水口	城乡供水	Ⅱ
86	佳豪供水厂取水口	城乡供水	Ⅱ
87	重庆市长寿区晏家供水站河泉水库取水口	城乡供水	Ⅱ
88	重庆市自来水有限公司北碚红工水厂金刚碑取水口	城乡供水	Ⅰ
89	重庆市渝北区统景供水厂取水口	城乡供水	Ⅱ
90	统景新水厂取水口	城乡供水	Ⅱ
91	重庆北碚澄江自来水厂取水口	城乡供水	Ⅱ
92	渝北区兴隆水气经营服务站泵站取水口	城乡供水	Ⅱ
93	珍溪二水厂取水口	城乡供水	Ⅱ
94	长寿区双龙自来水厂取水口	城乡供水	Ⅱ
95	龙溪河大灌区长寿片区吼水湾水库灌区取水口	城乡供水	Ⅱ
96	重庆市碚江水务有限公司江东水厂取水口	城乡供水	Ⅱ
97	重庆市葛兰供水有限公司取水口	城乡供水	Ⅱ
98	长寿区三条沟水厂取水口	城乡供水	Ⅱ
99	白公祠水厂取水口	城乡供水	Ⅱ
100	苏家水厂取水口	城乡供水	Ⅰ
101	枝江市七星台镇大埠街自来水厂取水口	城乡供水	Ⅱ
102	二水厂取水口	城乡供水	Ⅱ
103	枝江市百里洲镇水厂取水口	城乡供水	Ⅱ
104	枝江市七星台镇源泉供水站取水口	城乡供水	Ⅱ
105	枝江市自来水公司取水口	城乡供水	Ⅰ
106	枝江市江口水厂取水口	城乡供水	Ⅱ
107	万州区开源水务有限公司分水水厂取水口	城乡供水	Ⅱ
108	万州区开源水务有限公司武陵水厂取水口	城乡供水	Ⅱ
109	万州区东峡供水站取水口	城乡供水	Ⅱ
110	万州区碑牌供水站取水口	城乡供水	Ⅱ
111	楠木溪水库取水口	一般工业	Ⅱ
112	甘宁水库（江北水厂）取水口	城乡供水	Ⅰ
113	宜昌市鸦鹊岭自来水厂取水口	城乡供水	Ⅱ
114	万州区开源水务有限公司龙沙水厂取水口	城乡供水	Ⅱ

续表

序号	取水口名称	取水用途	敏感等级
115	宜昌市土门自来水厂取水口	城乡供水	Ⅱ
116	新田水厂取水口	城乡供水	Ⅱ
117	三峡水务有限公司东山运河取水口	城乡供水	Ⅰ
118	万州区开源水务有限公司高峰水厂取水口	城乡供水	Ⅱ
119	宜昌船舶柴油机有限公司 403 水厂取水口	城乡供水	Ⅱ
120	龙泉自来水厂取水口	城乡供水	Ⅱ
121	葛洲坝第一工程有限公司供水分公司取水口	城乡供水	Ⅰ
122	东桥水库天星供水站取水口	城乡供水	Ⅱ
123	宜昌民生供水有限公司一水厂取水口	城乡供水	Ⅱ
124	万州区三正供水站取水口	城乡供水	Ⅱ
125	万州区开源水务有限公司余家水厂取水口	城乡供水	Ⅱ
126	万年水库金龙自来水厂取水口	城乡供水	Ⅱ
127	宜昌民生供水有限公司三水厂取水口	城乡供水	Ⅰ
128	自来水公司三水厂长江取水口	城乡供水	Ⅰ
129	东宜原水有限公司取水口	城乡供水	Ⅰ
130	刘家沟水库万州区自来水公司南山供水站取水口	城乡供水	Ⅱ
131	官庄自来水有限公司取水口	城乡供水	Ⅱ
132	万州区开源水务有限公司李河水厂取水口	城乡供水	Ⅱ
133	万州区开源水务有限公司白羊水厂取水口	城乡供水	Ⅱ
134	重庆市万州区高梁水厂取水口	城乡供水	Ⅱ
135	工农水库自来水公司上坪水厂取水口	城乡供水	Ⅱ
136	县二水厂取水口	城乡供水	Ⅱ
137	万州区天地供水站取水口	城乡供水	Ⅱ
138	万州区玉城岩供水站取水口	城乡供水	Ⅱ
139	羊汉沟大堰取水口	城乡供水	Ⅱ
140	双堰水库双堰水厂取水口	一般工业	Ⅱ
141	双堰水库双堰供水站取水口	城乡供水	Ⅱ
142	双江街道苦草沱取水口	城乡供水	Ⅰ
143	巫山县县城供水长江 2 号取水口	城乡供水	Ⅱ
144	巫山县县城供水朝阳洞引水工程取水口	城乡供水	Ⅱ

结合三峡水库水质污染状况，选取溶解氧、高锰酸盐指数、五日生化需氧量、氨氮、总磷 5 项参数，按照《地表水环境质量标准》（GB 3838—2002）对库区江段 11 个断面近 2 年的月平均水质状况进行统计（图 2.14）。研究区主要水质断面春秋两季监测数据显示，长江干流明显好于嘉陵江、乌江等支流。干流断面春季符合Ⅱ～Ⅲ类标准，秋季符合Ⅱ～Ⅴ类标准，秋季寸滩和官渡口断面超标。支流断面大多符合Ⅲ～Ⅳ类标准，个别断面为劣Ⅴ

类水，主要超标因子为总磷。可以看出，库区各断面以Ⅱ～Ⅲ类水质标准为主。干流断面主要表现为库尾寸滩断面和库中清溪场断面水质较差，2017 年超标率分别为 58.33％和 75.00％，超标项目主要为总磷，可能受到重庆主城区城镇生活排污和工业废水排放的影响；库区干流其余断面水质较好，越靠近库首水库蓄清作用越强，Ⅱ类水质标准占比越高，库区下游黄陵庙断面和库首太平溪断面水质变化一致。支流嘉陵江只有临江门断面 2017 年出现超标情况，超标率为 8.33％，其余断面水质较好。支流乌江武隆断面水质较差，Ⅴ类和劣Ⅴ类水质占比达到 36.36％。清溪场断面位于乌江汇入口以下，乌江因上游磷元素的输入，导致近年来干流清溪场断面总磷浓度升高。

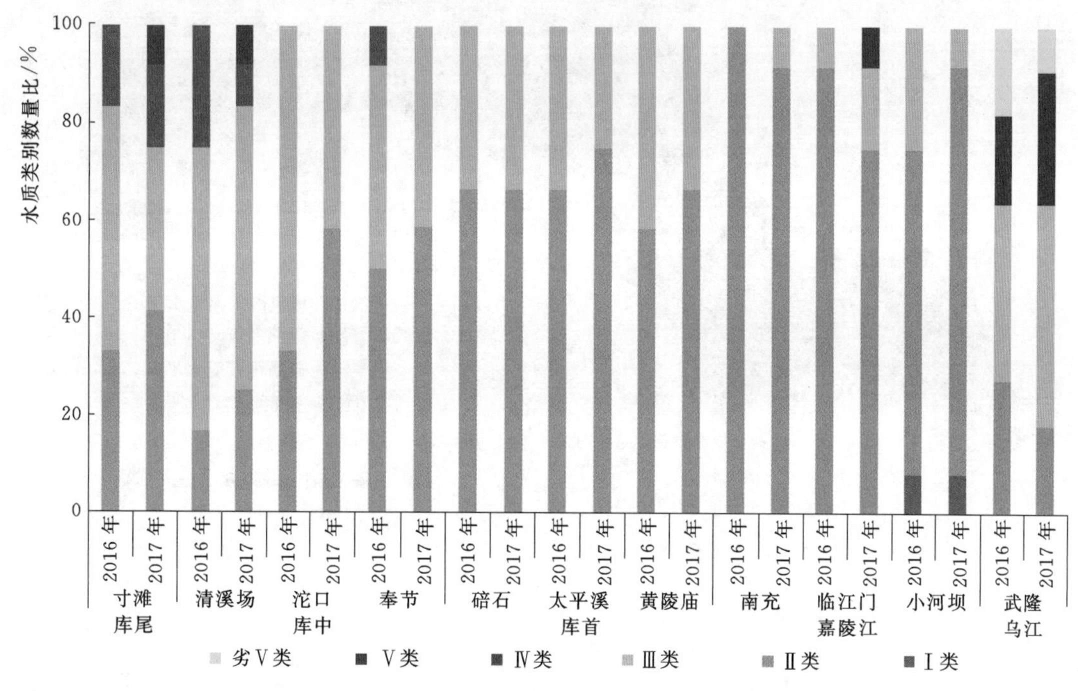

图 2.14 重庆至宜昌江段主要监测断面水质类别比例

研究区江段涉及 27 个区（县），各区（县）主要社会经济指标详见图 2.15。其中 6 个区（县）为一般可接受水平，主要分布在重庆主城区、万州区及宜昌市区，这些地方城

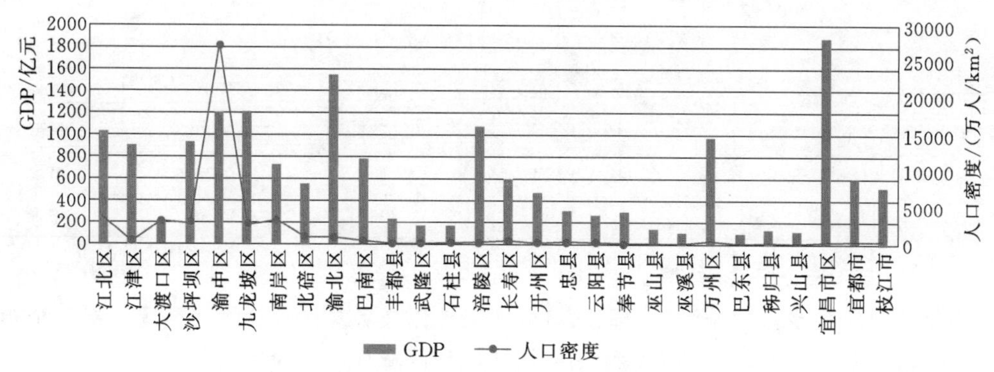

图 2.15 重庆至宜昌江段各区（县）主要社会经济指标

镇化率高，人口密集；12个区（县）为较高可接受水平，主要分布在一般可接受水平县区周边；9个区（县）为极高可接受水平，主要分布在乌江上游区域及湖北重庆相邻县区（图2.16）。研究区范围内水库尾水江段与长江上游珍稀特有鱼类自然保护区相衔接，主要分布在江津、巴南、九龙坡和大渡口江段，其中核心区江段长26km，缓冲区江段长94km，试验区江段长27km，这些江段及周围地区自然生态系统对水环境污染潜在风险的敏感程度较高。

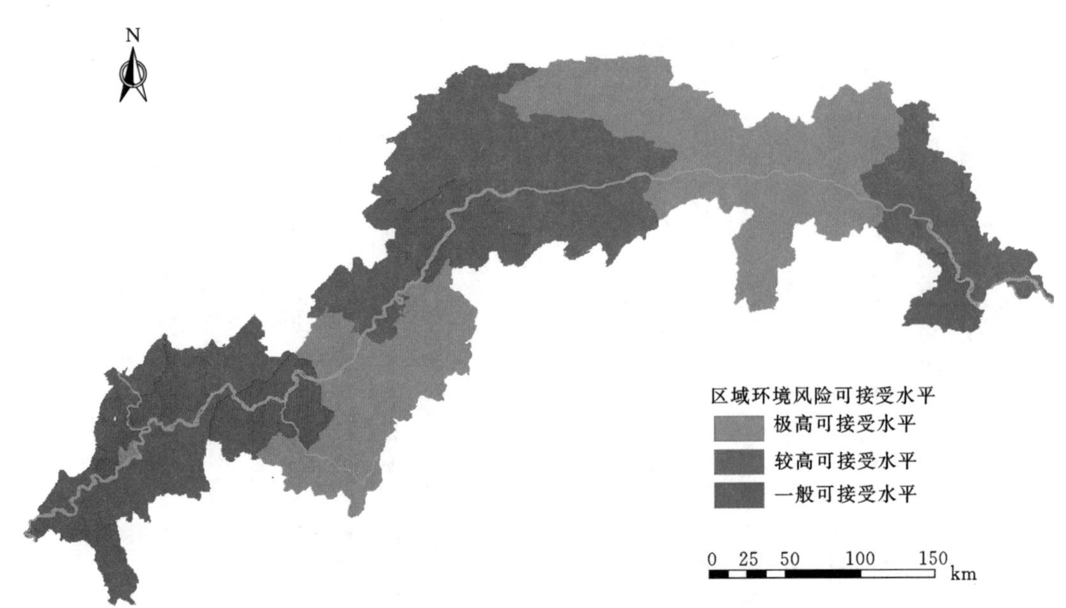

图2.16 重庆至宜昌江段区域环境风险可接受水平空间分布

2.5.1.2 水环境污染风险区域冷热点格局特征

1. 空间相关性风险结果

综合风险等级评价指标体系指数层的Moran's I值、Z得分和P值可以发现：风险源特征、环境风险受体和区域环境风险可接受程度3项指标得分都为集聚分布，聚集性与该地区的位置有关，具有空间正相关性，结果都通过了置信度为95%的显著性检验，结果具有可信度。

表2.6 水环境污染风险评价指标全局自相关分析

指标	Moran's I值	Z得分	P值	结果
环境风险源危险性（S_1）	0.022577	3.921581	0.000088	集聚
环境风险受体敏感性（S_2）	0.333228	3.047209	0.002310	集聚
环境风险可接受程度（S_3）	0.243750	2.306961	0.021057	集聚

2. 冷热点区域分布特征

根据研究区各乡镇的排污口、取水口分布情况以及各县区社会经济情况，对3个指数层，即环境风险源危险性、环境风险受体敏感性和区域环境风险可接受程度的评估得分总和进行冷热点分析，各评价指标冷热点区域分布情况见图2.17。

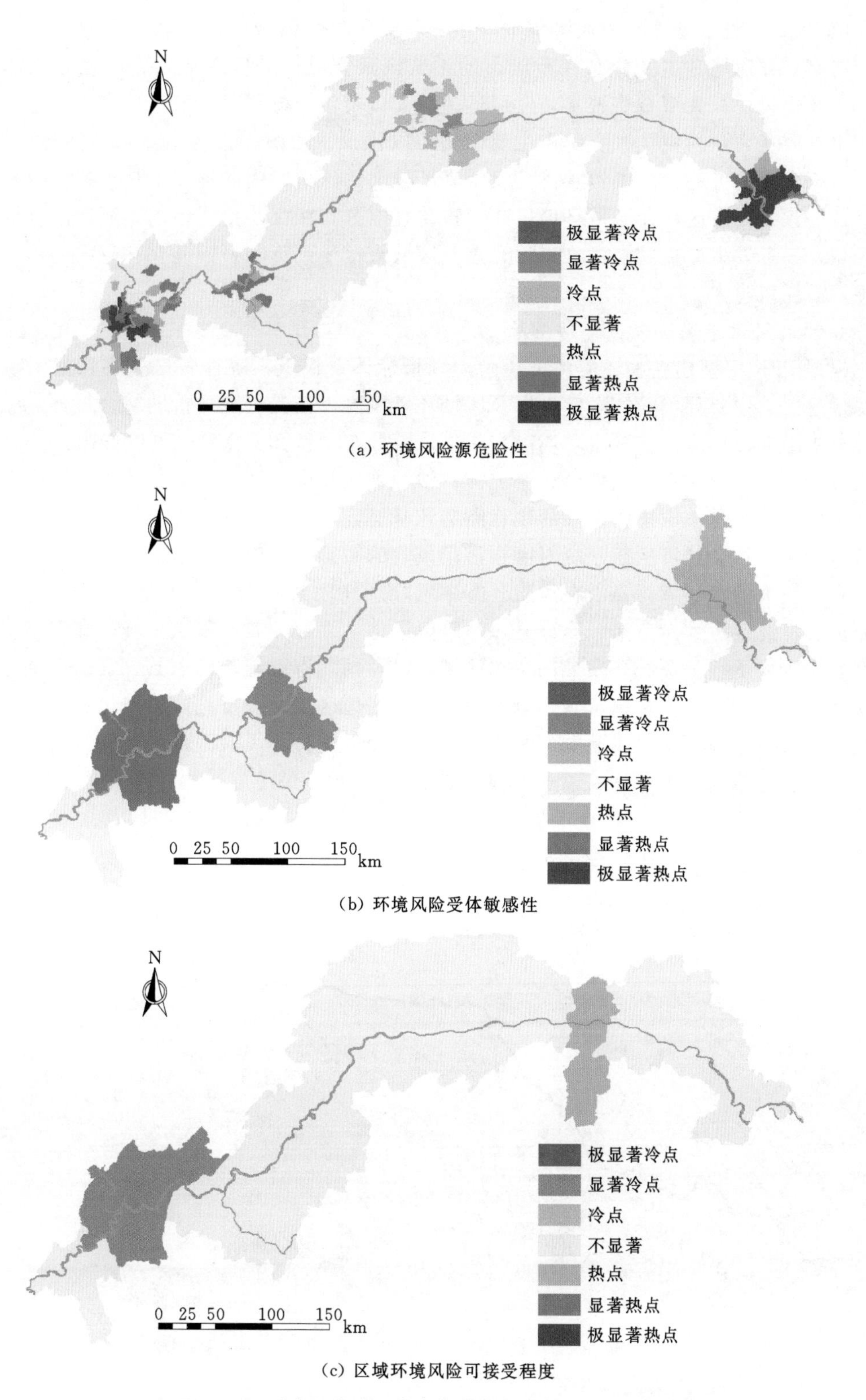

(a) 环境风险源危险性

(b) 环境风险受体敏感性

(c) 区域环境风险可接受程度

图 2.17 重庆至宜昌江段各评价指标冷热点区域分布

由图2.17可以看出环境风险源危险性和环境风险受体敏感性这两个指数层得分热点集中在库首和库尾，主要分布在重庆市的主城区及宜昌市城区周边，这些地方城镇化率高、工业化较快，大型企业聚集，发展迅速，人口聚集，排污口、取水口密集，生产、生活污水排放量大，而枝江、宜都市主要污染源以化工、纺织印染为主，污染物毒害性强，发生污染事故的可能性高，给水体环境带来了较大的压力，由此形成了热点区域，是水污染事件的频发高发区，而区域环境风险可接受程度分布相反，重庆市的主城区附近形成冷点区域，一旦发生严重的水污染事件，这些区域直接受到影响，因此存在较大的环境安全隐患，潜在风险大。

3. 水环境污染风险分区评估结果

根据PSR模型建立水环境污染风险识别指标体系权重，统计各区（县）范围污染风险源危险性、主要环境受体敏感性以及区域环境风险可接受程度评价的综合得分，经空间统计分析生成三峡库区江段水环境潜在污染风险分布图（图2.18）。可以看出：①高风险区江段共4个，分布在九龙坡区、渝北区、沙坪坝区和南岸区，大部分属于重庆市都市功能核心区范围，是重庆集约发展的现代制造业基地，这些区域内高等级风险源和环境敏感点数量较多，社会经济生态系统对潜在污染风险的敏感程度较高，水污染事件发生概率较高，存在较大的水环境污染潜在风险。②中风险区江段共9个，分布在重庆市的长寿区、北碚区、江北区、大渡口区、石柱县、涪陵区等地，大部分属于重庆主城区和都市功能拓展区，是未来承接工业经济发展的主要区域；以及湖北省恩施州巴东县、宜昌市城区、宜都市和枝江市和等地，多属于宜荆荆城市群。这些地区工业较发达，城镇化相对发达，主要是受特大风险源和一般风险源的影响，其中涪陵区的特大风险源最多，评价结果显示为中风险区，危险性较大，存在着较高的风险隐患，也需要注意警惕。③低风险区江段共11个，分布较为广泛，主要分布在下游的重庆市渝东北生态涵养发展区及湖北省鄂西生态圈，区域工业产值较小，经济水平较低，风险源数量少、等级低，发生重特大环境污染

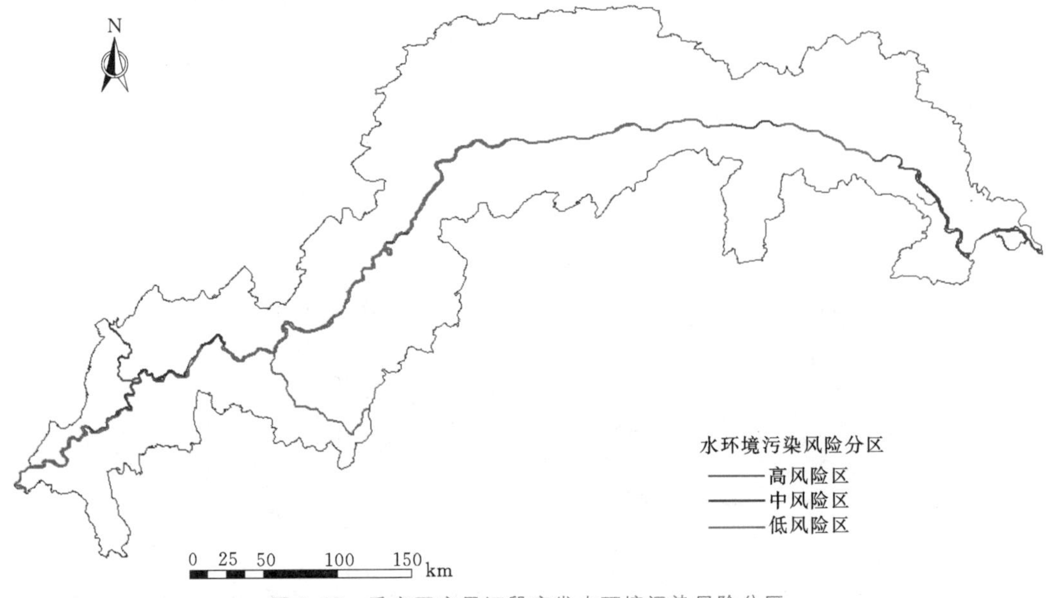

图2.18 重庆至宜昌江段突发水环境污染风险分区

事件的风险低，造成环境危害的后果相对较小。

2.5.2 宜宾至泸州江段突发水污染风险

2.5.2.1 水环境污染风险评价指标评价结果

宜宾至泸州江段范围内重点废水产生企业共190家，涉及电力、纺织印染、化工、炼油、食品、危化码头、污水处理厂、造纸纸浆等主要行业。重点污染源年废水产生总量约为16400万t，其中宜宾市约为9100万t，泸州市约为7300万t。以行业分类统计，污水处理厂年废水产生总量最高，达到12077万t，占总量的73.4%；其次为化工企业的1340万t和造纸企业的781万t，分别占总量的8.14%和4.75%。

根据水污染风险源等级评价结果，泸州至宜宾江段特大、重大和一般等级的水污染风险源分别有5个、22个和163个。特大水污染风险源主要以污水处理厂、化工企业为主，其污水排放量大，涉及污染物毒害性强，发生污染事故的可能性高，具有最强的潜在水环境污染风险程度。叙州区风险源最多，共39个；其次为泸县，共34个。其中叙州区特大风险源2个，一般风险源37个；泸县重大风险源33个，但均未有特大风险源。特大风险源最多的为纳溪区，共2个；翠屏区、合江县、南溪区各有1个。其中，南溪区高风险污染源最为密集，特大风险源有1个，重大风险源有6个。其他地区则以一般风险源居多。各县区主要水污染风险源名录及具体统计情况见图2.19和表2.7。

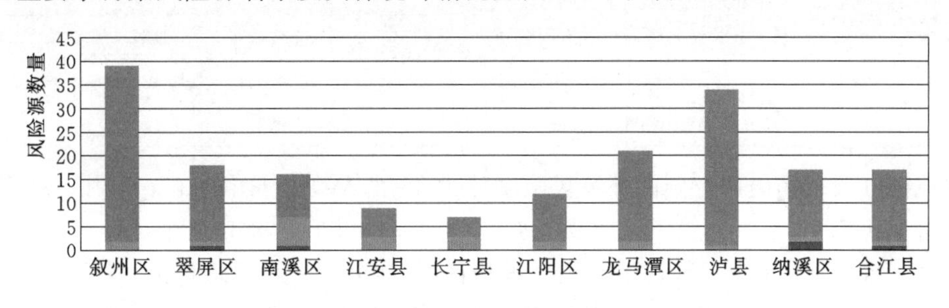

图2.19 宜宾至泸州江段水污染风险源等级统计

表2.7 宜宾至泸州江段突发水环境污染特大风险源、重大风险源名录

序号	风险源名称	企业类型	排污量/t	风险等级
1	江阳区鸭儿凼污水处理厂	污水处理	1916.51	Ⅱ
2	宜宾市南岸污水处理厂	污水处理	1696.00	Ⅱ
3	泸州市兴泸污水处理有限公司二道溪污水处理厂	污水处理	1357.86	Ⅱ
4	南溪区城镇生活污水处理厂	污水处理	694.00	Ⅱ
5	叙州区城市生活污水处理厂	污水处理	680.17	Ⅱ
6	宜宾海斯特纤维有限公司	纺织印染	666.77	Ⅰ
7	泸州城南污水处理厂	污水处理	568.00	Ⅱ
8	泸天化集团（责任）有限公司	化工	499.66	Ⅰ
9	江安县城市生活污水处理厂	污水处理	381.77	Ⅱ

续表

序号	风险源名称	企业类型	排污量/t	风险等级
10	龙马潭区高坝废水处理站	污水处理	365.00	Ⅱ
11	叙州区安边镇豆坝工业园区	污水处理	361.00	Ⅱ
12	南溪区留宾乡生活污水污水处理厂	污水处理	345.00	Ⅱ
13	合江县合江镇张湾污水处理厂	污水处理	343.64	Ⅱ
14	南溪区江南镇生活污水污水处理厂	污水处理	338.00	Ⅱ
15	长宁县城市生活污水处理厂	污水处理	334.27	Ⅱ
16	泸州市兴泸污水处理有限公司	污水处理	260.47	Ⅱ
17	南溪区罗龙工业集中区污水处理厂	污水处理	259.00	Ⅱ
18	南溪区汪家镇生活污水污水处理厂	污水处理	257.00	Ⅱ
19	南溪区宜宾纸业股份有限公司	造纸纸浆	245.00	Ⅰ
20	四川银鸽竹浆纸业有限公司	造纸纸浆	241.54	Ⅰ
21	江安县四川双赢化工有限公司	化工	241.00	Ⅱ
22	南溪区石鼓乡污水处理厂	污水处理	237.00	Ⅱ
23	泸县县城污水处理厂	污水处理	222.09	Ⅱ
24	合江县榕山镇四川天华股份有限公司	化工	202.42	Ⅰ
25	长宁县竹海竹资源科技有限公司	造纸纸浆	167.00	Ⅱ
26	长宁县宏兴纸业公司	造纸纸浆	127.00	Ⅱ
27	江安县鸿源化工科技有限公司	化工	124.00	Ⅱ

研究区江段范围内调查到的环境风险受体为 48 个大型非农取水口，其中城乡供水饮用水源地取水口 25 个，一般工业企业取水口 19 个，火电厂取水口 4 个，影响人数累计达 157 万人。其中特大敏感目标 8 个、重大敏感目标 10 个、一般敏感目标 30 个。从地区分布看，叙州区数量最多，共 9 个，其次是南溪区和江安县，均为 7 个。研究区江段水质类别整体为Ⅲ类。各县区主要水污染环境受体名录及具体统计情况见图 2.20 和表 2.8。

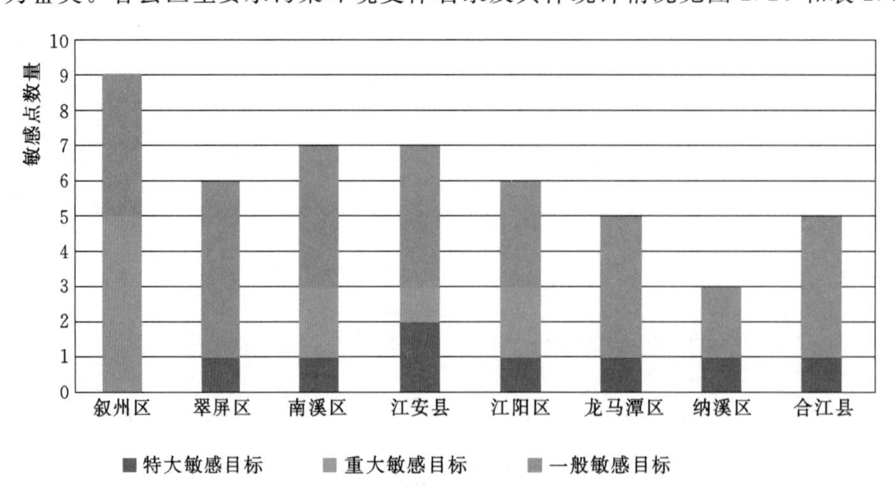

图 2.20 宜宾至泸州江段水污染风险受体等级统计

表 2.8 宜宾至泸州江段主要水污染敏感目标名录

序号	取水口名称	取水用途	敏感等级
1	榕山天华水厂取水口	一般工业	Ⅲ
2	泸州（水务）集团合江水业有限公司取水口	城乡供水	Ⅰ
3	白沙滩老上取水口（旺江供水站、排灌站）	城乡供水	Ⅲ
4	合江县望龙自来水站取水口	城乡供水	Ⅲ
5	大桥自来水站取水口	城乡供水	Ⅲ
6	中核建中核燃料元件有限公司1号取水口	城乡供水	Ⅲ
7	中核建中核燃料元件有限公司2号取水口	城乡供水	Ⅱ
8	中核建中核燃料元件有限公司3号取水口	城乡供水	Ⅱ
9	中核建中核燃料元件有限公司4号取水口	城乡供水	Ⅲ
10	中核建中核燃料元件有限公司5号取水口	城乡供水	Ⅱ
11	中核建中核燃料元件有限公司8号取水口	城乡供水	Ⅱ
12	中核建中核燃料元件有限公司9号取水口	城乡供水	Ⅱ
13	五一五酒厂取水口	城乡供水	Ⅲ
14	向家坝工程左岸水厂取水口	一般工业	Ⅲ
15	江安县自来水公司长江取水口（2）	城乡供水	Ⅰ
16	宜宾金世界化学有限公司长江取水口	一般工业	Ⅲ
17	海丰和锐有限公司长江取水口	一般工业	Ⅲ
18	江安县自来水公司长江取水口	城乡供水	Ⅰ
19	四川双赢化工有限责任公司长江取水口	一般工业	Ⅲ
20	江安县鸿源化工有限责任公司长江取水口	一般工业	Ⅲ
21	宜宾北方川安化工有限公司长江取水口	城乡供水	Ⅱ
22	泸州市南郊水业有限公司五渡溪取水口	城乡供水	Ⅰ
23	长江蓝田沱头取水口	城乡供水	Ⅱ
24	兰田石油社区管理站取水口	城乡供水	Ⅲ
25	茜草街道观音寺取水口	城乡供水	Ⅱ
26	泸州市兴泸水务（集团）纳溪水业有限公司	城乡供水	Ⅰ
27	鱼塘镇石堡湾北郊水厂取水口	城乡供水	Ⅰ
28	金沙江雪滩取水口	城乡供水	Ⅰ
29	南溪区供水排水有限公司取水口	城乡供水	Ⅰ
30	南溪区南红水务有限公司取水口	城乡供水	Ⅱ
31	南溪区九龙水厂取水口	城乡供水	Ⅱ
32	四川北方沁园生物工程有限公司取水口	一般工业	Ⅲ
33	泸天化取水口	一般工业	Ⅲ
34	罗汉长江村北方公司取水口	一般工业	Ⅲ
35	罗汉建设村老窖公司取水口	一般工业	Ⅲ
36	罗汉建设村鑫福化工取水口	一般工业	Ⅲ
37	中海沥青取水口	一般工业	Ⅲ
38	天竹公司长江取水口	一般工业	Ⅲ
39	盐坪坝隔公沱取水口	一般工业	Ⅲ
40	白沙湾后营门取水口	一般工业	Ⅲ

续表

序号	取水口名称	取水用途	敏感等级
41	南溪区振兴纸业有限公司取水口	一般工业	Ⅲ
42	四川九龙水泥有限公司取水口	一般工业	Ⅲ
43	宜宾天蓝化工有限责任公司取水口	一般工业	Ⅲ
44	宜宾蓝天纸业股份有限公司取水口	一般工业	Ⅲ
45	泸州市江阳区江北镇老鹰岩取水口	火（核）电	Ⅲ
46	火炬取水口	火（核）电	Ⅲ
47	金沙江马鸣溪取水口	火（核）电	Ⅲ
48	白沙湾上罗涡陀取水口	火（核）电	Ⅲ

宜宾至泸州江段涉及 10 个区（县），各区（县）主要社会经济指标详见图 2.21。评价结果表明 3 个区（县）为极高可接受水平，分布在叙州区、翠屏区和合江县；6 个区（县）为较高可接受水平，主要分布在研究区上中游江段；1 个区（县）为一般可接受水平，在龙马潭区。研究区江段属于长江上游珍稀鱼类自然保护区，自西向东包括宜宾、翠屏、南溪、江安、纳溪、龙马潭、江阳、合江等区（县）。研究区域环境风险可接受水平空间分布情况见图 2.22。

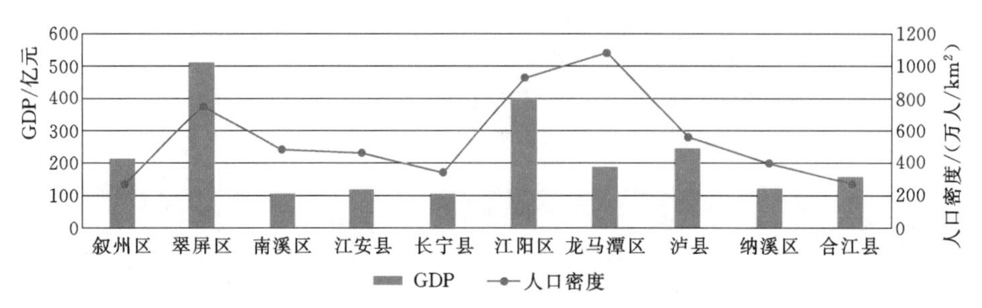

图 2.21 宜宾至泸州江段各区县主要社会经济指标

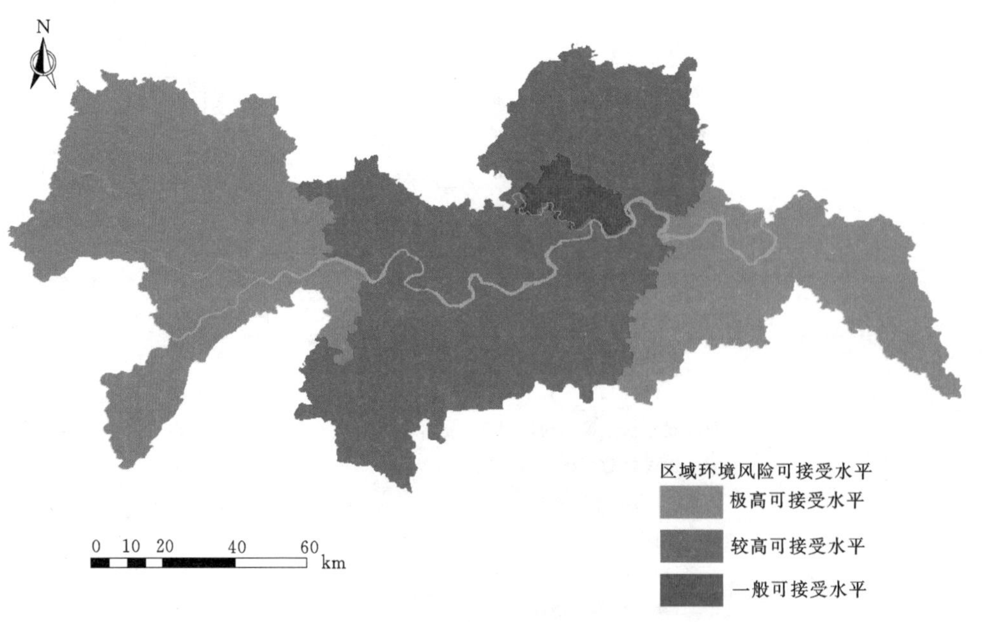

图 2.22 宜宾至泸州江段区域环境风险可接受水平空间分布

2.5.2.2 水环境污染风险区域冷热点格局特征

1. 空间相关性风险结果

综合风险等级评价指标体系指数层的Moran's I值、*Z*得分和*P*值计算结果都通过了置信度为90%的显著性检验，结果具有可信度（表2.9）。

表2.9 水污染风险评价指标全局自相关分析

指 标	Moran's I值	*Z*得分	*P*值	结果
环境风险源危险性（S_1）	0.062977	3.784062	0.000154	集聚
环境风险受体敏感（S_2）	0.111207	3.736768	0.000186	集聚
环境风险可接受程度（S_3）	0.134229	1.940327	0.052340	集聚

2. 冷热点区域分布特征

根据研究江段周边污染源在乡镇行政区范围内分布情况，统计各乡镇污染风险源评估等级得分总和，并进行冷热点分析。可以看出污染风险源热点区域主要集中在宜宾市翠屏区和泸州市江安县北区、江阳区、龙马潭区，均为城镇化、工业化较快的地区。这些地区城镇化发展迅速，大型企业聚集，人口众多，生产、生活污水排放量大，给水体环境带来了较大的压力，由此形成了热点区域，是水污染事件的频发高发区，存在较大的环境安全隐患，潜在风险大。冷点区主要集中在叙州区西部，该地区污染源分布稀疏，污水排放量相对较少。

根据研究江段沿岸环境敏感点在乡镇及街道行政区范围内分布情况，统计各乡镇环境敏感点评价得分总和，并进行冷热点分析。可以看出环境敏感点热点区域主要集中龙马潭区，取水口密度较高，一旦发生严重的水污染事件，直接受到影响。研究翠屏区、江安县及周边区域风险源为冷点区。可以看出，区域环境风险可接受程度在叙州区形成冷点区域，泸州的龙马潭、江阳区和纳溪区形成热点区域，潜在风险大。各评价指标冷热点区域分布情况见图2.23。

3. 突发水环境污染风险分区评估结果

根据PSR模型建立水环境污染风险识别指标体系权重，统计各区（县）范围污染风险源危险性、主要环境受体敏感性以及区域环境风险可接受程度评价的综合得分，经空间统计分析生成宜宾至泸州江段突发水环境污染风险分布图（图2.24），可以看出：①高风险区有2个，分布在泸州市龙马潭区和江阳区，这些区域是污染风险源和环境敏感受体的集密区，且特大风险源和敏感受体的数量比较多，以污水处理厂和食品企业为主；②中风险区总计3个，主要分布在翠屏区、南溪区和江安县等，这些区域主要是受重大和一般风险源的影响，而且一般风险源的数量也比较多，且敏感受体评价等级相对较低，所以计算结果显示为中风险区，也需要注意警惕；③低风险区总计5个，这些区域内风险源密度较小，大多都是一般风险源，企业结构比较合理，且县区面积相对较大，区域工业产值较小，所以污染物的绝对排放也相对较小。

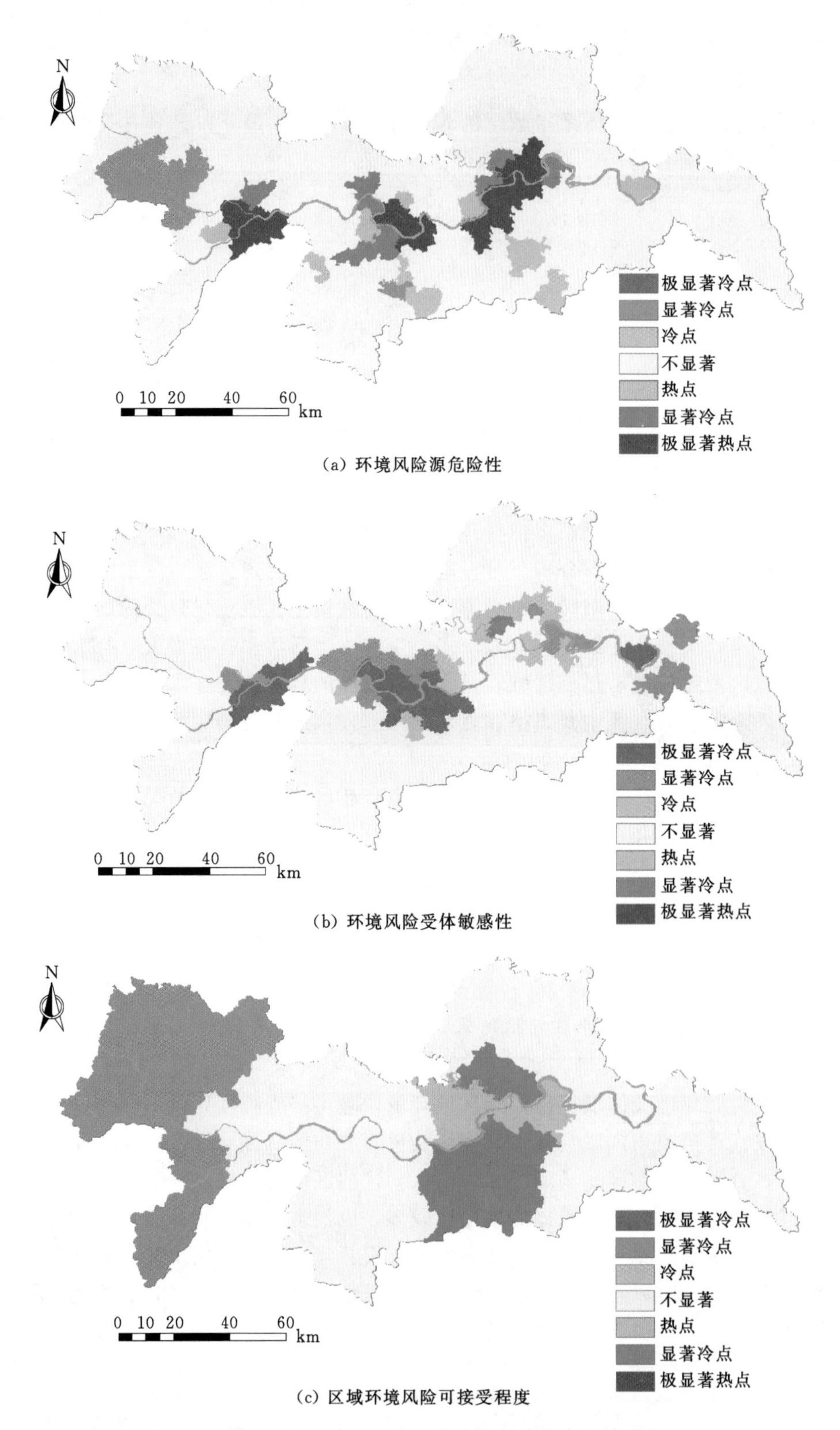

图 2.23 宜宾至泸州江段各评价指标冷热点区域分布

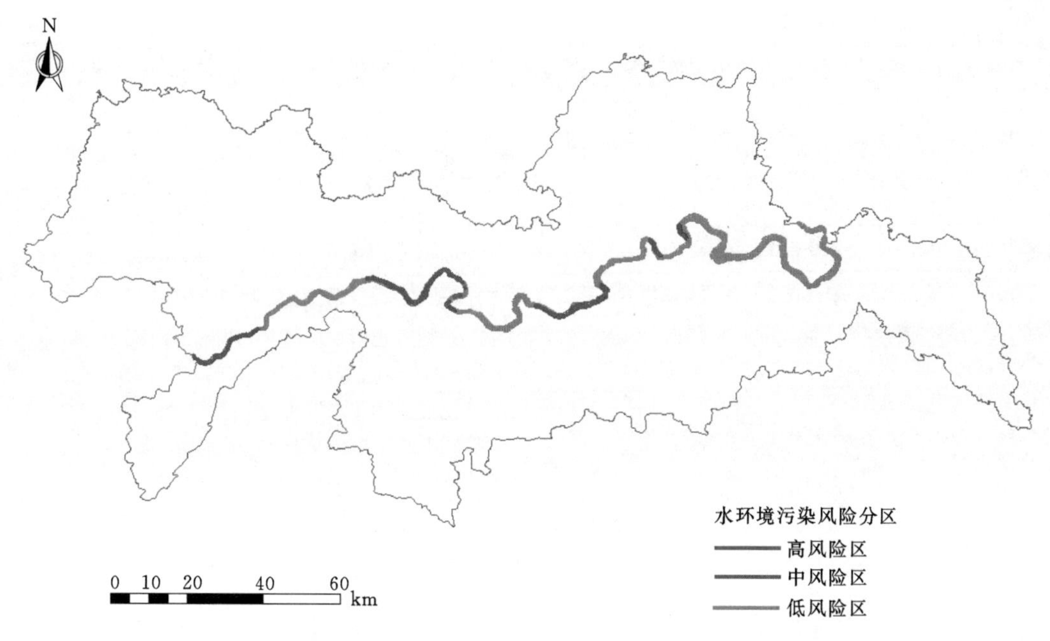

图 2.24 宜宾至泸州突发水环境污染风险分区

2.5.3 攀枝花江段突发水污染风险

2.5.3.1 水环境污染风险评价指标评价结果

攀枝花江段范围内重点废水产生企业共 25 家，涉及化工、冶金和污水处理厂等主要行业。重点污染源年废水产生总量约为 7650 万 t。以行业分类统计，污水处理厂年废水产生总量最高，达到 4265 万 t，占总量的 56%；其次为化工企业的 1607 万 t 和冶金企业的 1534 万 t，分别占总量的 21%和 20%。

根据水污染风险源等级评价结果，攀枝花江段特大、重大和一般等级的水污染风险源分别有 1 个、10 个和 14 个。特大水污染风险源化工企业，其污水排放量大，涉及污染物毒害性强，发生污染事故的可能性高，具有最强的潜在水环境污染风险程度。东区风险源最多，共 10 个；其次为米易县，共 5 个。其中东区特大风险源 1 个，重大风险源 4 个，米易县重大风险源 4 个；其他地区则以一般风险源居多。各县区主要水污染风险源名录及具体统计情况见图 2.25 和表 2.10。

表 2.10 攀枝花江段主要水污染风险源名录

序号	污染风险源名称	企业类型	排污量/t	风险等级
1	攀枝花市东区攀钢江 1 号车间	冶金	287.37	Ⅲ
2	攀枝花市东区攀钢江 2 号车间	冶金	201.13	Ⅲ
3	攀枝花市东区攀钢江 5 号车间	冶金	480.61	Ⅲ
4	攀枝花市东区攀钢江 8 号车间	冶金	50.00	Ⅲ
5	攀枝花市东区攀钢江 11 号车间	冶金	60.00	Ⅲ

续表

序号	污染风险源名称	企业类型	排污量/t	风险等级
6	攀枝花市东区小沙坝污水处理厂	污水处理	420.00	Ⅱ
7	攀枝花市东区马坎污水处理厂	污水处理	767.59	Ⅱ
8	攀枝花市东区高粱坪工业园区	化工	1243.87	Ⅰ
9	攀枝花市东区大渡口污水处理厂	污水处理	352.00	Ⅱ
10	攀枝花市东区炳草岗污水处理厂	污水处理	1063.00	Ⅱ
11	攀枝花市西区攀钢发电厂	电力	100.00	Ⅲ
12	攀枝花市西区沿江沟污水处理厂	污水处理	394.20	Ⅱ
13	攀枝花市西区清香坪污水处理厂	污水处理	367.50	Ⅱ
14	攀枝花市仁和区五十一污水处理厂	污水处理	472.00	Ⅱ
15	攀枝花市仁和区摩梭河废水处理站	污水处理	50.00	Ⅲ
16	攀枝花市钒钛高新区费德勒环境有限公司	冶金	635.07	Ⅲ
17	攀枝花市米易县正源科技有限责任公司	化工	40.00	Ⅲ
18	攀枝花市米易县四川一美能源科技有限公司	化工	40.00	Ⅲ
19	攀枝花市米易县兴辰钒钛有限公司	化工	50.00	Ⅲ
20	攀枝花市米易县迷阳污水处理厂	污水处理	311.37	Ⅱ
21	攀枝花市米易县攀枝花东方钛业有限公司	化工	87.37	Ⅲ
22	攀枝花市盐边县攀枝花天伦化工有限公司	化工	206.34	Ⅱ
23	攀枝花市盐边县自来水公司污水处理厂外	污水处理	117.34	Ⅱ
24	攀枝花市盐边县红格镇巴拉河污水处理厂	污水处理	50.00	Ⅲ
25	攀枝花市盐边县渔门镇污水处理厂	污水处理	50.00	Ⅲ

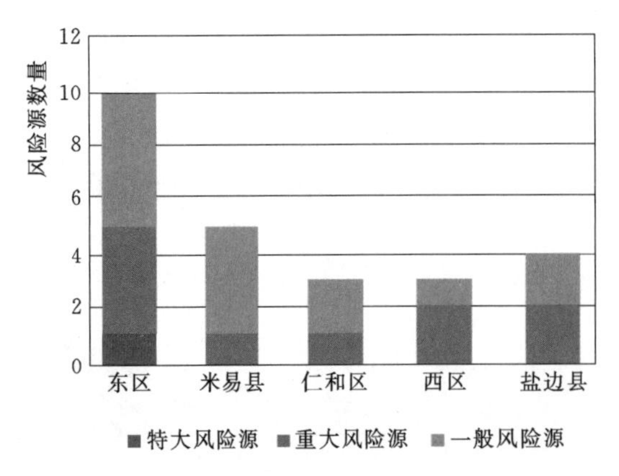

图 2.25 攀枝花江段水污染风险源等级统计

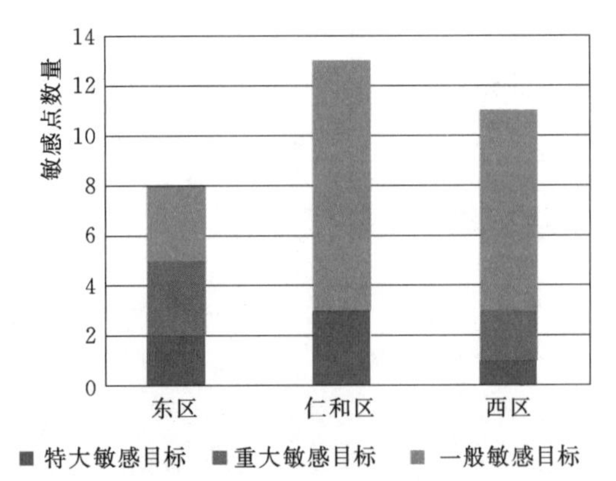

图 2.26 攀枝花江段水污染风险受体等级统计

研究区江段范围内调查到的环境风险受体为 32 个大型非农取水口，其中城乡供水饮用水源地取水口 9 个，一般工业企业取水口 20 个，火电厂取水口 3 个，影响人数累计达

110 万人。其中特大敏感目标 6 个，重大敏感目标 5 个，一般敏感目标 21 个。从地区分布看，仁和区数量最多，共 13 个；其次是西区和东区，分别为 11 个和 8 个。根据研究区，干流江段水质类别整体为Ⅲ类。各县区主要水污染环境受体名录及具体统计情况见图 2.26 和表 2.11。

表 2.11 攀枝花江段主要水污染环境敏感目标名录

序号	取水口名称	取水用途	敏感等级
1	河门口水厂取水口	城乡供水	Ⅱ
2	金江水厂取水口	城乡供水	Ⅰ
3	胜利水库（仁和水厂）取水口	城乡供水	Ⅰ
4	跃进水库取水口	城乡供水	Ⅰ
5	攀钢钒深井泵站取水口	一般工业	Ⅱ
6	金沙江钢钒公司轨梁浮船取水口	一般工业	Ⅱ
7	攀钢钛业公司取水口	一般工业	Ⅲ
8	攀矿大水厂取水口	一般工业	Ⅲ
9	攀矿高梁坪水厂取水口	一般工业	Ⅲ
10	德胜抽水站取水口	一般工业	Ⅲ
11	龙洞焦化抽水站取水口	一般工业	Ⅲ
12	石灰石矿抽水站取水口	一般工业	Ⅲ
13	精煤公司水厂取水口	一般工业	Ⅲ
14	电冶厂抽水站取水口	一般工业	Ⅲ
15	恒鼎焦化有限责任公司取水口 2	一般工业	Ⅲ
16	华阳洗煤厂取水口	一般工业	Ⅲ
17	荣斤工贸公司取水口	一般工业	Ⅲ
18	圣达焦化取水口	一般工业	Ⅲ
19	攀枝花市石墨股份公司取水口	一般工业	Ⅲ
20	金江三堆子取水口	一般工业	Ⅲ
21	川投化工厂取水口	一般工业	Ⅲ
22	前进选矿厂取水口	一般工业	Ⅲ
23	攀枝花市群益工贸有限公司取水口	一般工业	Ⅲ
24	攀枝花市昊泰工贸有限责任公司取水口	一般工业	Ⅲ
25	攀钢电厂抽水站取水口	火（核）电	Ⅲ
26	河门口电厂抽水站取水口	火（核）电	Ⅲ
27	矸石电厂泵站取水口	火（核）电	Ⅲ

续表

序号	取水口名称	取水用途	敏感等级
28	河门口水厂取水口	城乡供水	Ⅱ
29	金江水厂取水口	城乡供水	Ⅰ
30	胜利水库（仁和水厂）取水口	城乡供水	Ⅰ
31	跃进水库取水口	城乡供水	Ⅰ
32	攀钢钒深井泵站取水口	一般工业	Ⅱ

攀枝花江段涉及 5 个区（县），各区（县）主要社会经济指标详见图 2.27。评价结果表明，2 个区（县）为极高可接受水平，分别为盐边县和米易县；西区和仁和区为较高可接受水平；东区为一般可接受水平。研究区域环境风险可接受水平等级见图 2.28。

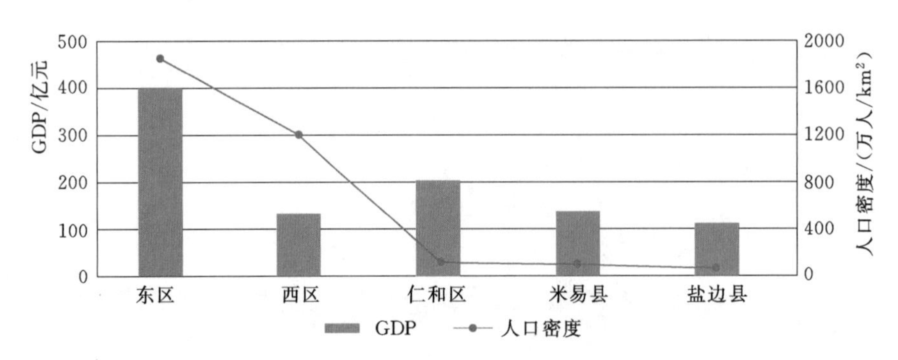

图 2.27 攀枝花江段各区（县）主要社会经济指标

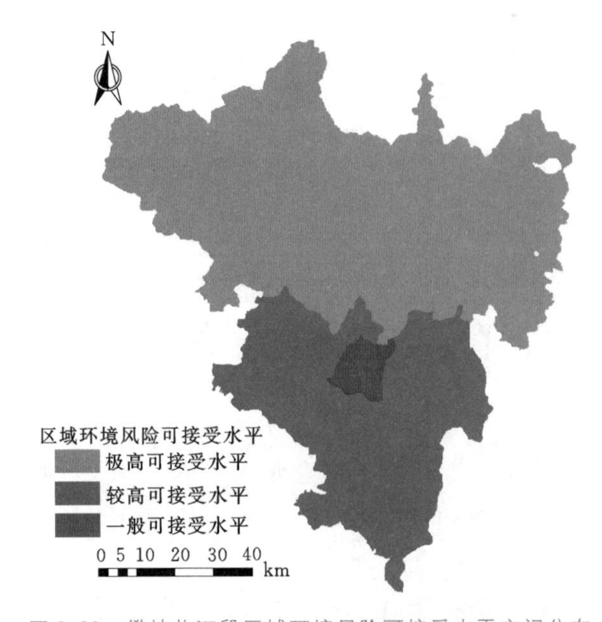

图 2.28 攀枝花江段区域环境风险可接受水平空间分布

2.5.3.2 水环境污染风险区域冷热点格局特征

1. 空间相关性风险结果

综合风险等级评价指标体系指数层的Moran's I值、Z得分和P值计算结果都通过了置信度为90%的显著性检验，见表2.12，结果具有可信度。

表2.12 水污染风险评价指标全局自相关分析

指　标	Moran's I值	Z得分	P值	结果
环境风险源危险性（S_1）	0.042777	3.8528215	0.000121	集聚
环境风险受体敏感（S_2）	0.2222175	3.3919885	0.001248	集聚
环境风险可接受程度（S_3）	0.1889895	2.123644	0.0366985	集聚

2. 冷热点区域分布特征

根据研究江段周边污染源在乡镇行政区范围内分布情况，统计各乡镇污染风险源评估等级得分总和，并进行冷热点分析。可以看出污染风险源热点区域主要集中在攀枝花市东区及周边地区。这些地区城镇化发展迅速，大型企业聚集，人口众多，生产、生活污水排放量大，给水体环境带来了较大的压力，由此形成了热点区域，是水污染事件发生的频发高发区，存在较大的环境安全隐患，潜在风险大。

根据研究江段沿岸环境敏感点在乡镇及街道行政区范围内分布情况，统计各乡镇环境敏感点评价得分总和，并进行冷热点分析。可以看出环境敏感点热点区域主要集中在仁和区南部，重要生活取水口较多，一旦发生严重的水污染事件，直接受到影响，潜在风险大。攀枝花江段各评价指标冷热点区域分布情况如图2.29所示。

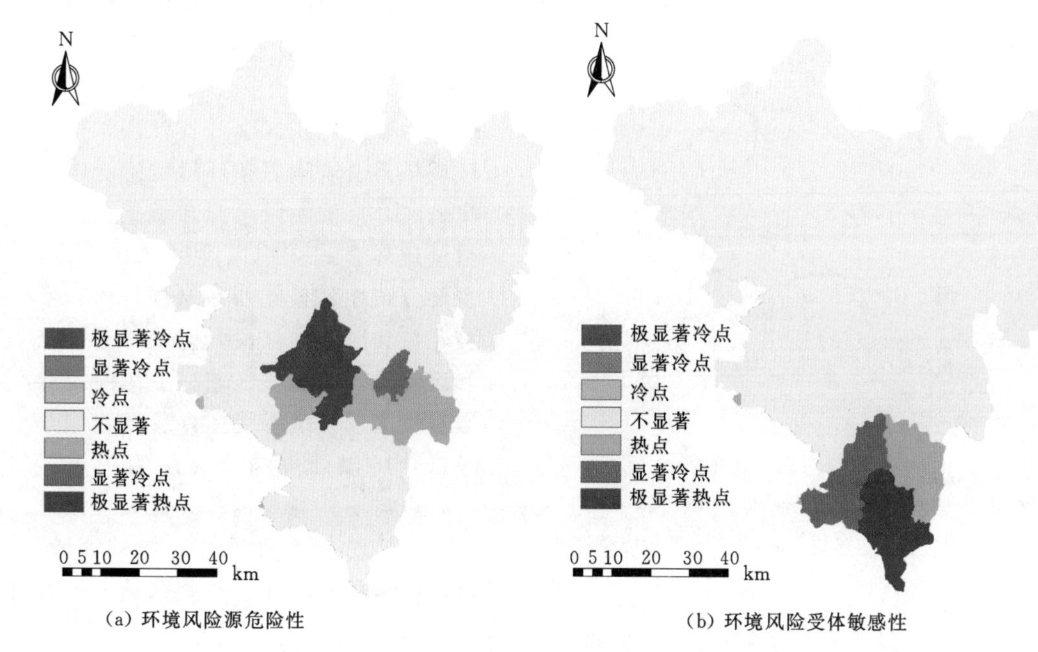

(a) 环境风险源危险性　　(b) 环境风险受体敏感性

图2.29（一） 攀枝花江段各评价指标冷热点区域分布

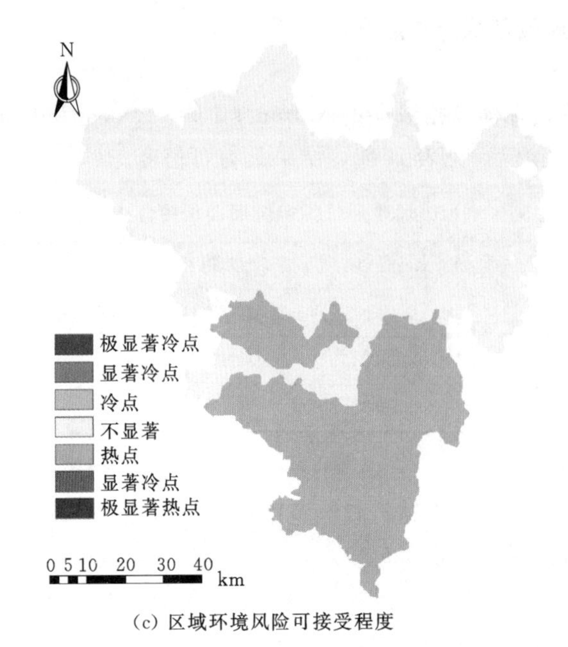

(c) 区域环境风险可接受程度

图 2.29（二） 攀枝花江段各评价指标冷热点区域分布

3. 突发水环境污染风险分区评估结果

根据 PSR 模型建立水环境污染风险识别指标体系权重，统计各区（县）范围污染风险源危险性、主要环境受体敏感性以及区域环境风险可接受程度评价的综合得分，经空间统计分析生成攀枝花江段突发水环境污染风险分布图（图 2.30），可以看出：①高风险区有 1 个，为攀枝花东区金沙江江段，这些区域是污染风险源和环境敏感受体的集密区，且重大风险源和敏感受体的数量比较多；②中风险区总计 4 个，主要分布在攀枝花西区金沙江段、攀枝花仁和区金沙江段，以及雅砻江仁和区江段等，这些区域一般风险源的数量较多，且敏感受体评价等级相对较低，所以计算结果显示为中风险区，也需要注意警惕；③低风险区总计 2 个，分别为雅砻江盐边县江段、雅砻江米易县江段。这些区域内风险源密度较小，大多都是中低等级风险源，区域工业产值较小，县区面积相对较大，所以污染物的绝对排放也相对较小。

图 2.30 攀枝花江段突发水环境污染风险分区

2.6 长江上游水环境潜在污染风险分析与防控对策

2.6.1 长江上游产业发展对水环境的影响分析

2.6.1.1 长江上游沿江化工产业布局对水环境的压力

经过数十年发展，长江上游沿江城市群已经形成了完整的工业体系，产业门类齐全。既有属于技术密集型、环境友好型的装备制造业，以电子信息产业为代表的高新技术产业和军工产业，又有属于资源密集型、劳动密集型的冶金、造纸、基础原料化工等技术高耗能、高污染、高排放的产业。

根据重点行业资源环境效益分析，造纸、纺织、化工和农副产品加工业的工业增加值较大，而其COD和氨氮排放总量占全区工业排放总量一半以上，是区内主要水污染产业。目前，造纸、纺织、化工的万元工业产值排放水平远低于全国平均水平，河流水环境质量的改善，在相当大程度上取决于对这些水污染产业改造升级的力度和速度。过去10年，重点产业工业增加值主要来自于沿长江干流城市发展带，其中，化工产业布局分布在长江干流沿岸，上自宜宾、泸州，下至三峡库区的长寿、涪陵和万州。

近十年来，长江干流水环境质量呈现波动状态，总体上有所下降，主要水污染物负荷已经接近水环境承载力水平，氮、磷负荷远超过三峡库区水环境承载力水平。三峡水库水生态健康和安全不仅对于区域生态环境，而且对于长江中下游水生态健康和水安全具有重要意义。就常规水污染物负荷而言，三峡库区及长江干流尚有一定的承载能力，而且通过对非点源、畜禽养殖水污染负荷的控制等，还可能实现常规水污染负荷的削减。

对于化工产业发展产生的废水常规污染负荷总量，长江干流尚有接纳能力。但是，大规模地、不加优化选择地发展化工产业，尤其是重金属和持久性有机污染物负荷的增加，将使得长江上游水环境形势复杂化。

2.6.1.2 岷沱江流域化工产业导致长期的水环境污染风险

沱江上游化工产业布局的潜在生态风险主要来源于位于沱江流域源区的磷化工和石油化工基地。在沱江上游源头地区布局大型石化基地，存在一系列的生态环境隐患和风险。2010年以来，岷江中游成都段、沱江流域水污染负荷已经接近或超过水环境承载能力，并存在水环境质量达标“瓶颈”和饮水健康风险区。

石油化工、天然气化工、盐化工等在沱江上游和岷江中游地区的聚集发展，地表水环境将呈现耗氧性和持久性有机污染特征，持久性有机污染物对生物的累积性影响也将逐步变得显著，水环境保护形势更为严峻，对长江干流水环境安全存在潜在威胁。来自化工行业的持久性有机污染物排放也将显著增长。

叠加岷沱江流域呈现的耗氧性和持久性有机污染状况，长江干流和三峡库区持久性有机物指标将会上升，沉积物中有毒有害污染物潜在生态危害程度也将发生明显的变化。持久性有机污染将对长江干流和三峡库区水环境安全构成潜在威胁。

2.6.2 三峡库区江段水环境污染风险影响分析

2.6.2.1 三峡库区水生态系统处于急剧演替阶段，生态系统敏感脆弱

三峡水库水生态是受三峡工程影响最直接、最主要的部分。三峡水库在 145～175m 运行，形成落差近 30m、面积约 310km^2 的消落区。消落带湿地生态系统处于重建初期，生态调节功能低下，亟须开展保护和整治。

三峡水库水位在 145～175m 运行时，库区江段长约 600km，水文特征的急剧波动，完全改变了自然河流洪水涨落的特征，缓流、静水环境取代了急流水环境，饵料生物组成发生大的变化，使原来在该江段栖息的一部分种类不适应，从而在水库逐渐消失。原有在该江段栖息的约 40 种鱼类受到不利影响，其中，有 2/5 上游特有鱼类。原有珍稀特有鱼类和土著水生生物的生境丧失或受到严重挤压。

库区珍稀特有鱼类资源量不断下降，多数流水性鱼类种群数量减少，小型缓流和静水性鱼类种群数量上升，水库生态系统处于更替、演变的过程中，生物多样性下降，水生态系统结构不完整，生态功能呈现弱化趋势，水生态系统处于脆弱的阶段，抵御外部环境压力的能力较弱。

2.6.2.2 历史发展形成的产业结构布局与三峡库区水安全需求的矛盾

除在全国占有重要地位的水能、天然气资源外，磷矿、盐岩等基础化工原料资源在三峡库区工业经济发展中占有重要地位。依托优势资源发展的天然气化工、盐化工、磷化工等化工产业主要布局在长江干流沿岸城市、岷江中游和沱江上游地区。作为未来化工产业发展载体的各类化工园区，重点布局在长江上游沿岸（包括三峡库区）、岷江中游和沱江上游地区化工园区。

三峡库区水生态系统仍处于急剧演替阶段，水生态系统抵御外部环境压力和自我调节能力相对脆弱。沿岸高密度地布局化工园区对长江上游干流和三峡库区水环境产生直接的长期累积影响，化工产业水环境污染风险将迅速增加，生态安全形势相当严峻。天然气化工、盐化工、石油化工的发展将使得长江上游水环境安全形势进一步复杂化，水安全问题将更加突出。

2.6.2.3 长江上游和三峡库区布局化工产业面临相似环境敏感问题

在位于长江干流上游的宜宾、泸州等地重点发展以天然气化工、盐化工、煤化工为代表的化工产业，在位于三峡库区的长寿、涪陵、万州以及湖北宜昌等地重点发展以天然气化工、盐化工、石化下游产品为主的化工产业。在长江沿岸的化工产业布局上，呈现重庆上游和重庆下游均成为化工产业重点发展区域的局面。地处三峡库区上游的宜宾市、泸州市具有天然气、岩盐资源优势，发展天然气化工、盐化工产业，总体上符合利用开发优势资源深加工的发展定位，但不具备大力发展煤化工的资源优势。在长江沿岸多点布局、大力发展煤化工，将加重长期累积性水环境污染风险和饮水健康风险，增加环境风险防范的难度。

城市饮用水水源地安全、饮水健康风险、三峡库区水生态安全是长江干流沿岸（宜宾、泸州、长寿、涪陵、万州、宜昌）大规模发展化工产业面临的突出环境敏感问题。从水环境安全等多个方面进行比较，在位于重庆上游的宜宾、泸州大规模发展化工产业和在

位于三峡库区的长寿、涪陵、万州大规模发展化工产业均不具相对优势。

2.6.2.4 水污染控制体系的缺陷将导致区域性水环境安全的长期影响

长江上游沿岸地区较普遍地存在化工园区污水处理工艺与实际工业废水特征不适应问题，所采取的废水处理工艺大多数是照搬城市污水处理工艺，处理效率达不到预期效果，有些甚至不能正常运行。化工园区污水处理厂普遍不能有效地去除化工企业工业废水中的特征污染物，同时又缺乏对特征污染物的监测和控制，缺乏特征污染物超标排放影响园区污水处理效率时的应对措施；对于特征污染物的控制与管理严重地缺位，难以估计特征污染物带来的长期累积影响。普遍缺乏对化工园区地面径流的有效管理，以及缺乏对“三级风险防范”中事故后处置体系的建设等。

当前的化工园区水污染管理体系存在较大隐患，对水环境特别是下游水源地构成长期的安全风险。现状产业布局、水安全的技术与管理问题交织在一起，水安全形势令人担忧。工业园区、化工园区沿江布局，与城市主要水源地呈现交叉分布状态。园区废水处理效率不高，风险防范措施存在重大疏漏，缺乏对化工园区地面雨水径流的有效处置和管理，加上管理水平落后，对水源地安全构成威胁，对水环境安全构成长期累积性的不良影响。

2.6.3 水环境污染风险防控对策

近年来，长江上游沿岸城市坚持以“共抓大保护、不搞大开发”为导向，加大对长江三峡生态环境的保护力度。长期以来，库区及上游沿岸城市化工产业所占比重较大，水污染治理体系也不尽合理。特别是三峡生态环境系统目前仍处于急剧演替阶段，水生态系统抵御外部环境压力和自我调节能力相对脆弱。虽然各级政府根据产业发展和城市化进程明确划出相应的取水口岸线或水源保护岸线，但对取水口岸线及水源保护区上下游水域范围、库周陆源污染物的控制及城镇化发展进程的影响欠缺综合平衡和协调。由于潜在污染风险源对库区生态环境的影响具有持久和累积效应，使得库区水环境安全风险、饮用水源地健康隐患以及珍稀鱼类栖息、繁殖的敏感生境均受到一定威胁。结合长江上游典型城市江段水环境污染风险评估结果，提出相应的突发性水环境污染风险管控对策建议：

（1）按照“优化升级发展、适度发展、有选择地发展”原则，调整发展方向，优化库区沿岸不同类型风险区域的产业布局。高风险区域是突发水污染事件监管的重点区域，应限制高污染高耗能行业发展，推动产业升级和发展转型，加快落后产能退出，有序引导产业结构调整和优化布局，有效降低潜在污染输出负荷。中风险区应选择环境风险相对较低的产业发展，保持适度发展规模，提高技术准入门槛；在布局上应必须避免对水源涵养、饮用水源的影响和长期累积风险。低风险区应以预防为主，保护优先，合理安排工业企业发展，优先选择水环境污染风险较低的产业布局，进一步做好环境风险防范措施。

（2）大力推进水环境污染预警与应急能力建设。实施应急监测是做好突发水环境污染事故处理、处置的前提和关键。只有对突发水事故的类型、污染危害状态提供了准确的数据资料，才能为正确决策事故处理、处置和善后恢复等提供科学依据。基于环境风险全过程管理与优先管理理念，综合分析库区社会经济发展、人口增长与水环境质量变化关系的基础上，结合库区水环境污染风险预警需求，基于库区整体性和系统性理念，建立库区突发水环境事件应急监测技术支持系统（沈园等，2016）。

（3）加快重点工业企业污废水处理技术升级。全面提升污水集中处理能力，进入工业园区污水处理设施或城镇污水处理设施的企业污水，须经预处理达到集中处理要求；推行污水循环利用与资源化、暴雨径流控制与管理、环境风险防范的一体化水污染控制管理体系建设；开展企业生产区域地面径流污染物处置与管理体系建设，全面评估重点企业的风险防范与事故后处置体系有效性；尝试经济手段的改革，综合利用多种污染治理经济手段，提高企业污水达标排放的管理意识，降低对水环境的潜在污染影响（王威等，2013）。

第3章

长江上游突发水污染事件应急模拟与预警

3.1 整体架构

长江上游突发水污染事件应急模拟与预警的研究范围上始攀枝花、下至宜昌，覆盖长江干流河段约1800km，沿途分布的重点城市包括宜宾、泸州和重庆等。区域内控制性水库13座：长江干流水库包括观音岩、乌东德、白鹤滩、溪洛渡、向家坝、三峡、葛洲坝水库，雅砻江二滩水库，岷江紫坪铺水库，大渡河瀑布沟水库，嘉陵江亭子口、草街水库，乌江彭水水库，研究区水系概化及水库分布如图3.1所示。

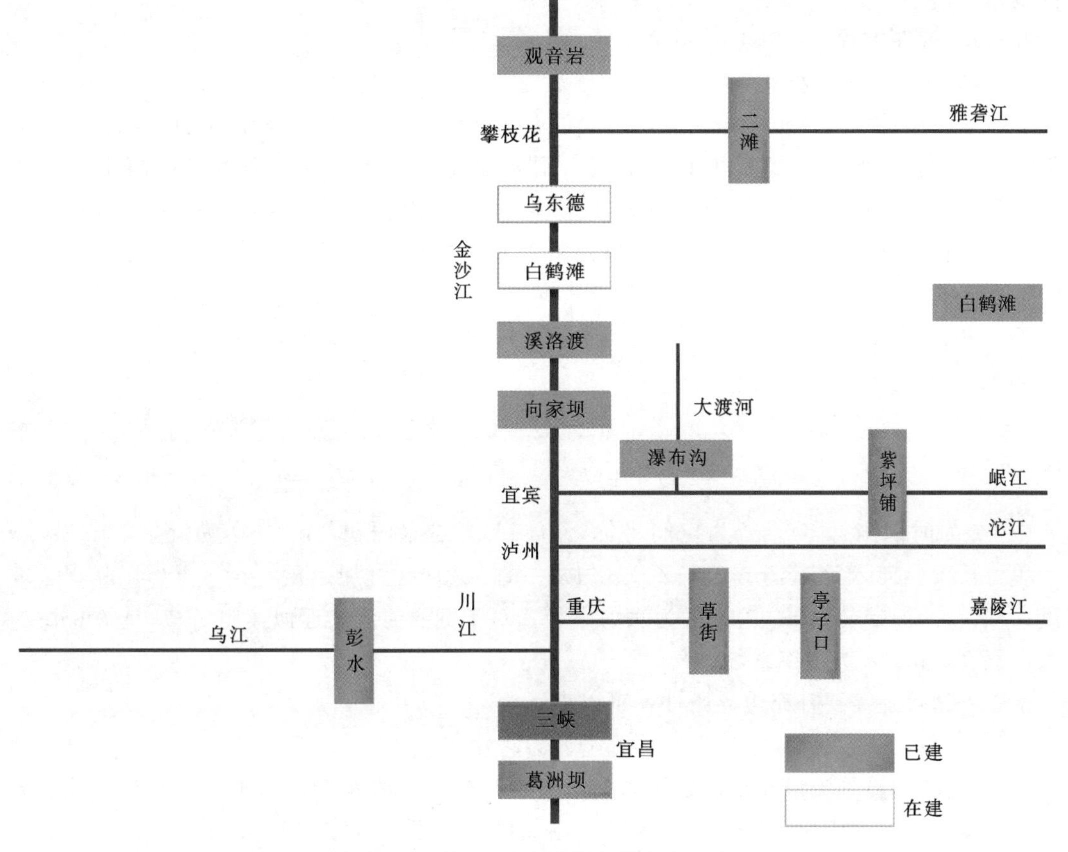

图3.1 长江上游水系概化及水库分布

长江上游突发水污染事件应急模拟与预警以水动力水质数值模型为核心计算引擎，将研究区域划分为 2 个模型模块，各模块既可独立计算也可联合计算，可根据突发水污染事件的情况灵活调用。第 1 个模块为金沙江模块，上始攀枝花下至宜宾；第 2 个模块为川江模块，上始向家坝下至葛洲坝。

3.2 模型与方法

3.2.1 河流水动力模型

一般情况下，天然河道的实际水流运动呈现三维形态，其水位、流量等水利要素都是长、宽、深三个方向的空间变量。因此要准确计算河道水流的水位、流量等水利要素，必须通过求解三维非恒定流方程来实现，这样才能够更好地满足水利及海洋工程的实际需要。然而三维非恒定流方程求解困难、计算效率低且理论不完善，在实际问题的研究中常将河道水流计算简化为一维非恒定问题，以此研究河道横断面的平均水位、流量过程。河道一维非恒定水流本质上是一种以重力为主的洪水波传播过程，研究这种洪水波的主要方法是根据质量守恒定律和动量守恒定律构建河道不同断面之间的水位-流量关系方程。

3.2.1.1 控制方程

1. 非恒定流动基本方程

对水体中的一维非恒定渐变流，一般可做如下假定：①流速在断面上分布均匀，断面横向上水面保持水平；②流线变化平缓，垂向加速度可忽略，因而可采用静水压力假定；③边界处的摩擦及紊流影响可采用与恒定流相似的阻力定律表示；④平均底坡很小，坡度的余弦值近似为 1。在上述假定的基础上，根据流体的质量守恒原理和动量守恒原理，可以推导出河流非恒定流动的基本方程——圣维南方程。综合各方面的影响，在考虑侧向汇入、局部损失、动量修正等因素后，对一维非恒定水流方程进行修正，控制方程可以写为

$$\partial A/\partial t+\partial Q/\partial x-q=0 \tag{3.1}$$

$$\partial Q/\partial t+\partial(Q^2/A)/\partial x+gA\partial Z/\partial x+gAS_f=0 \tag{3.2}$$

式中：t 为时间坐标，s；x 为空间坐标，m；A 为过水面积，m^2；Q 为流量，m^3/s；q 为单位长度侧向入流量，m^2/s；Z 为水位，m；g 为重力加速度，m/s^2；S_f 为摩阻坡度，$S_f=n^2Q|Q|/(A^2R^{4/3})$；R 为水力半径，对于宽浅河流，近似按照 A/B 计算；B 为水面宽度，m；n 为糙率系数。

在外边界还需要补充边界条件，可以表示为

$$f_B(Q_B,A_B)=0 \tag{3.3}$$

式中：f_B 为边界处流量和水位之间的关系函数，下标 B 表示变量位于外边界处，外边界给定流量或水位过程时，可以视为式（3.3）的特例。除控制方程以及外边界条件外，还需补充初始条件使上述偏微分方程组封闭。

2. 汊点和结构物处连接条件

在河网中各河道连接的汊点处需要补充连接条件，如下述方程所示：

$$\sum Q=\sum Q_i-\sum Q_o=0 \tag{3.4}$$

$$Z_i-Z_o=0 \tag{3.5}$$

式中：下标 i 和 o 代表流入或流出汊点的河道断面变量值。

在河网中往往存在各种结构物，在结构物附近的流态十分复杂，其决定条件可分为两类：一类流量由上下游流动情况共同决定；另一类流量只由上游水位决定。这两类条件与上下游流量相等条件共同构成结构物处连接条件。因此，结构物处的连接条件可表示如下：

$$Q_{\mathrm{u}}=Q_{\mathrm{d}}=Q \tag{3.6}$$

$$f(Q,Z_{\mathrm{u}},Z_{\mathrm{d}})=0 \tag{3.7}$$

其中，式（3.7）表示需要给定的结构物处水位-流量关系。

3.2.1.2 数值算法

圣维南方程组是具有两个独立变量 x、t 和两个从属变量 Z、Q 的一阶拟线性双曲型偏微分方程组，该方程组用现有数学理论无法得出其解析解，除某些特殊情况及简化情况下可以写出其准确解（如棱柱形恒定流情况），一般都采用数值法求解。这些解法大致可归纳为以下几种（李家星等，2001；唐磊，2014；汪德爟，2011）。

第一种方法是特征线法。这一方法是根据偏微分方程理论，先将基本方程组（非恒定流微分方程组）变换为特征线的常微分方程组（特征方程），然后对该常微分方程进行离散化，即用差商取代微商改为差分方程，再结合水流的初始条件和边界条件求得方程组的数值解或图解。特征线法具有物理概念明确、数学分析严谨、计算结果精度较高等优点，但同时也存在强间断和中间插值不足等缺点。

第二种方法是有限差分法。此法是将基本方程组（圣维南方程组）直接离散化，用偏差商代替微商，进而联解由此得到的一组代数方程组。根据微分方程在离散化过程中采用的数值格式的不同，可以将有限差分法分为显示差分法和隐式差分法两种。显示差分法是根据前一时刻的已知值逐点分别求解下一时刻未知值，具有计算过程简单、易于编程实现等优点，但同时也存在计算结果波动大、稳定性受时间步长 Δt 限制等缺点。常见的显示格式有蛙跳格式、Lax - Wendroff 格式等。隐式差分法不能直接由前一时刻的值求解下一时刻的值，必须同时对所有节点列出差分方程而求解大型代数方程组，隐式差分法虽然在计算上更为复杂，但同时具有无条件稳定的特性。常见的隐式格式有 Abbott 隐式格式、Preissmann 隐式格式等。有限差分法是目前工程中求解明渠非恒定渐变流动的常用方法。在确定计算格式的基础上，结合水流的初始条件和边界条件，即可求得指定变量域内各节点的函数值。

第三种方法是瞬时流态法，简称瞬态法。此法一般将运动方程中的所有惯性项忽略不计，从而使基本方程组（圣维南方程组）简化为一个一阶非线性抛物形方程组，然后对简化的方程进行离散化，即用偏差商取代微商改为差分方程，再结合水流的初始条件和边界条件，近似计算指定瞬时全流程各断面的水流情况。瞬时流态法应用较早，是一个比较成熟、有效的计算方法，但因其过于简化，其计算精度往往不能满足实际需要，现已被上述两种方法所替代。

第四种方法是微幅波理论法。此法的基本论点是假定由于波动引起的各种水力要素的变化都是微小量，它们的乘积或者平方都可忽略不计。这样将拟线性偏微分方程化为一阶线性常微分方程，然后求得其解析解。微幅波理论法适用于波高很小、波长很大的情况，如水电站日调节时引水渠中的波动、弱潮河口的潮波运动等。

第五种方法是有限元法。此法是将计算区域剖分成若干个小区域，然后选择某些满足小区域上定解条件的基函数，在小区域上应用伽辽金法，最后将小区域的结果整合至整个计算区域，得出整个计算区域的计算结果。有限元法具有适应性强、计算精度较高等优点，但同时也存在计算格式复杂、计算量较大、大型系数矩阵求解困难等缺点。特别地，有限元法在误差估计、收敛性和稳定性等方面的理论研究与有限差分法相比还显得不够成熟和完善。

除以上介绍的几种方法外，还有其他一些方法。例如，将运动方程简化为出流量与河段槽蓄量单一函数关系的经验槽蓄曲线方法；把入流看作输入，出流看作输出，把河段看作线性变换系统的单位线法；将求解域划分为多种不重复的控制体积，在每一个控制梯级内对偏微分方程进行积分，然后将积分结果进行离散的有限体积法等。

综合对比各种方法，本模型选用 Preissmann 提出的稳定性比较好的四点加权隐格式进行求解。

1. Preissmann 格式

Preissmann 四点加权隐式格式是 Preissmann 于 1961 年提出的，是目前应用最广、最经典的隐式差分格式，具有结构简单、计算无条件稳定、无时间步长 Δt 限制、计算精度较高等优点。它的求解思想是把水位与流量放在同一个网格节点上求解，将圣维南方程组进行离散，得到一个以增量表达的非线性方程组，将该节点处的函数用泰勒公式进行一阶多项式展开，其中二阶及其以上的项忽略不计，通过相应的计算和变形建立该节点处函数值与其周围四点函数值的关系表达式，然后在空间方向上采用加权平均，在时间方向上采用算数平均，其他系数项也采用四点上的平均值或者加权平均值（唐磊，2014）。

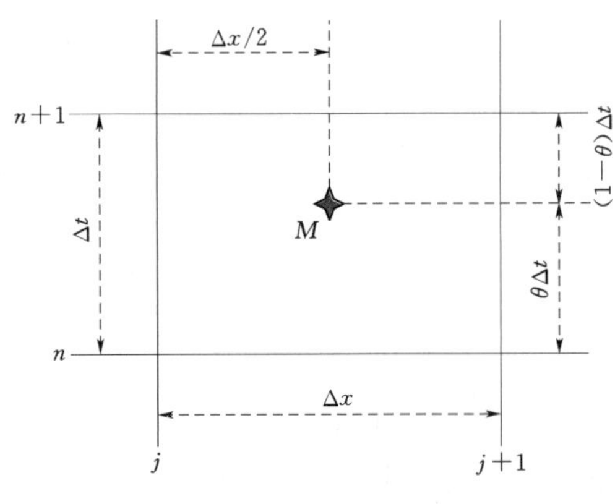

图 3.2　普里斯曼差分格式离散示意图

Preissmann 四点加权隐式格式（图 3.2）中任意因变量 f 及其导数的差分形式可表示为式（3.8）、式（3.9）和式（3.10）。

$$f|_M=\frac{\theta}{2}(f_{j+1}^{n+1}+f_j^{n+1})+\frac{1-\theta}{2}(f_{j+1}^n+f_j^n) \tag{3.8}$$

$$\left.\frac{\partial f}{\partial x}\right|_M=\theta\frac{f_{j+1}^{n+1}-f_j^{n+1}}{\Delta x}+(1-\theta)\frac{f_{j=1}^n-f_j^n}{\Delta x} \tag{3.9}$$

$$\left.\frac{\partial f}{\partial t}\right|_M=\frac{f_{j+1}^{n+1}-f_{j+1}^n+f_j^{n+1}-f_j^n}{2\Delta t} \tag{3.10}$$

式中：n 为时间层；j 为空间层；Δt 为时间步长；Δx 为空间步长；θ 为加权因子，$0.5\leqslant\theta\leqslant1$。

同时，采用 $f_j^{n+1}=f_j^n+\Delta f_j^n$ 表示同一节点上相邻时间步长的因变量函数值，将其代入式（3.8）、式（3.9）和式（3.10）中可得到新的差分形式，即式（3.11）、式（3.12）和式（3.13）。

$$f|_M=\frac{\theta}{2}(\Delta f_{j+1}^n+\Delta f_j^n)+\frac{1}{2}(f_{j+1}^n+f_j^n) \tag{3.11}$$

$$\left.\frac{\partial f}{\partial x}\right|_M=\theta\frac{\Delta f_{j+1}^n-\Delta f_j^n}{\Delta x}+\frac{f_{j+1}^n-f_j^n}{\Delta x} \tag{3.12}$$

$$\left.\frac{\partial f}{\partial t}\right|_M=\frac{\Delta f_{j+1}^n+\Delta f_j^n}{2\Delta t} \tag{3.13}$$

Preissmann 隐式格式的稳定条件与精度取决于加权因子 θ 的取值，当 $0.5\leqslant\theta\leqslant1$ 时，Preissmann 隐式格式无条件稳定，一般取 $0.6\leqslant\theta\leqslant0.75$；当 $\theta<0.5$ 时，Preissmann 隐式格式有条件稳定，对于任意的 θ 取值，精度为一阶；当 $\theta=0.5$ 时，精度为二阶，但会出现局部震荡；当 $\theta>0.5$ 时会产生人工阻尼，从而消除震荡。Preissmann 差分格式在理论上对时间步长没有限制，实际上为了保证计算精度还是有一定限制的。

2. 控制方程离散

根据式 Preissmann 隐式格式的定义，连续方程式（3.1）可以离散为

$$\frac{1}{2\Delta t_j}(A_i^{j+1}+A_{i+1}^{j+1}-A_i^j-A_{i+1}^j)+\theta\left[\frac{1}{\Delta x_i}(Q_{i+1}^{j+1}-Q_i^{j+1})\right]-\theta\frac{(q_{i+1}^{j+1}+q_i^{j+1})}{2}$$
$$+(1-\theta)\left[\frac{1}{\Delta x_i}(Q_{i+1}^j-Q_i^j)\right]-(1-\theta)\frac{(q_{i+1}^{j+1}+q_i^{j+1})}{2}=F_i(Q_{i+1},Q_i,A_{i+1},A_i)=0 \tag{3.14}$$

采用 Preissmann 格式对动量方程式（3.2）进行离散，得到

$$\frac{1}{2\Delta t_j}(Q_i^{j+1}+Q_{i+1}^{j+1}-Q_i^j-Q_{i+1}^j)$$
$$+\theta\left\{\frac{1}{\Delta x_i}\left[\left(\frac{Q^2}{A}\right)_{i+1}^{j+1}-\left(\frac{Q^2}{A}\right)_i^{j+1}\right]\right\}+\theta g\frac{(A_{i+1}^{j+1}+A_i^{j+1})}{2}\left[\frac{1}{\Delta x_i}(h_{i+1}^{j+1}-h_i^{j+1})\right]$$
$$+\frac{g\theta}{2}\left[\left(\frac{n^2|Q|Q}{AR^{4/3}}\right)_{i+1}^{j+1}\left(\frac{n^2|Q|Q}{AR^{4/3}}\right)_i^{j+1}\right]-\theta g\left(\frac{A_{i+1}^{j+1}+A_i^{j+1}}{2}\right)\left(\frac{S_{oi+1}+S_{oi}}{2}\right)$$
$$+\theta\left(\frac{A_{i+1}^{j+1}+A_i^{j+1}}{8}\right)\left\{\frac{K_E}{\Delta x_i}\left[\left(\frac{Q^2}{A^2}\right)_{i+1}^{j+1}+\left(\frac{Q^2}{A^2}\right)_i^{j+1}\right]\right\}$$
$$-\theta\left(\frac{q_{i+1}^{j+1}+q_i^{j+1}}{2}\right)\left(\frac{U_{qi+1}^{j+1}+U_{qi}^{j+1}}{2}\right)$$

$$+(1-\theta)\left\{\frac{1}{\Delta x_i}\left[\left(\frac{Q^2}{A}\right)_{i+1}^j-\left(\frac{Q^2}{A}\right)_i^j\right]\right\}+g(1-\theta)\frac{(A_{i+1}^j+A_i^j)}{2}\left[\frac{1}{\Delta x_i}(h_{i+1}^j-h_i^j)\right]$$

$$+\frac{g(1-\theta)}{2}\left[\left(\frac{n^2|Q|Q}{AR^{4/3}}\right)_{i+1}^j\left(\frac{n^2|Q|Q}{AR^{4/3}}\right)_i^j\right]-g(1-\theta)\left(\frac{A_{i+1}^j+A_i^j}{2}\right)\left(\frac{S_{oi+1}+S_{oi}}{2}\right)$$

$$+(1-\theta)\left(\frac{A_{i+1}^j+A_i^j}{8}\right)\left\{\frac{K_E}{\Delta x_i}\left[\left(\frac{Q^2}{A^2}\right)_{i+1}^j+\left(\frac{Q^2}{A^2}\right)_i^j\right]\right\}$$

$$-(1-\theta)\left(\frac{q_{i+1}^j+q_i^j}{2}\right)\left(\frac{U_{qi+1}^j+U_{qi}^j}{2}\right)=G_i(Q_{i+1},Q_i,A_{i+1},A_i)=0 \tag{3.15}$$

除基本控制方程以外，边界条件也需要进行离散。上游边界给定的水位或过流面积条件，离散为

$$F_0=A_i^{j+1}-A_{\mathrm{u}}(t)=0 \tag{3.16}$$

下游边界可以离散为

$$F_N=A_N^{j+1}-A_{\mathrm{d}}(t)=0 \tag{3.17}$$

如果边界条件给定流速或流量，可以表达为

$$F_0=Q_i^{j+1}-Q_{\mathrm{u}}(t)=0 \tag{3.18}$$

$$F_N=Q_N^{j+1}-Q_{\mathrm{d}}(t)=0 \tag{3.19}$$

3. 方程组集成与求解

将离散方程式（3.14）和式（3.15）应用于干流以及各支流的各个结点，则形成（$2N-2$）个方程、$2N$ 个未知数的方程组，再与两个边界条件联立，可以使方程组闭合。将两个边界条件写成 $G_0(Q_1,A_1)$ 和 $G_N(Q_N,A_N)$ 的形式，$2N$ 个非线性方程组可以写为

$$\begin{cases}G_0(Q_1,A_1)=0\\F_1(Q_2,A_2,Q_1,A_1)=0\\G_1(Q_2,A_2,Q_1,A_1)=0\\\cdots\\\cdots\\F_i(Q_{i+1},A_{i+1},Q_i,A_i)=0\\G_i(Q_{i+1},A_{i+1},Q_i,A_i)=0\\\cdots\\\cdots\\F_{N-1}(Q_N,A_N,Q_{N-1},A_{N-1})=0\\G_{N-1}(Q_N,A_N,Q_{N-1},A_{N-1})=0\\G_N(Q_N,A_N)=0\end{cases} \tag{3.20}$$

上述非线性方程组可以采用两种方式求解。比较简单的办法是利用第 j 时间步的数值对方程的非线性项进行线性化，再求解线性方程组，但这种方法对于梯度变化较大的工况模拟并不理想。本模型采用精度较高的牛顿法对非线性方程组进行求解。牛顿法是在 Taylor 展开的基础上，利用迭代的方法使每步的残差逐步减小，最后得到非线性方程组解的方法。将该方法应用到控制方程的求解，得到

$$\begin{cases}\dfrac{\partial G_0}{\partial Q_1}\mathrm{d}Q_1+\dfrac{\partial G_0}{\partial A_1}\mathrm{d}A_1=R_{2,0}^k\\ \dfrac{\partial F_1}{\partial Q_2}\mathrm{d}Q_2+\dfrac{\partial F_1}{\partial A_2}\mathrm{d}A_2+\dfrac{\partial F_1}{\partial Q_1}\mathrm{d}Q_1+\dfrac{\partial F_1}{\partial A_1}\mathrm{d}A_1=R_{1,1}^k\\ \dfrac{\partial G_1}{\partial Q_2}\mathrm{d}Q_2+\dfrac{\partial G_1}{\partial A_2}\mathrm{d}A_2+\dfrac{\partial G_1}{\partial Q_1}\mathrm{d}Q_1+\dfrac{\partial G_1}{\partial A_1}\mathrm{d}A_1=R_{2,1}^k\\ \cdots\\ \cdots\\ \dfrac{\partial F_i}{\partial Q_{i+1}}\mathrm{d}Q_{i+1}+\dfrac{\partial F_i}{\partial A_{i+1}}\mathrm{d}A_{i+1}+\dfrac{\partial F_i}{\partial Q_i}\mathrm{d}Q_i+\dfrac{\partial F_i}{\partial A_i}\mathrm{d}A_i=R_{1,i}^k\\ \dfrac{\partial G_i}{\partial Q_{i+1}}\mathrm{d}Q_{i+1}+\dfrac{\partial G_i}{\partial A_{i+1}}\mathrm{d}A_{i+1}+\dfrac{\partial G_i}{\partial Q_i}\mathrm{d}Q_i+\dfrac{\partial G_i}{\partial A_i}\mathrm{d}A_i=R_{2,i}^k\\ \cdots\\ \cdots\\ \dfrac{\partial F_{N-1}}{\partial Q_N}\mathrm{d}Q_{i+1}+\dfrac{\partial F_{N-1}}{\partial A_N}\mathrm{d}A_N+\dfrac{\partial F_{N-1}}{\partial Q_{N-1}}\mathrm{d}Q_{N-1}+\dfrac{\partial F_{N-1}}{\partial A_{N-1}}\mathrm{d}A_{N-1}=R_{1,N-1}^k\\ \dfrac{\partial G_{N-1}}{\partial Q_N}\mathrm{d}Q_{i+1}+\dfrac{\partial G_{N-1}}{\partial A_N}\mathrm{d}A_N+\dfrac{\partial G_{N-1}}{\partial Q_{N-1}}\mathrm{d}Q_{N-1}+\dfrac{\partial G_{N-1}}{\partial A_{N-1}}\mathrm{d}A_{N-1}=R_{2,N-1}^k\\ \dfrac{\partial G_N}{\partial Q_N}\mathrm{d}Q_{i+1}+\dfrac{\partial G_N}{\partial A_N}\mathrm{d}A_N=R_{2,N}^k\end{cases}\tag{3.21}$$

式（3.21）中的各项可以根据下列公式进行计算：

$$\begin{cases}R_{2,0}^k=G_0(Q_1^k,A_1^k)\\ R_{1,1}^k=F_1(Q_2^k,A_2^k,Q_1^k,A_1^k)\\ R_{2,1}^k=G_1(Q_2^k,A_2^k,Q_1^k,A_1^k)\\ \cdots\\ \cdots\\ R_{1,i}^k=F_i(Q_{i+1}^k,A_{i+1}^k,Q_i^k,A_i^k)\\ R_{2,i}^k=G_i(Q_{i+1}^k,A_{i+1}^k,Q_i^k,A_i^k)\\ \cdots\\ \cdots\\ R_{1,N-1}^k=F_{N-1}(Q_N^k,A_N^k,Q_{N-1}^k,A_{N-1}^k)\\ R_{2,N-1}^k=G_{N-1}(Q_N^k,A_N^k,Q_{N-1}^k,A_{N-1}^k)\\ R_{2,N}^k=G_N(Q_N^k,A_N^k)\end{cases}\tag{3.22}$$

$$\begin{cases} dQ_1 = Q_1^{k+1} - Q_1^k \\ dA_1 = A_1^{k+1} - A_1^k \\ \cdots \\ \cdots \\ dQ_i = Q_i^{k+1} - Q_i^k \\ dA_i = A_i^{k+1} - A_i^k \\ \cdots \\ \cdots \\ dQ_N = Q_N^{k+1} - Q_N^k \\ dA_N = A_N^{k+1} - A_N^k \end{cases} \tag{3.23}$$

$$\frac{\partial F_i}{\partial A_i^{j+1}} = \frac{1}{2\Delta t_j} \tag{3.24}$$

$$\frac{\partial F_i}{\partial Q_i^{j+1}} = \frac{\theta}{\Delta x_i} \tag{3.25}$$

$$\frac{\partial F_i}{\partial A_{i+1}^{j+1}} = \frac{1}{2\Delta t_j} \tag{3.26}$$

$$\frac{\partial F_i}{\partial Q_{i+1}^{j+1}} = \frac{\theta}{\Delta x_i} \tag{3.27}$$

$$\frac{\partial G_i}{\partial Q_i^{j+1}} = \frac{1}{2\Delta t_j} + \theta\left[\frac{-2}{\Delta x_i}\frac{Q_i^{j+1}}{A_i^{j+1}} + \frac{g}{2}\frac{n_i^2 \left|Q_i^{j+1}\right|}{A_i^{j+1}\left(R_i^{j+1}\right)^{4/3}} + 2\left(\frac{A_{i+1}^{j+1} + A_i^{j+1}}{8\Delta x_i}\right)K_E \frac{Q_i^{j+1}}{\left(A_i^{j+1}\right)^2}\right] \tag{3.28}$$

$$\frac{\partial G_i}{\partial Q_{i+1}^{j+1}} = \frac{1}{2\Delta t_j} + \theta\left[\frac{-2}{\Delta x_i}\frac{Q_{i+1}^{j+1}}{A_{i+1}^{j+1}} + \frac{g}{2}\frac{n_{i+1}^2 \left|Q_{i+1}^{j+1}\right|}{A_{i+1}^{j+1}\left(R_{i+1}^{j+1}\right)^{4/3}} + 2\left(\frac{A_{i+1}^{j+1} + A_i^{j+1}}{8\Delta x_i}\right)K_E \frac{Q_{i+1}^{j+1}}{\left(A_{i+1}^{j+1}\right)^2}\right] \tag{3.29}$$

$$\begin{aligned} \frac{\partial G_i}{\partial A_i^{j+1}} = \theta\Bigg\{ & \frac{1}{\Delta x_i}\left(\frac{Q^2}{A^2}\right)_i^{j+1} + \frac{g}{2\Delta x_i}\left[\left(h_{i+1}^{j+1} - h_i^{j+1}\right) - \frac{\left(A_{i+1}^{j+1} + A_i^{j+1}\right)}{B_i^{j+1}}\right] \\ & \frac{g n_i^2}{6}\frac{\left|Q_i^{j+1}\right| Q_i^{j+1}}{A_i^{j+1}\left(R_i^{j+1}\right)^{4/3}}\left[\frac{-7}{A_i^{j+1}} + \frac{4\left.\frac{dB}{dh}\right|_i^{j+1}}{\left(B_i^{j+1}\right)^2} + \frac{6\left.\frac{\partial n}{\partial h}\right|_i^{j+1}}{n_i B_i^{j+1}}\right] \\ & - \frac{g}{2}\left(\frac{S_{oi+1} + S_{oi}}{2}\right) + \frac{K_E}{8\Delta x_i}\left[\left(\frac{Q^2}{A^2}\right)_{i+1}^{j+1} - \left(\frac{Q^2}{A^2}\right)_i^{j+1}\left(1 + \frac{2A_{i+1}^{j+1}}{A_i^{j+1}}\right)\right] \end{aligned} \tag{3.30}$$

$$\begin{aligned} \frac{\partial G_i}{\partial A_{i+1}^{j+1}} = \theta\Bigg\{ & \frac{-1}{\Delta x_i}\left(\frac{Q^2}{A^2}\right)_{i+1}^{j+1} + \frac{g}{2\Delta x_i}\left[\left(h_{i+1}^{j+1} - h_i^{j+1}\right) + \frac{\left(A_{i+1}^{j+1} + A_i^{j+1}\right)}{B_{i+1}^{j+1}}\right] \\ & \frac{g n_{i+1}^2}{6}\frac{\left|Q_{i+1}^{j+1}\right| Q_{i+1}^{j+1}}{A_{i+1}^{j+1}\left(R_{i+1}^{j+1}\right)^{4/3}}\left[\frac{-7}{A_{i+1}^{j+1}} + \frac{4\left.\frac{dB}{dh}\right|_{i+1}^{j+1}}{\left(B_{i+1}^{j+1}\right)^2} + \frac{6\left.\frac{\partial n}{\partial h}\right|_{i+1}}{n_i B_i^{j+1}}\right] \\ & - \frac{g}{2}\left(\frac{S_{oi+1} + S_{oi}}{2}\right) + \frac{K_E}{8\Delta x_i}\left[\left(\frac{Q^2}{A^2}\right)_i^{j+1} - \left(\frac{Q^2}{A^2}\right)_{i+1}^{j+1}\left(1 + \frac{2A_i^{j+1}}{A_{i+1}^{j+1}}\right)\right] \end{aligned} \tag{3.31}$$

利用牛顿法求解一维非恒定流动的连续方程和动量方程的数值解的过程如下。

第一步：根据初始条件或上一时间步的迭代结果，确定当前时间步上各个结点的 Q_i^j 和 A_i^j。

第二步：将第一步中的 Q_i^j 和 A_i^j 值作为牛顿迭代的初始值，既 $k=1$ 时的 $Q_i^{j,1}$ 和 $A_i^{j,1}$，并将它们代入函数 F 和 G，计算 $k=1$ 时的余量 R_{ji}^1，同时，利用式（3.24）～式（3.31）估算各项的偏导数。当 $k>1$ 时，利用上一步迭代的结果计算余量和各项偏导数。

第三步：将所求余量和各偏导数代入式（3.21），集成线性方程组$[M]^k\{D\}^k=\{R\}^k$。求解线性方程组，得到 $\{D\}^k$。线性方程组具体形式见式（3.32）。

$$
\begin{bmatrix}
\frac{\partial G_0}{\partial A_1} & \frac{\partial G_0}{\partial Q_1} & & & & & & \\
\frac{\partial F_1}{\partial A_1} & \frac{\partial F_1}{\partial Q_1} & \frac{\partial F_1}{\partial A_2} & \frac{\partial F_1}{\partial Q_2} & & & & \\
\frac{\partial G_1}{\partial A_1} & \frac{\partial G_1}{\partial Q_1} & \frac{\partial G_1}{\partial A_2} & \frac{\partial G_1}{\partial Q_2} & & & & \\
 & & \cdots & \cdots & \cdots & \cdots & & \\
 & & \cdots & \cdots & \cdots & \cdots & & \\
 & & \frac{\partial F_i}{\partial A_i} & \frac{\partial F_i}{\partial Q_i} & \frac{\partial F_i}{\partial A_{i+1}} & \frac{\partial F_i}{\partial A_{i+1}} & & \\
 & & \frac{\partial G_i}{\partial A_i} & \frac{\partial G_i}{\partial Q_i} & \frac{\partial G_i}{\partial A_{i+1}} & \frac{\partial G_i}{\partial A_{i+1}} & & \\
 & & \cdots & \cdots & \cdots & \cdots & & \\
 & & \cdots & \cdots & \cdots & \cdots & & \\
 & & & & \frac{\partial F_{N-1}}{\partial A_{N-1}} & \frac{\partial F_{N-1}}{\partial Q_{N-1}} & \frac{\partial F_{N-1}}{\partial A_N} & \frac{\partial F_{N-1}}{\partial Q_N} \\
 & & & & \frac{\partial G_{N-1}}{\partial A_{N-1}} & \frac{\partial G_{N-1}}{\partial Q_{N-1}} & \frac{\partial G_{N-1}}{\partial A_N} & \frac{\partial G_{N-1}}{\partial Q_N} \\
 & & & & & & \frac{\partial G_N}{\partial A_N} & \frac{\partial G_N}{\partial Q_N}
\end{bmatrix}
\begin{bmatrix}
\mathrm{d}A_1^k \\ \mathrm{d}Q_1^k \\ \mathrm{d}A_2^k \\ \mathrm{d}Q_2^k \\ \vdots \\ \vdots \\ \vdots \\ \mathrm{d}A_i^k \\ \mathrm{d}Q_i^k \\ \mathrm{d}A_{i+1}^k \\ \mathrm{d}Q_{i+1}^k \\ \vdots \\ \vdots \\ \vdots \\ \mathrm{d}A_{N-1}^k \\ \mathrm{d}Q_{N-1}^k \\ \mathrm{d}A_N^k \\ \mathrm{d}Q_N^k
\end{bmatrix}
=
\begin{bmatrix}
R_{2,0}^k \\ R_{1,1}^k \\ R_{2,1}^k \\ \vdots \\ \vdots \\ R_{i,1}^k \\ R_{i,2}^k \\ \vdots \\ \vdots \\ R_{N-1,1}^k \\ R_{N-1,2}^k \\ R_{N,2}^k
\end{bmatrix}
\tag{3.32}
$$

第四步：线性方程组求解后，将所求的差值向量 $\{D\}^k$ 的值添加到 Q 和 A 的原有的估值上，得到 Q 和 A 的新的估值：

$$Q_i^{j+1,k+1}=Q_i^{j+1,k}+\mathrm{d}Q_i^k \tag{3.33}$$

$$A_i^{j+1,k+1}=A_i^{j+1,k}+\mathrm{d}A_i^k \tag{3.34}$$

第五步：检验残差值向量 $\{D\}^k$，如果其各元素绝对值的最大值小于指定的容许误差，则迭代终止，从而得到 $j+1$ 时间步长上的 A 和 Q 的值。如果大于容许误差，则采用新得到 $Q_i^{j+1,k+1}$ 和 $A_i^{j+1,k+1}$ 值，继续从第二步到第五步的迭代。

4. 汊点连接条件处理

模型采用汊点水位预测校正法（Junction - Point Water Stage Prediction and Correction，JPWSPC）处理汊点处的回水效应（朱德军等，2011）。首先采用 Newton - Raphson 法求解汊点连接方程式（3.4）和式（3.5）得

$$\sum \Delta Q_i - \sum \Delta Q_o + f = 0 \tag{3.35}$$

$$\Delta A_i / B_i - \Delta A_o / B_o + g = 0 \tag{3.36}$$

根据非恒定渐变缓流的特点，流入和流出汊点断面的流量受汊点水位的影响，若规定流入为正，流出为负，当汊点水位高于实际水位时，汊点处净流量为负，反之汊点处净流量为正。根据这一特点，在一次时间步进过程中，首先采用一个预测步，预测各汊点水位，再用若干校正步，使汊点处的条件满足式（3.4）和式（3.5）的要求，这就是 JP-WSPC 法。

如图 3.3 所示，A 点代表一汊点，其坐标为 x_0，UA 和 AD 分别代表汇于汊点 A 的两分支河道，水流方向如图中箭头所示，λ^+ 和 λ^- 分别为流经点（x_0，$t_0+\Delta t$）的正负特征线，根据圣维南方程组的性质，在分支河道 UA 和 AD 中，水深和流量分别近似满足式（3.37）和式（3.38）所示关系。

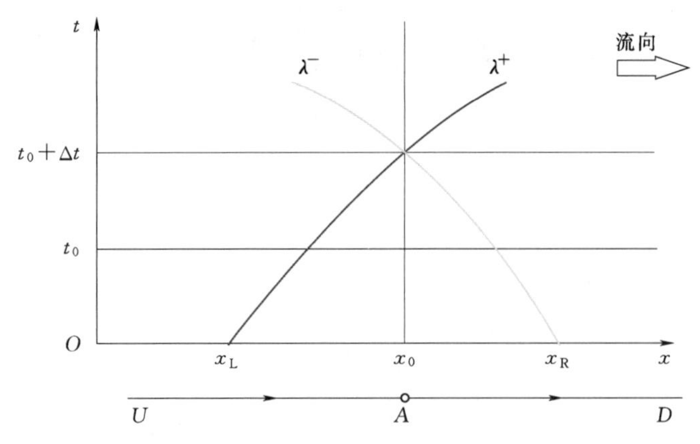

图 3.3 汊点处特征线

$$\mathrm{d}h_i = \frac{\mathrm{d}Q_i}{\sqrt{gA_iB_i} - Q_iB_i/A_i} \tag{3.37}$$

$$\mathrm{d}h_o = \frac{\mathrm{d}Q_o}{\sqrt{gA_oB_o} + Q_oB_o/A_o} \tag{3.38}$$

根据这两个关系，代入式（3.35），可以构造汊点水位的迭代关系，如式（3.39）所示。

$$\sum Q + \{\sum[Q_iB_i/A_i - \sqrt{gA_iB_i}]\Delta h_i - \sum[Q_oB_o/A_o + \sqrt{gA_oB_o}]\Delta h_o\} = 0 \tag{3.39}$$

又因为 $\Delta h = \Delta A/B$，$\Delta h_i = \Delta h_o$，式（3.39）进一步变形为

$$\frac{\Delta A}{B}=\frac{\sum Q}{\sum(\sqrt{gA_iB_i}-Q_iB_i/A_i)+\sum(\sqrt{gA_oB_o}+Q_oB_o/A_o)} \tag{3.40}$$

为了简单起见，引入变量 AC，如式（3.41）所示。

$$AC=\alpha\{\sum[\sqrt{gA_iB_i}-Q_iB_i/A_i]+\sum[\sqrt{gA_oB_o}+Q_oB_o/A_o]\}\Delta t \tag{3.41}$$

其中，α 为可调整的常数，反映式（3.37）和式（3.38）推导过程中所作假设的影响，根据经验，α 可以取为 1.0～2.0 甚至更大，较大的 α 值有利于计算稳定，较小的 α 值有利于提高收敛速度。式（3.40）进一步变形为

$$\frac{\Delta A}{B}=\frac{\Delta t\sum Q}{AC} \tag{3.42}$$

将式（3.42）代入汊点处的内边界条件，河网整体系数矩阵如图 3.4 所示。这样，通过 JPWSPC 法，可实现汊点处的解耦，各河段的变量形式上不再互相联系。在每一 Newton - Raphson 迭代步，河网的离散矩阵都由彼此独立的五对角矩阵组成，各五对角矩阵可以独立求解。显然，应用 JPWSPC 方法，求解过程非常简洁，易于程序实现，而且不需要求解不规则的稀疏整体连接矩阵。

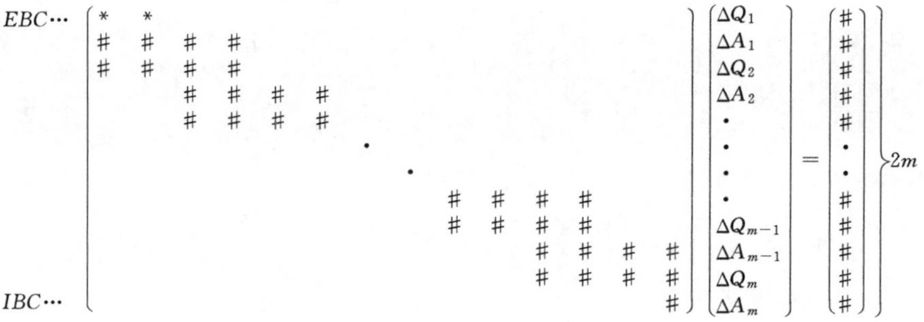

$$\begin{array}{l} EBC\cdots \\ \\ \\ \\ \\ \\ \\ \\ \\ \\ \\ IBC\cdots \end{array}\begin{pmatrix} * & * & & & & & & & & \\ \# & \# & \# & \# & & & & & & \\ \# & \# & \# & \# & & & & & & \\ & & \# & \# & \# & \# & & & & \\ & & \# & \# & \# & \# & & & & \\ & & & & \cdot & & & & & \\ & & & & & \cdot & & & & \\ & & & & & & \# & \# & \# & \# \\ & & & & & & \# & \# & \# & \# \\ & & & & & & & & \# & \# & \# & \# \\ & & & & & & & & \# & \# & \# & \# \\ & & & & & & & & & & & \# \end{pmatrix}\begin{pmatrix} \Delta Q_1 \\ \Delta A_1 \\ \Delta Q_2 \\ \Delta A_2 \\ \cdot \\ \cdot \\ \cdot \\ \cdot \\ \Delta Q_{m-1} \\ \Delta A_{m-1} \\ \Delta Q_m \\ \Delta A_m \end{pmatrix}=\left.\begin{pmatrix} \# \\ \# \\ \# \\ \# \\ \# \\ \cdot \\ \cdot \\ \# \\ \# \\ \# \\ \# \\ \# \end{pmatrix}\right\}2m$$

图 3.4　JPWSPC 法系数矩阵示意图

5. 结构物连接条件处理

结构物处的连接条件见式（3.6）和式（3.7），借鉴 JPWSPC 方法的思想，采用特征线理论进行数值求解，将物理上互相联系的上、下游河道在数值上互相解耦。若已知各结构物处的流量，则可以独立地求解各河段获得结构物上、下游的水位，根据非恒定渐变缓流的特点，紧邻结构物上、下游侧节点的水位计算值是结构物处流量的函数，可以表示为

$$Z_{\mathrm{U}}=f_{\mathrm{U}}(Q) \tag{3.43}$$

$$Z_{\mathrm{D}}=f_{\mathrm{D}}(Q) \tag{3.44}$$

下面根据不同的结构物类型，分别说明求解方法。

（1）指定结构物流量-上/下游水位关系。设结构物处给定流量和上、下游水位之间的关系，表示为 $Q=g_1(Z_{\mathrm{U}},Z_{\mathrm{D}})$，将式（3.43）和式（3.44）代入，整理得到：

$$g_1(f_{\mathrm{U}}(Q),f_{\mathrm{D}}(Q))-Q=0 \tag{3.45}$$

式（3.45）是关于结构物处流量 Q 的方程，采用 Newton 下山法迭代求解该方程，整理得到

$$\alpha\left(\frac{\partial g_1}{\partial Z_U}\frac{\mathrm{d}f_U}{\mathrm{d}Q}+\frac{\partial g_1}{\partial Z_D}\frac{\mathrm{d}f_D}{\mathrm{d}Q}-1\right)\Delta Q+R(g_1-Q)=0 \tag{3.46}$$

式中：$\partial g_1/\partial Z_U$ 和$\partial g_1/\partial Z_D$ 根据结构物处流量与上、下游水位之间的关系函数确定；参数 α 的含义与式（3.41）中类似，可以取相同的值；$\mathrm{d}f_U/\mathrm{d}Q$ 和 $\mathrm{d}f_D/\mathrm{d}Q$ 的确定方法与汊点处虚拟调蓄面积 A_c 的推导方法类似，结果分别如式（3.47）和式（3.48）所示：

$$\frac{\mathrm{d}f_U}{\mathrm{d}Q}\approx\frac{1}{Q_U B_U/A_U-\sqrt{gA_U B_U}} \tag{3.47}$$

$$\frac{\mathrm{d}f_D}{\mathrm{d}Q}\approx\frac{1}{Q_D B_D/A_D+\sqrt{gA_D B_D}} \tag{3.48}$$

（2）指定结构物上游水位。满足式（3.6）的水位值应该和指定的水位值相等，假设指定的水位值为 Z'_U，利用式（3.43）整理得到

$$f_U(Q)-Z'_U=0 \tag{3.49}$$

采用 Newton 下山法迭代求解该方程，整理得到

$$\alpha\frac{\mathrm{d}f_U}{\mathrm{d}Q}\Delta Q+R(f_U-Z'_U)=0 \tag{3.50}$$

（3）指定结构物上游水位-流量关系。设结构物上游流量和水位之间的关系表示为 $Z_U=g_3(Q)$，利用式（3.43）整理得到

$$f_U(Q)-g_3(Q)=0 \tag{3.51}$$

采用 Newton 下山法迭代求解该方程，整理得到

$$\alpha\left(\frac{\mathrm{d}f_U}{\mathrm{d}Q}-\frac{\mathrm{d}g_3}{\mathrm{d}Q}\right)\Delta Q+R(f_U-g_3)=0 \tag{3.52}$$

式中：$\mathrm{d}g_3/\mathrm{d}Q$ 根据结构物上流水位和流量之间的关系函数确定。

3.2.2 河流水质模型

水质计算模型是根据排入水体的污染物，即污染负荷，模拟预测受纳水体未来水质状况的一种数学手段和工具。好的水质计算模型，应尽可能全面、准确地反映污染物在水中的迁移扩散规律。对其认识得越深刻，建立的模型将越正确，预测的精度和可靠程度将越高。污染物在水中的迁移扩散是一种物理的、化学的和生物的极其复杂的综合过程。其中各种过程有其本身的特性和规律，是水质分析和建模的基础。

3.2.2.1 控制方程

污染物进入水体后的迁移、扩散和转化，是通过污染物与水体之间复杂的物理、化学、生物等作用而变化的。其中，物理作用是指污染物在水体中只改变其物理性状、不参与生化作用的过程，如对流输运、分子扩散、紊动扩散、沉降、悬浮等。化学作用是指污染物在水体中发生了化学性质或形态、价态上的转化，污染物质类型已经发生了变化。生物作用是指污染物通过生物的生理生化作用及食物链传递发生的生物特有的生命作用过程，如分解、转化及富集等。这一复杂的物理、化学、生物过程可用如下的对流扩散反应（ADR）方程来描述。与水流数学模型一致，当污染物在横断面上混合比较均匀时，其在水体中的输移转化过程符合一维运动特征，一维非恒定水质输运方程为

$$\partial(AC)/\partial t+\partial(QC)/\partial x=\partial(AD_L\partial C/\partial x)/\partial x+qC_q+S \tag{3.53}$$

式中：C 为污染物浓度；C_q 为支流污染物浓度；D_L 为纵向离散系数；S 为源（汇）项。

在汉口处，假设污染物完全混合，即

$$C_o=\sum(Q_iC_i)/\sum Q_i \tag{3.54}$$

为了便于数值模拟，将水质控制方程展开，变形为如下形式：

$$\partial C/\partial t+\overline{U}\partial C/\partial x=D_L\partial^2 C/\partial x^2+q(C_q-C)/A+\overline{S} \tag{3.55}$$

其中，$\overline{U}=U-[\partial D_L/\partial x+(D_L/A)\partial A/\partial x]$，$\overline{S}=S/A$。

3.2.2.2 数值算法

水质输运方程［式（3.55）］可以分解为对流项、源（汇）项和离散项，分别见式（3.56）～式（3.58）。

$$\partial C/\partial t+\overline{U}\partial C/\partial x=0 \tag{3.56}$$

$$\partial C/\partial t=q(C_q-C)/A+\overline{S} \tag{3.57}$$

$$\partial C/\partial t=D_L\partial^2 C/\partial x^2 \tag{3.58}$$

对流项处理是问题的关键，本节采用改进 Holly - Preissmann 格式进行数值求解（图3.5），该格式可以达到四阶精度，有利于模拟大梯度浓度场（朱德军等，2012）。

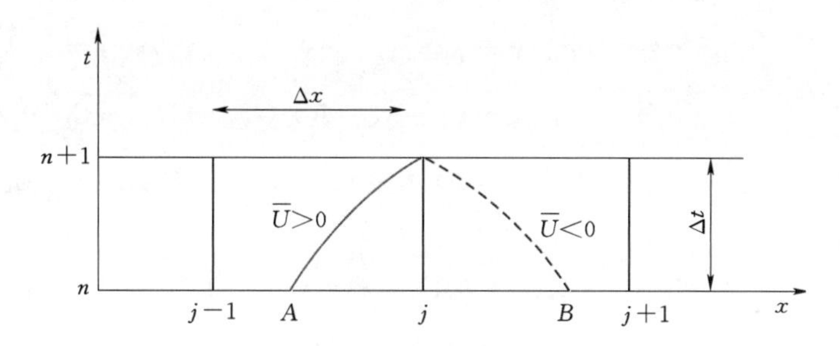

图 3.5　改进 Holly - Preissmann 格式示意图

如图 3.5 所示，经过（$j,n+1$）点有一条特征线与 $t=n\Delta t$ 相交（如果 $\overline{U}>0$，交于 A 点；如果 $\overline{U}<0$，则交于 B 点），根据特征理论，$C_j^{n+1}=C_M^n$，其中：

$$M=\begin{cases}A, & \overline{U}>0\\B, & \overline{U}<0\end{cases} \tag{3.59}$$

故求（$j,n+1$）点的浓度问题，转化为求 M 点的浓度问题，M 点介于（j,n）和（I,n）点之间，其浓度值通过这两点插值得到，其中：

$$I=\begin{cases}j-1, & \overline{U}>0\\j+1, & \overline{U}<0\end{cases} \tag{3.60}$$

如前文所述，要求格式达到四阶精度，所以（j,n）和（I,n）点之间的变量的分布多项式应该达到三次，设其表达式为

$$Y(\xi)=A\xi^3+B\xi^2+D\xi+F \tag{3.61}$$

式中：$Y(\xi)$ 表示坐标为 ξ 处待求变量的值；$\xi=|u^*|\Delta t/\Delta x$；$u^*$ 为（$j,n+1$）点和 M 点 $\overline{U}$ 值的算术平均值，$u^*=(\overline{U}_M+\overline{U}_j^{n+1})/2$；$M$ 点的 $\overline{U}$ 值，通过在（j,n）和（I,n）点

之间线性内插得到，$\overline{U}_M=\xi\overline{U}_l^n+(1-\xi)\overline{U}_j^n$；根据稳定性要求，$0\leqslant\xi\leqslant1$。

求解式（3.61）的边界条件为

$$Y(1)=C_l^n \qquad Y(0)=C_j^n$$
$$Y'(1)=CX_l^n \qquad Y'(0)=CX_j^n$$

其中，$CX=\partial C/\partial x$，$Y'(\xi)=\mathrm{d}Y/\mathrm{d}x|_\xi$，将上述条件代入式（3.61），得到仅考虑对流项时，M 点即（j，$n+1$）点的污染物浓度值为

$$C_j^{n+1}=a_1C_l^n+a_2C_j^n+a_3CX_l^n+a_4CX_j^n \tag{3.62}$$

其中，系数 $a_1\sim a_4$ 的表达式如下：

$$a_1=\xi^2(3-2\xi)$$
$$a_2=1-a_1$$
$$a_3=\xi^2(1-\xi)\Delta x$$
$$a_4=-\xi(1-\xi)^2\Delta x$$

采用同样方法继续求解 $n+2$ 层变量时，需要已知 CX^{n+1} 的值。求解 CX^{n+1} 的方法与求解 C^{n+1} 类似。将式（3.55）对 x 求导，得到式（3.63）：

$$\partial CX/\partial t+\overline{\overline{U}}\partial CX/\partial x=D_L\partial^2CX/\partial x^2-\overline{U}'CX$$
$$+(q/A)'(C_0-C)-qCX/A+\overline{S}' \tag{3.63}$$

其中，$\overline{\overline{U}}=\overline{U}-D_L'$，变量右上角符号“$'$”表示变量对 x 取偏导数。只考虑对流项，得到如下关系：

$$CX_j^{n+1}=b_1C_l^n+b_2C_j^n+b_3CX_l^n+b_4CX_j^n \tag{3.64}$$

其中，$\xi^*=|u^{**}|\Delta t/\Delta x, u^{**}$ 的确定方法与 u^* 类似。系数 $b_1\sim b_4$ 的表达式如下：

$$b_1=6\xi^*(\xi^*-1)/\Delta x$$
$$b_2=-b_1$$
$$b_3=\xi^*(3\xi^*-2)$$
$$b_4=(\xi^*-1)(3\xi^*-1)$$

式（3.57）和式（3.58），即源（汇）项和离散项，分别采用显式和隐式处理，详细处理方法请参见文献（Envionmental Laboratory，1995），本节不再赘述。

3.3 金沙江水量水质模型

3.3.1 模型结构

金沙江水量水质模型的河网概化结构如图 3.6 所示，上始攀枝花，下至宜宾，干流河道全长 778km。雅砻江采用非恒定流数值模拟，其他支流以区间入流的形式直接汇入干流。模型河网信息详见表 3.1。

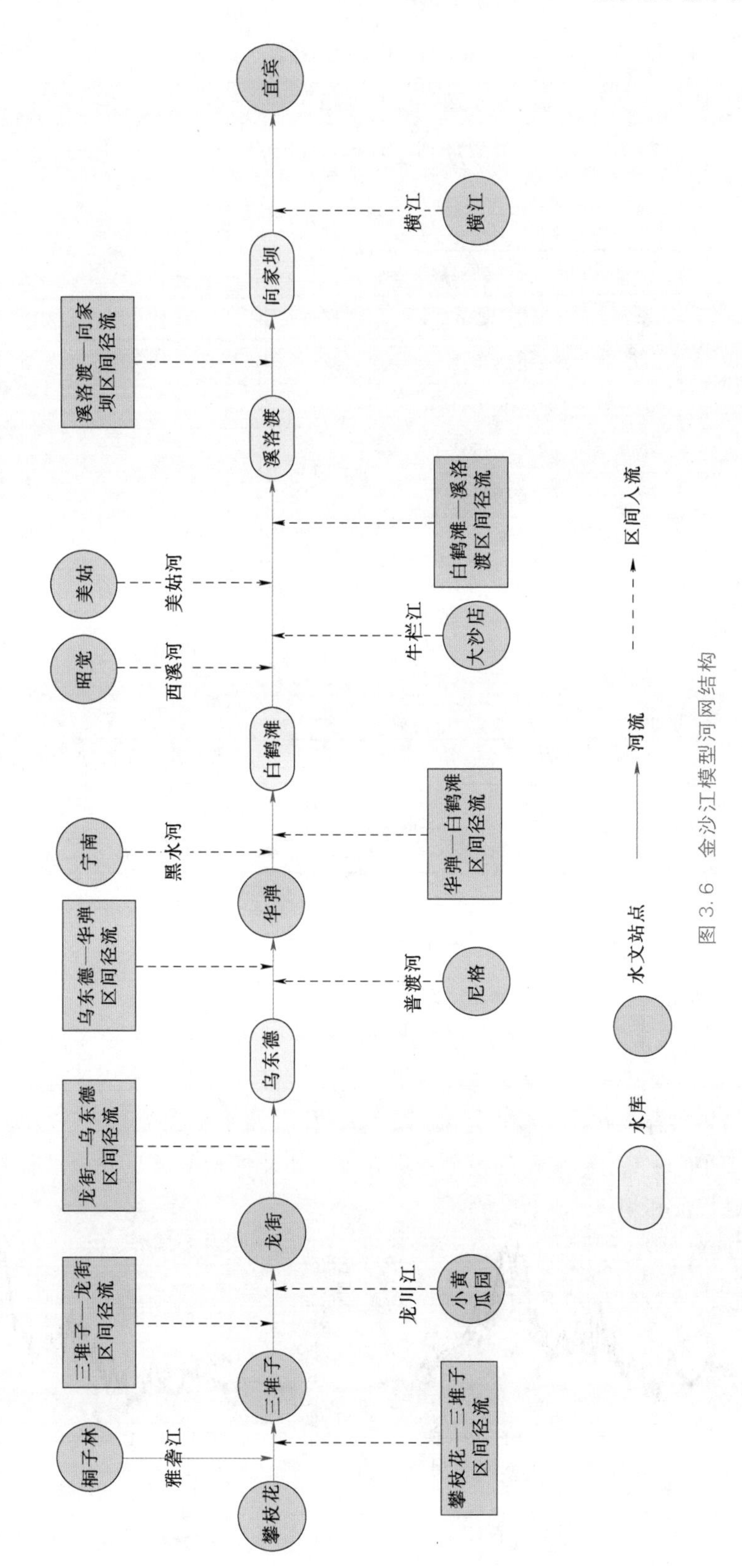

图 3.6 金沙江模型河网结构

表 3.1 金沙江模型河网信息

河流/区域	说明
长江干流	上始攀枝花、下至宜宾，长 778km；划分为 6 个河段、892 个微段，每个微段平均长度为 872m
雅砻江	上始桐子林，长 12km；划分为 1 个河段、14 个微段，每个微段平均长度为 857m
龙川江	以多克、小黄瓜园站流量作为边界
普渡河	以尼格站流量作为边界
黑水河	以宁南站流量作为边界
牛栏江	以大沙店站流量作为边界
西溪河	以昭觉站流量作为边界
美姑河	以美姑站流量作为边界
横江	以横江站流量作为边界
攀枝花—三堆子区间	
三堆子—龙街区间	
龙街—乌东德区间	
乌东德—华弹区间	
华弹—白鹤滩区间	
白鹤滩—溪洛渡区间	
溪洛渡—向家坝区间	

3.3.2 水量模型验证

3.3.2.1 模型率定

采用 2015 年水文序列对金沙江一维水动力学模型进行率定，主要站点水位率定结果见图 3.7，主要站点流量率定结果见图 3.8。从图中可以看出，模型计算的水情成果与实测水情变化趋势吻合很好，精度评定显示研究区控制站水位和流量 R^2 均值分别为 0.985 和 0.925，说明通过率定后采用的模型参数合理，所建模型能够反映金沙江在多阻断控制下水流的演进特征和规律。

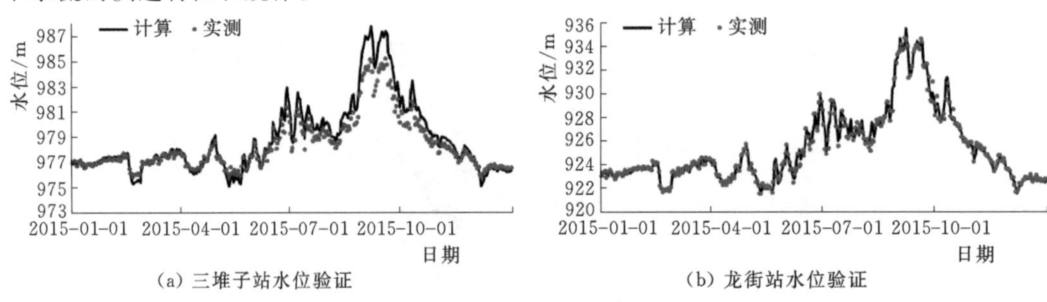

(a) 三堆子站水位验证 (b) 龙街站水位验证

图 3.7（一） 水位率定结果

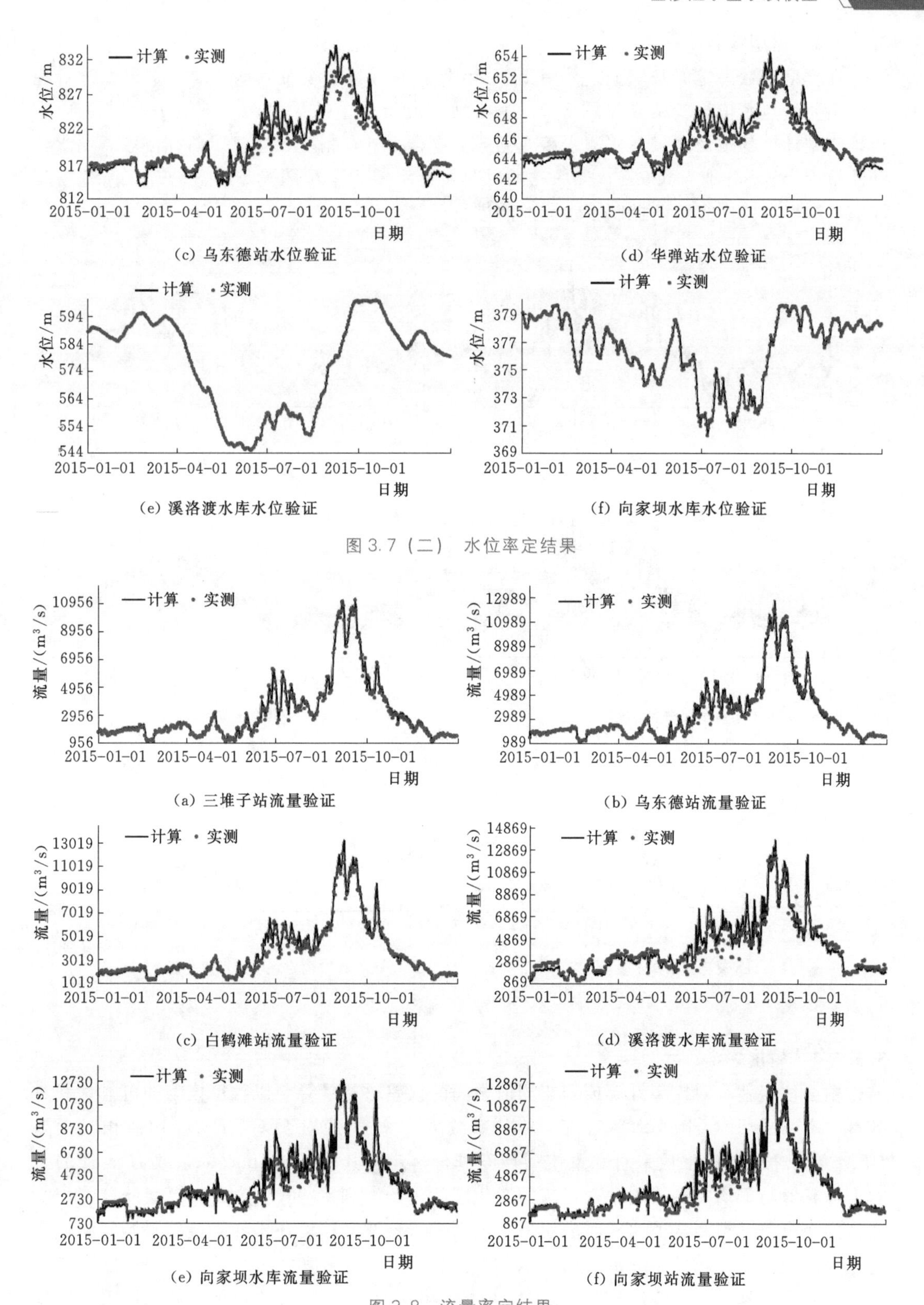

(c) 乌东德站水位验证

(d) 华弹站水位验证

(e) 溪洛渡水库水位验证

(f) 向家坝水库水位验证

图 3.7(二) 水位率定结果

(a) 三堆子站流量验证

(b) 乌东德站流量验证

(c) 白鹤滩站流量验证

(d) 溪洛渡水库流量验证

(e) 向家坝水库流量验证

(f) 向家坝站流量验证

图 3.8 流量率定结果

3.3.2.2 模型检验

在模型参数率定的基础上，采用 2016 年水文序列对金沙江一维水动力学模型进行检验，主要站点水位检验结果见图 3.9，主要站点流量检验结果见图 3.10。从图中可以看出，模型计算的水情成果与实测水情变化趋势吻合很好，精度评定显示研究区控制站水位和流量 R^2 均值分别为 0.991 和 0.958，说明通过率定后采用的模型参数合理，所建模型能够反映金沙江在多阻断控制下水流的演进特征和规律。

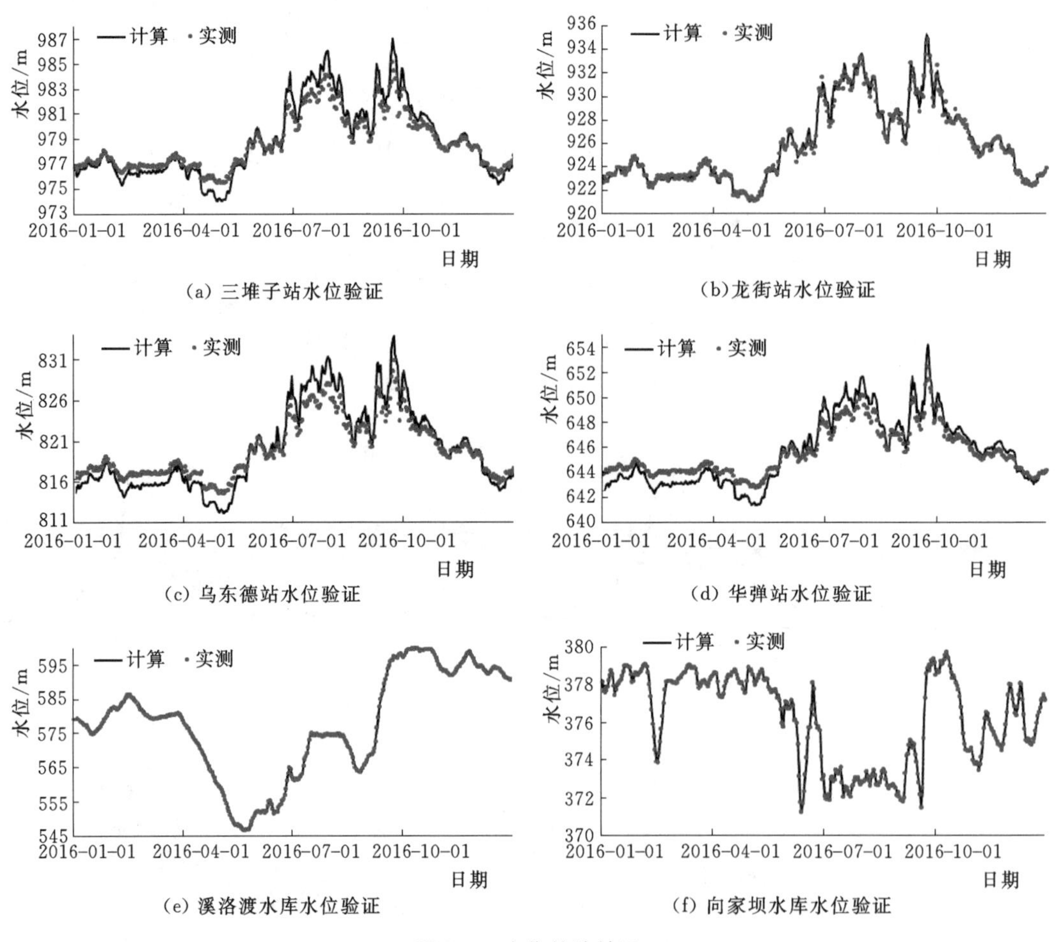

图 3.9 水位检验结果

3.3.2.3 精度评定

精度评定就是对模型计算值和实测值之间的误差进行计算，以评定模型的可靠性和有效性。本书采用 Nash 效率系数 E、相关系数 R^2、均值绝对误差 AEM、均值相对误差 REM 等 4 个误差表征值来对水量模型精度进行评定。其中，Nash 效率系数 E 表征的是模型计算值与平均实测值的关系，值的变化区间为 $-\infty$ 到 1，值越大表明模型计算值与实测值的吻合程度越高，值为 0 时表明采用模型进行预测其精度还不如直接用平均实测值作为未来的预测值。相关系数 R^2 表征的是模型计算值与实测值之间的线性相关程度，值的变化区间为 0 到 1，值越大表明模型计算值的变化趋势和实测值的变化趋势越接近，一般

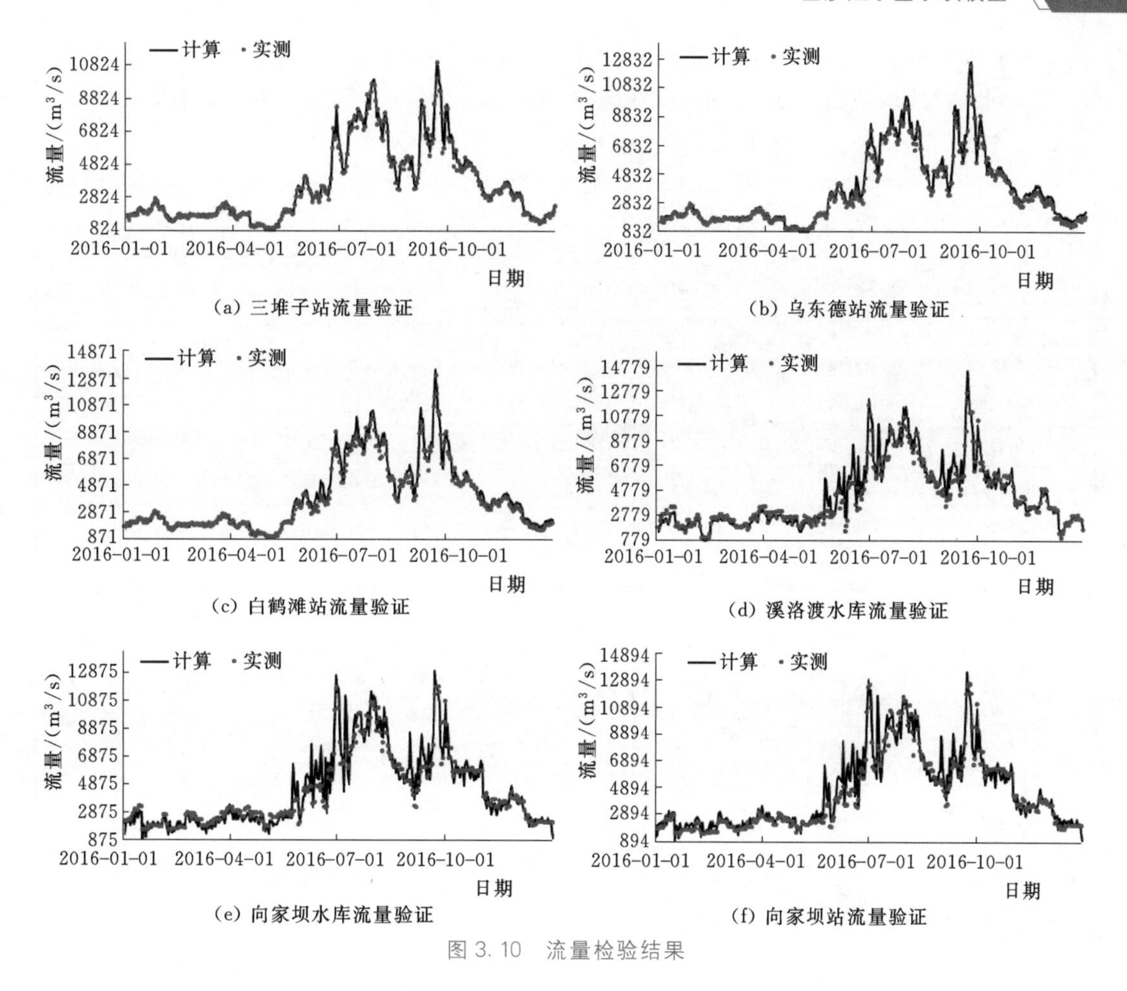

图 3.10 流量检验结果

认为 $R^2>0.64$ 表示模型计算值与实测值之间的相关性较好。均值绝对误差 AEM 和均值相对误差 REM 表征的是模型对长系列过程模拟的整体有效性，值越小表明模型越有效。4 个误差表征函数的计算公式如下：

$$E=1-\frac{\sum_{i=1}^{n}[P_i-O_i]^2}{\sum_{i=1}^{n}[O_i-\overline{O}]^2} \tag{3.65}$$

$$R^2=\frac{\left[\sum_{i=1}^{n}(P_i-\overline{P})(O_i-\overline{O})\right]^2}{\sum_{i=1}^{n}[P_i-\overline{P}]^2\cdot\sum_{i=1}^{n}[O_i-\overline{O}]^2} \tag{3.66}$$

$$AEM=\overline{P}-\overline{O} \tag{3.67}$$

$$REM=\frac{\overline{P}-\overline{O}}{\overline{O}} \tag{3.68}$$

式中：P 为模型计算值；O 为实测值。

采用上述 4 个误差表征值对模型的率定精度进行评定，其中水位率定精度见表 3.2，流量率定精度见表3.3。从中可以看出：研究区域内各站点水位Nash效率系数均值为0.951，水位R^2均值为0.985，水位均值绝对误差为0.098m；流量Nash效率系数均值为0.948，流量R^2均值为0.961，流量均值相对误差为2.90%。

表3.2 水位率定精度

站点	Nash效率系数	R^2	平均实测水位/m	平均计算水位/m	均值绝对误差/m
三堆子	0.926	0.995	978.323	978.518	0.195
龙街	0.983	0.984	925.366	925.354	0.012
乌东德	0.896	0.972	819.275	819.454	0.179
华弹	0.898	0.956	645.454	645.650	0.196
溪洛渡水库	1.000	1.000	576.725	576.727	0.002
向家坝水库	1.000	1.000	376.478	376.472	0.006
平均	0.951	0.985			0.098

表3.3 流量率定精度

站点	Nash效率系数	R^2	平均实测流量/(m^3/s)	平均计算流量/(m^3/s)	均值相对误差/%
三堆子	0.995	0.997	3120	3230	3.53
乌东德	0.979	0.981	3343	3405	1.86
白鹤滩	0.962	0.972	3513	3599	2.48
溪洛渡水库	0.912	0.932	3931	3996	1.65
向家坝水库	0.921	0.945	3932	4012	2.02
向家坝水文站	0.917	0.937	3814	4039	5.89
平均	0.948	0.961			2.90

采用上述误差表征值对模型的检验精度进行评定，其中水位检验精度见表3.4，流量检验精度见表3.5。从中可以看出：研究区域内各站点水位Nash效率系数均值为0.950，水位R^2均值为0.991，水位均值绝对误差为0.043m；流量Nash效率系数均值为0.945，流量R^2均值为0.958，流量均值相对误差为4.10%。

表3.4 水位检验精度

站点	Nash效率系数	R^2	平均实测水位/m	平均计算水位/m	均值绝对误差/m
三堆子	0.914	0.996	978.724	978.856	0.132
龙街	0.990	0.991	925.946	925.954	0.008
乌东德	0.906	0.990	820.118	820.215	0.097
华弹	0.889	0.969	645.665	645.680	0.015
溪洛渡水库	1.000	1.000	577.489	577.486	−0.003
向家坝水库	1.000	1.000	376.273	376.270	−0.003
平均	0.950	0.991			0.043

表 3.5 流量检验精度

站点	Nash 效率系数	R^2	平均实测流量 /(m³/s)	平均计算流量 /(m³/s)	均值相对误差/%
三堆子	0.994	0.997	3537	3644	3.02
乌东德	0.972	0.989	3591	3846	7.11
白鹤滩	0.974	0.983	3933	4112	4.54
溪洛渡水库	0.911	0.934	4319	4462	3.30
向家坝水库	0.905	0.922	4409	4469	1.38
向家坝水文站	0.915	0.924	4434	4673	5.38
平均	0.945	0.958			4.10

3.3.3 水质模型验证

3.3.3.1 模型率定

在水动力模型率定验证的基础上，以 TP 为代表性水质因子，采用 2015 年水质序列对金沙江一维水质模型进行率定，主要站点水质率定结果见图 3.11。从图中可以看出，模型计算的水质变化与实测水质变化趋势吻合很好，精度评定显示研究区控制站水质总体平均相对误差为 19.25%，总体均值误差为 11.17%，说明通过率定后采用的模型参数合理，所建模型能够反映金沙江在多阻断控制下污染物输移变化的特征和规律。

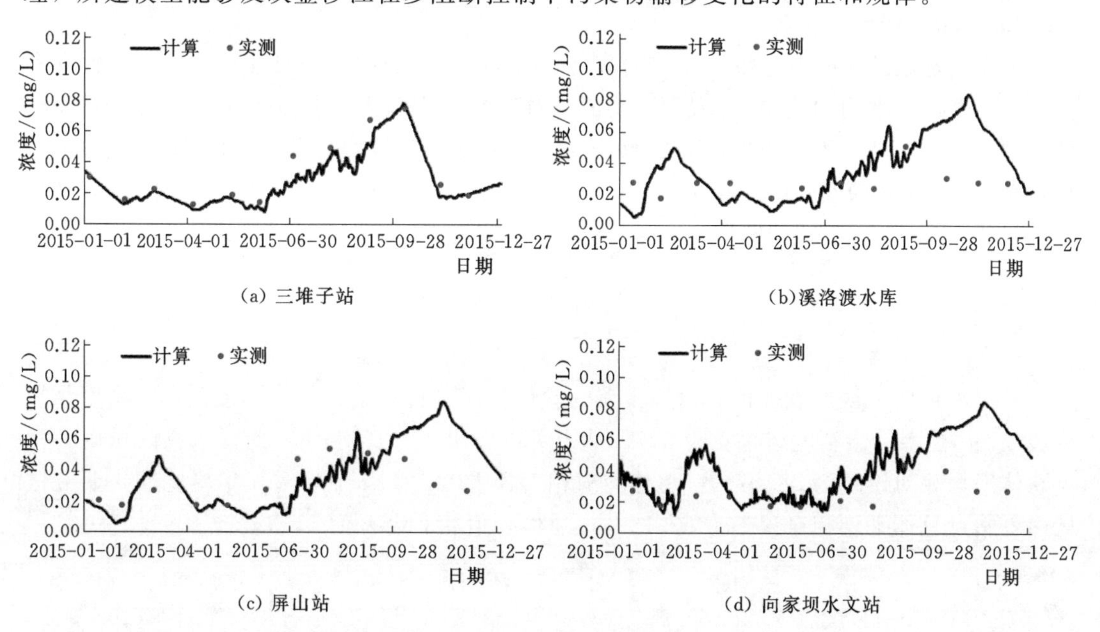

图 3.11 水质率定结果

3.3.3.2 模型检验

在模型参数率定的基础上，以 TP 为代表性水质因子，采用 2016 年水质序列对金沙江一维水质模型进行检验，主要站点水质率定结果见图 3.12。从图中可以看出，模型计算的水质变化与实测水质变化趋势吻合很好，精度评定显示研究区控制站水质总体平均相对误差为17.82%，总体均值相对误差为10.06%，说明通过率定后采用的模型参数合理，所建模型能够反映金沙江在多阻断控制下污染物输移变化的特征和规律。

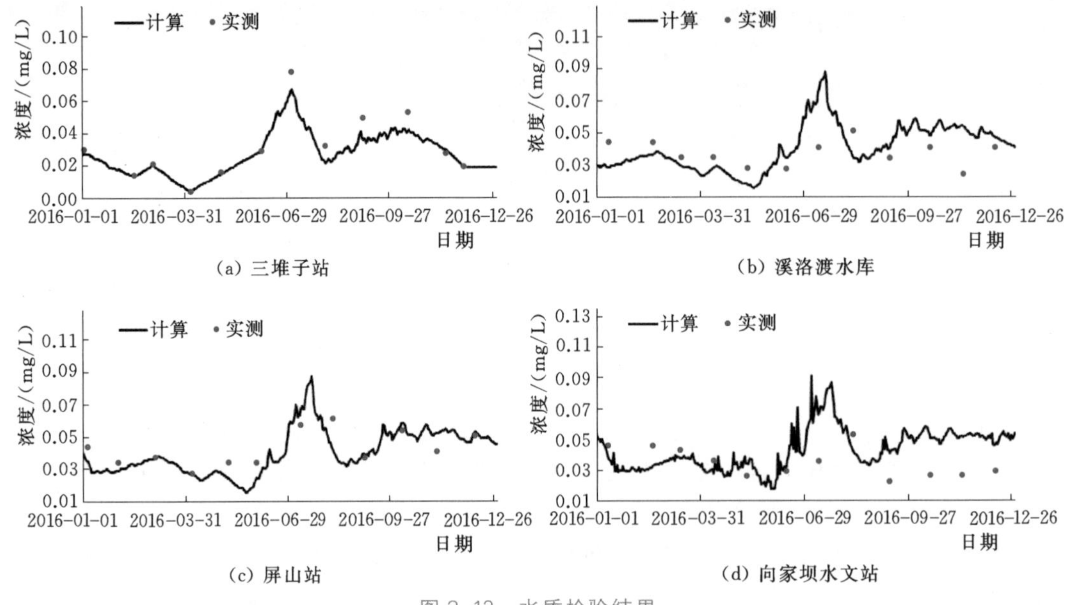

(a) 三堆子站 (b) 溪洛渡水库

(c) 屏山站 (d) 向家坝水文站

图3.12 水质检验结果

3.3.3.3 精度评定

精度评定就是对模型计算值和实测值之间的误差进行计算，以评定模型的可靠性和有效性。本书采用平均相对误差*MRE*、均值相对误差*REM*两个误差表征值来对水质模型精度进行评定。其中，平均相对误差*MRE*表征的是模型计算值与实测值的偏离程度，值越小表明模型越能反映实际的变化过程，计算公式见式(3.69)。均值相对误差*REM*表征的是模型对长系列过程模拟的整体有效性，值越小表明模型越有效，计算公式见式(3.68)。

$$MRE=\frac{\sum_{i=1}^{n}(|P_i-O_i|/O_i)}{n} \tag{3.69}$$

采用上述两个误差表征值对水质模型的验证精度进行评定，其中，模型率定精度结果见表3.6，模型检验精度结果见表3.7。从中可以看出：2015年率定期，研究区域内各站点总体平均相对误差为38.07%，总体均值相对误差为17.92%；2016年检验期，研究区域内各站点总体平均相对误差为27.77%，总体均值相对误差为11.92%。

表3.6 水质率定精度

站点	平均相对误差/%	平均实测TP浓度	平均计算TP浓度	均值相对误差/%
三堆子	14.96	0.035	0.030	-14.29
溪洛渡水库	44.80	0.030	0.036	20.00
屏山	45.02	0.034	0.037	8.82
向家坝水文站	47.51	0.028	0.036	28.57
平均	38.07	0.032	0.035	17.92

表 3.7　　水质检验精度

站点	平均相对误差/%	平均实测 TP 浓度	平均计算 TP 浓度	均值相对误差/%
三堆子	10.72	0.035	0.030	−14.29
溪洛渡水库	42.35	0.032	0.035	9.38
屏山	17.08	0.038	0.036	−5.26
向家坝水文站	40.93	0.032	0.038	18.75
平均	27.77	0.034	0.035	11.92

3.4 川江水量水质模型

3.4.1 模型结构

川江水量水质模型的河网概化结构如图 3.13 所示，上始向家坝水库、下至葛洲坝，干流河道全长 1046km。岷江、嘉陵江、乌江等大的支流采用非恒定流数值模拟，其他支流以区间入流的形式直接汇入干流。模型河网信息详见表 3.8。

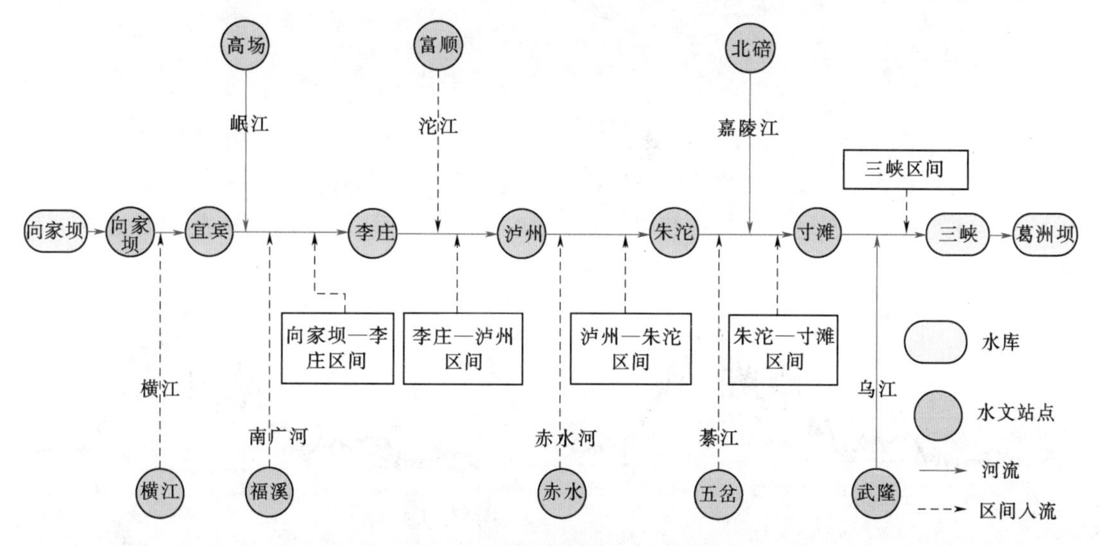

图 3.13　川江水量水质模型河网概化结构

表 3.8　　川江模型河网信息

河流/区域	说　明
长江干流	上始向家坝水库、下至葛洲坝，长 1046km；划分为 9 个河段、582 个微段，每个微段平均长度为 1797m
岷江	上始高场，长 27km；划分为 1 个河段、15 个微段，每个微段平均长度为 1800m
嘉陵江	上始北碚，长 53km；划分为 1 个河段、41 个微段，每个微段平均长度为 1293m
乌江	上始武隆，长 69km；划分为 1 个河段、42 个微段，每个微段平均长度为 1643m

续表

河流/区域	说　明
横江	以横江站流量作为边界
南广河	以福溪站流量作为边界
沱江	以富顺站流量作为边界
赤水河	以赤水站流量作为边界
綦江	以五岔站流量作为边界
向家坝—李庄区间	
李庄—泸州区间	
泸州—朱沱区间	
朱沱—寸滩区间	
三峡区间	进一步细分为御临河、木洞河、龙溪河、渠溪河、龙河、小江、汤溪河、磨刀溪、长滩河、梅溪河、大溪河、大宁河、沿渡河、香溪河及沿江无控区域等 20 个区间

3.4.2 水量模型验证

3.4.2.1 模型率定

采用 2015 年水文序列对川江一维水动力学模型进行率定，主要站点水位率定结果见图 3.14，主要站点流量率定结果见图 3.15。从图中可以看出，模型计算的水情成果与实测水情变化趋势吻合很好，精度评定显示研究区控制站水位和流量 R^2 均值分别为 0.994 和 0.966，说明通过率定后采用的模型参数合理，所建模型能够反映川江在多阻断控制下水流的演进特征和规律。

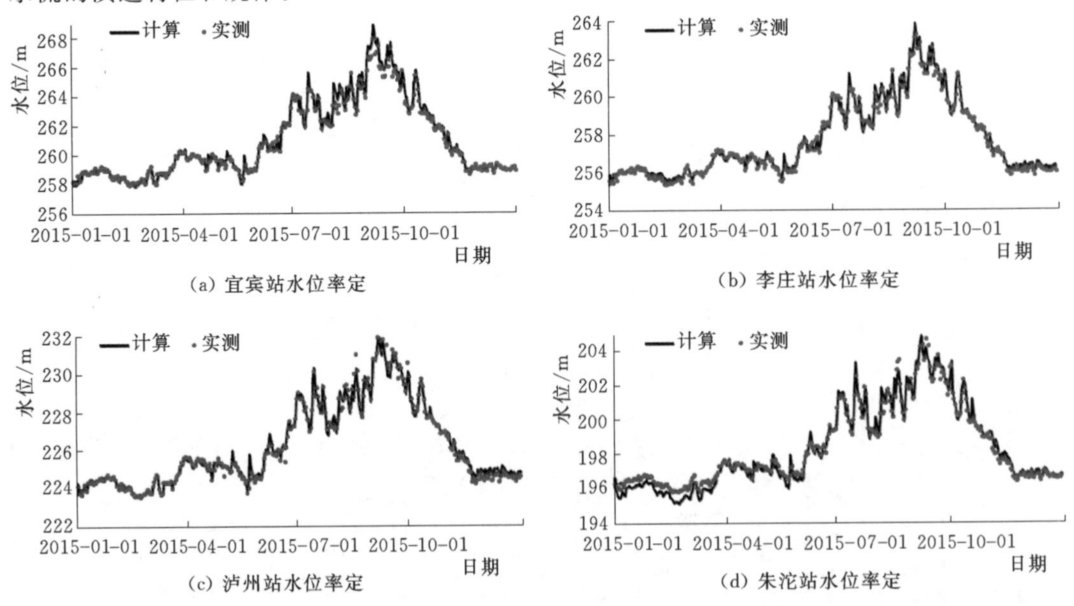

(a) 宜宾站水位率定

(b) 李庄站水位率定

(c) 泸州站水位率定

(d) 朱沱站水位率定

图 3.14（一） 水位率定结果

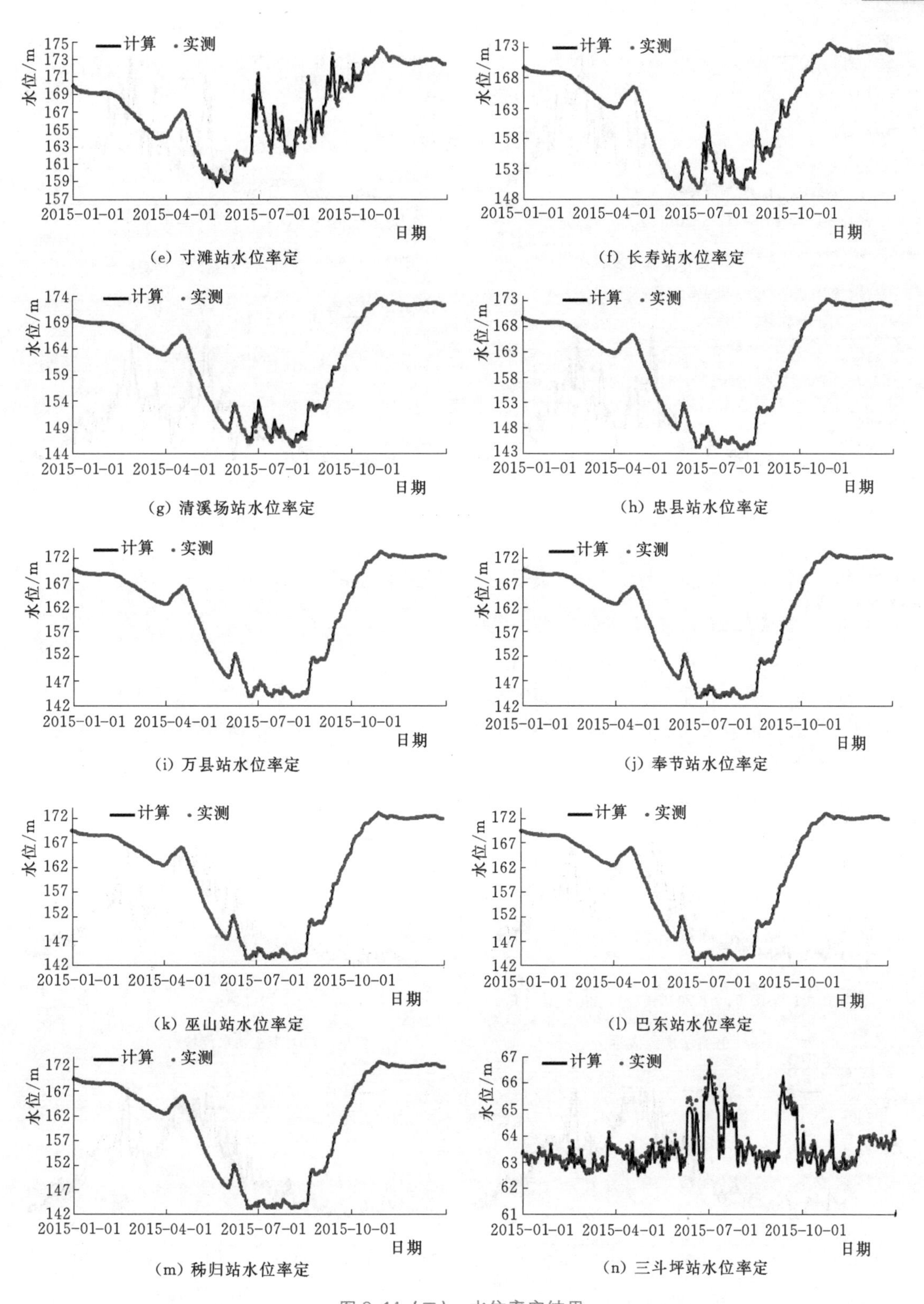

(e) 寸滩站水位率定

(f) 长寿站水位率定

(g) 清溪场站水位率定

(h) 忠县站水位率定

(i) 万县站水位率定

(j) 奉节站水位率定

(k) 巫山站水位率定

(l) 巴东站水位率定

(m) 秭归站水位率定

(n) 三斗坪站水位率定

图 3.14（二） 水位率定结果

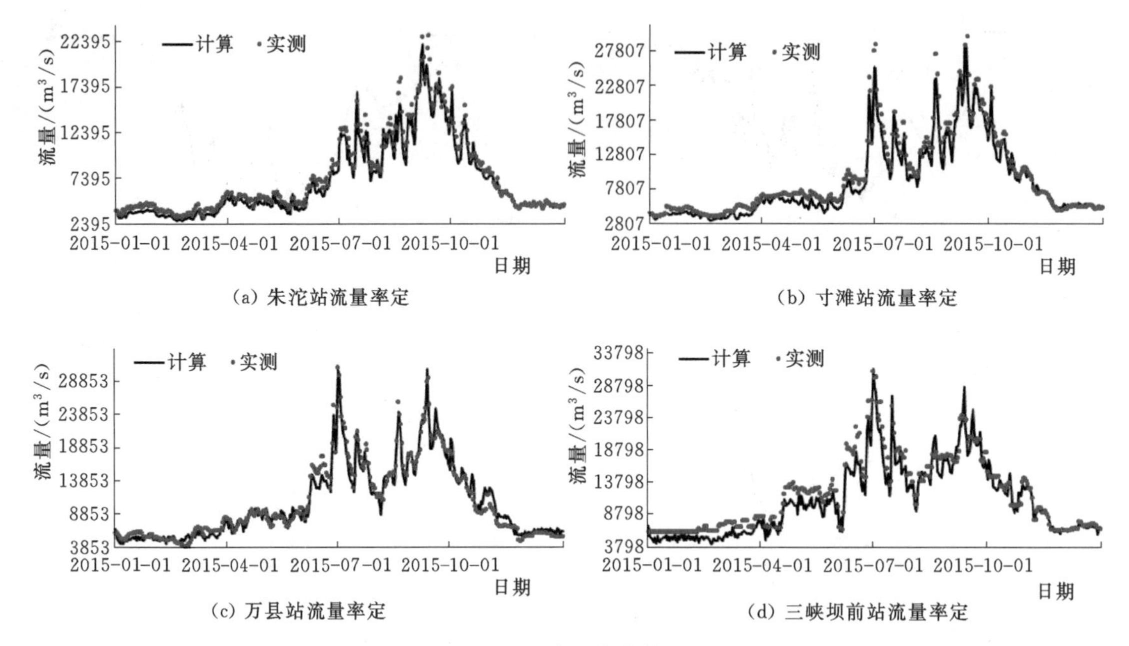

(a) 朱沱站流量率定

(b) 寸滩站流量率定

(c) 万县站流量率定

(d) 三峡坝前站流量率定

图 3.15 流量率定结果

3.4.2.2 模型检验

在模型参数率定的基础上，采用 2016 年水文序列对川江一维水动力学模型进行检验，主要站点水位检验结果见图 3.16，主要站点流量检验结果见图 3.17。从图中可以看出，模型计算的水情成果与实测水情变化趋势吻合很好，精度评定显示研究区控制站水位和流量 R^2 均值分别为 0.993 和 0.963，说明通过率定后采用的模型参数合理，所建模型能够反映川江在多阻断控制下水流的演进特征和规律。

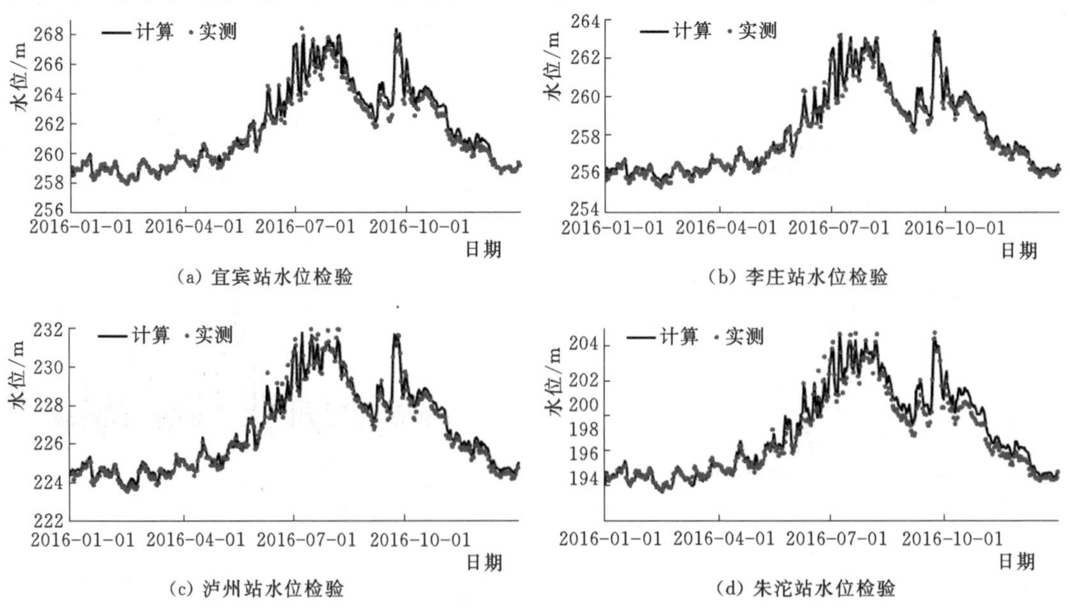

(a) 宜宾站水位检验

(b) 李庄站水位检验

(c) 泸州站水位检验

(d) 朱沱站水位检验

图 3.16（一） 水位检验结果

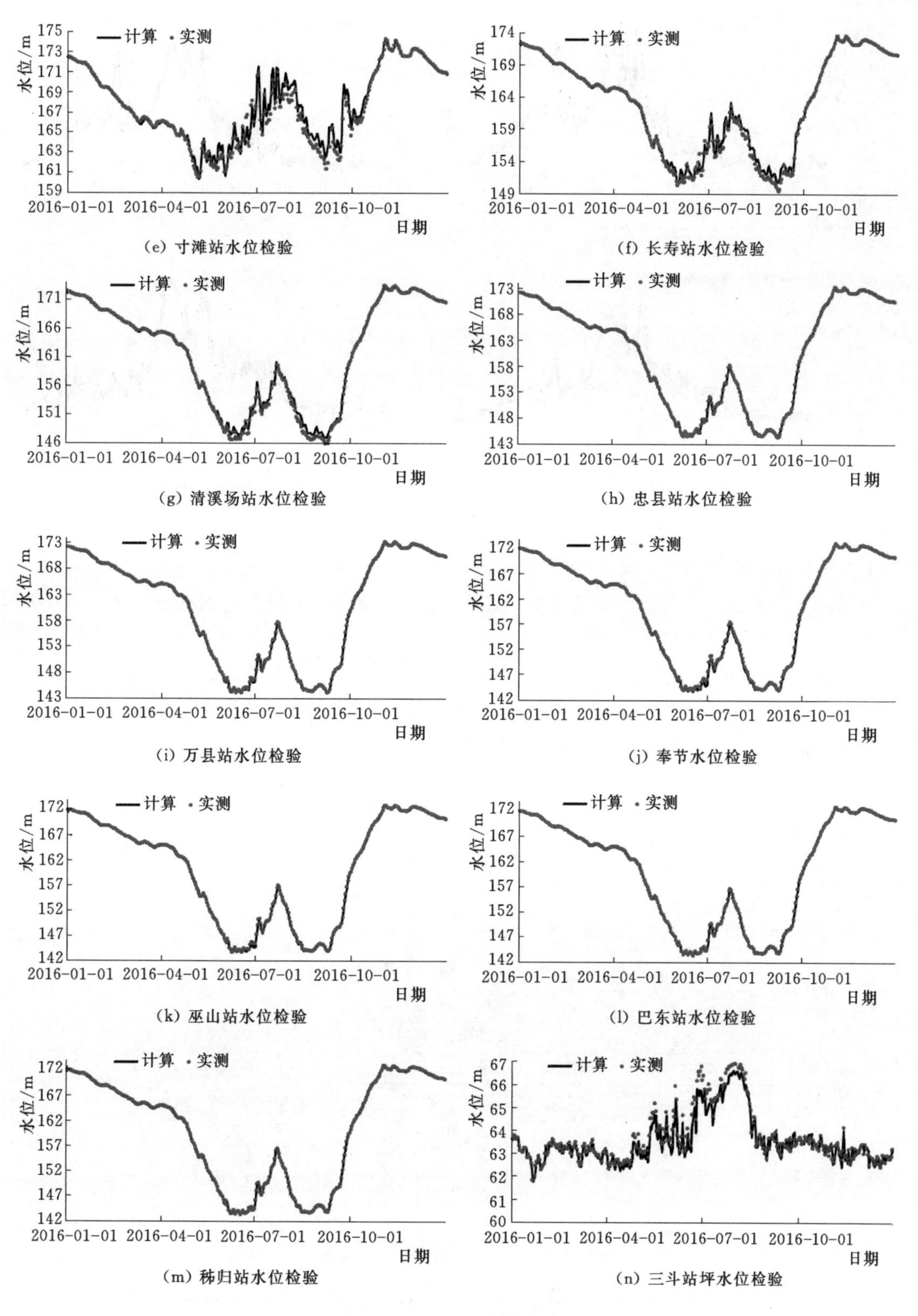

图 3.16 (二) 水位检验结果

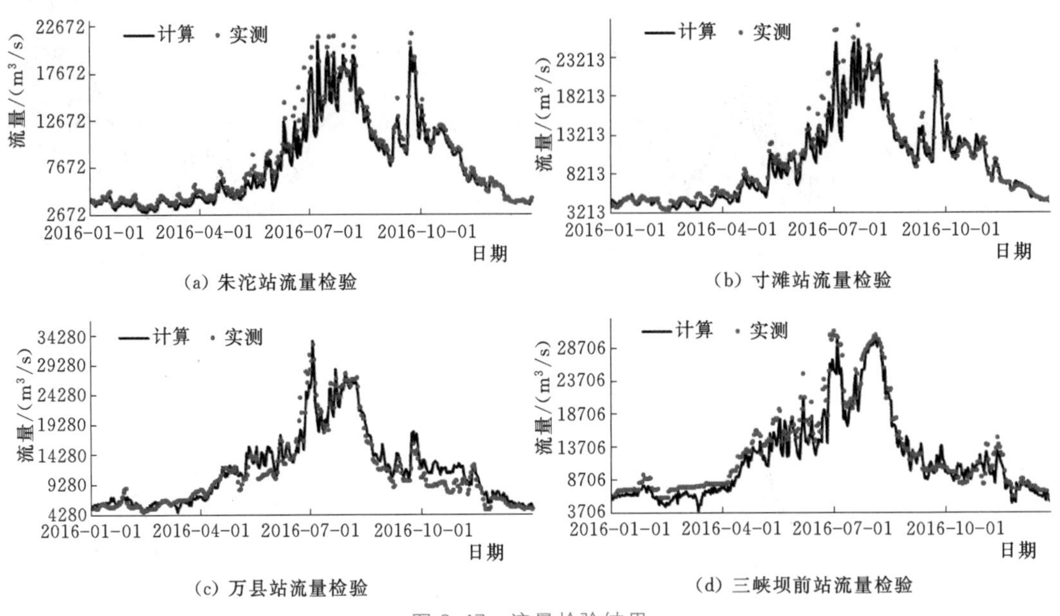

(a) 朱沱站流量检验　(b) 寸滩站流量检验

(c) 万县站流量检验　(d) 三峡坝前站流量检验

图 3.17　流量检验结果

3.4.2.3　精度评定

采用Nash效率系数 E、相关系数 R^2、均值绝对误差 AEM、均值相对误差 REM 等4个误差表征值对模型的率定精度进行评定，其中水位率定精度见表3.9，流量率定精度见表3.10。从中可以看出：研究区域内各站点水位Nash效率系数均值为0.991，水位 R^2 均值为0.994，总体水位均值绝对误差为0.068m；流量Nash效率系数均值为0.945，流量 R^2 均值为0.966，总体流量均值相对误差为−6.83%。

表3.9　水位率定精度

站点	Nash效率系数	R^2	平均实测水位/m	平均计算水位/m	均值绝对误差/m
宜宾	0.991	0.996	268.776	268.900	0.114
李庄	0.987	0.995	260.990	261.104	0.083
泸州	0.990	0.992	257.685	257.768	0.037
朱沱	0.987	0.989	226.287	226.324	−0.055
寸滩	0.975	0.981	198.472	198.417	0.043
长寿	0.992	0.993	167.413	167.456	0.040
清溪场	0.998	0.999	163.258	163.298	0.079
忠县	0.998	0.999	161.943	162.022	−0.079
万县	1.000	1.000	161.311	161.232	−0.081
奉节	1.000	1.000	161.129	161.048	−0.119
巫山	1.000	1.000	160.995	160.876	−0.059
巴东	1.000	1.000	160.899	160.840	−0.026
秭归	1.000	1.000	160.797	160.771	−0.003
三斗坪	0.941	0.970	63.692	63.551	−0.141
平均	0.991	0.994	—	—	0.068

表 3.10　流量率定精度

站点	Nash效率系数	R^2	平均实测流量/(m³/s)	平均计算流量/(m³/s)	均值相对误差/%
朱沱	0.961	0.982	7571	6959	−8.09
寸滩	0.952	0.979	9651	8766	−9.17
万县	0.959	0.960	10716	10575	−1.32
三峡坝前	0.908	0.943	11968	10922	−8.74
平均	0.945	0.966	—	—	−6.83

采用Nash效率系数E、相关系数R^2、均值相对误差$MEEP$等3个误差表征值对模型的检验精度进行评定，其中水位检验精度见表3.11，流量检验精度见表3.12。从中可以看出：研究区域内各站点水位Nash效率系数均值为0.987，水位R^2均值为0.993，总体水位均值绝对误差为0.149m；流量Nash效率系数均值为0.946，流量R^2均值为0.963，总体流量均值相对误差为−4.12%。

表 3.11　水位检验精度

站点	Nash效率系数	R^2	平均实测水位/m	平均计算水位/m	均值绝对误差/m
宜宾	0.965	0.987	261.482	261.752	0.270
李庄	0.975	0.992	258.018	258.220	0.202
泸州	0.985	0.995	226.638	226.792	0.154
朱沱	0.984	0.990	198.816	199.075	0.259
寸滩	0.963	0.977	167.551	167.843	0.292
长寿	0.972	0.979	163.054	163.241	0.187
清溪场	0.995	0.997	161.569	161.735	0.166
忠县	0.998	0.999	160.834	160.784	−0.050
万县	1.000	1.000	160.634	160.545	−0.089
奉节	1.000	1.000	160.472	160.324	−0.148
巫山	0.999	1.000	160.358	160.279	−0.079
巴东	1.000	1.000	160.230	160.199	−0.031
秭归	1.000	1.000	160.185	160.190	0.005
三斗坪	0.946	0.973	63.766	63.616	−0.150
平均	0.987	0.993	—	—	0.149

表 3.12　流量检验精度

站点	Nash效率系数	R^2	平均实测流量/(m³/s)	平均计算流量/(m³/s)	均值相对误差/%
朱沱	0.964	0.983	8672	8044	−7.24
寸滩	0.962	0.972	10201	9669	−5.21
万县	0.934	0.941	11474	11986	4.46
三峡坝前	0.925	0.954	13134	12021	−8.48
平均	0.946	0.963	—	—	−4.12

3.4.3 水质模型验证

3.4.3.1 模型率定

在水动力模型率定验证的基础上，以TP为代表性水质因子，采用2015年水质序列对川江一维水质模型进行率定，主要站点水质率定结果见图3.18。从图中可以看出，模型计算的水质变化与实测水质变化趋势吻合很好，精度评定显示研究区控制站水质总体平均相对误差为19.25%，总体均值误差为11.17%，说明通过率定后采用的模型参数合理，所建模型能够反映川江在多阻断控制下污染物输移变化的特征和规律。

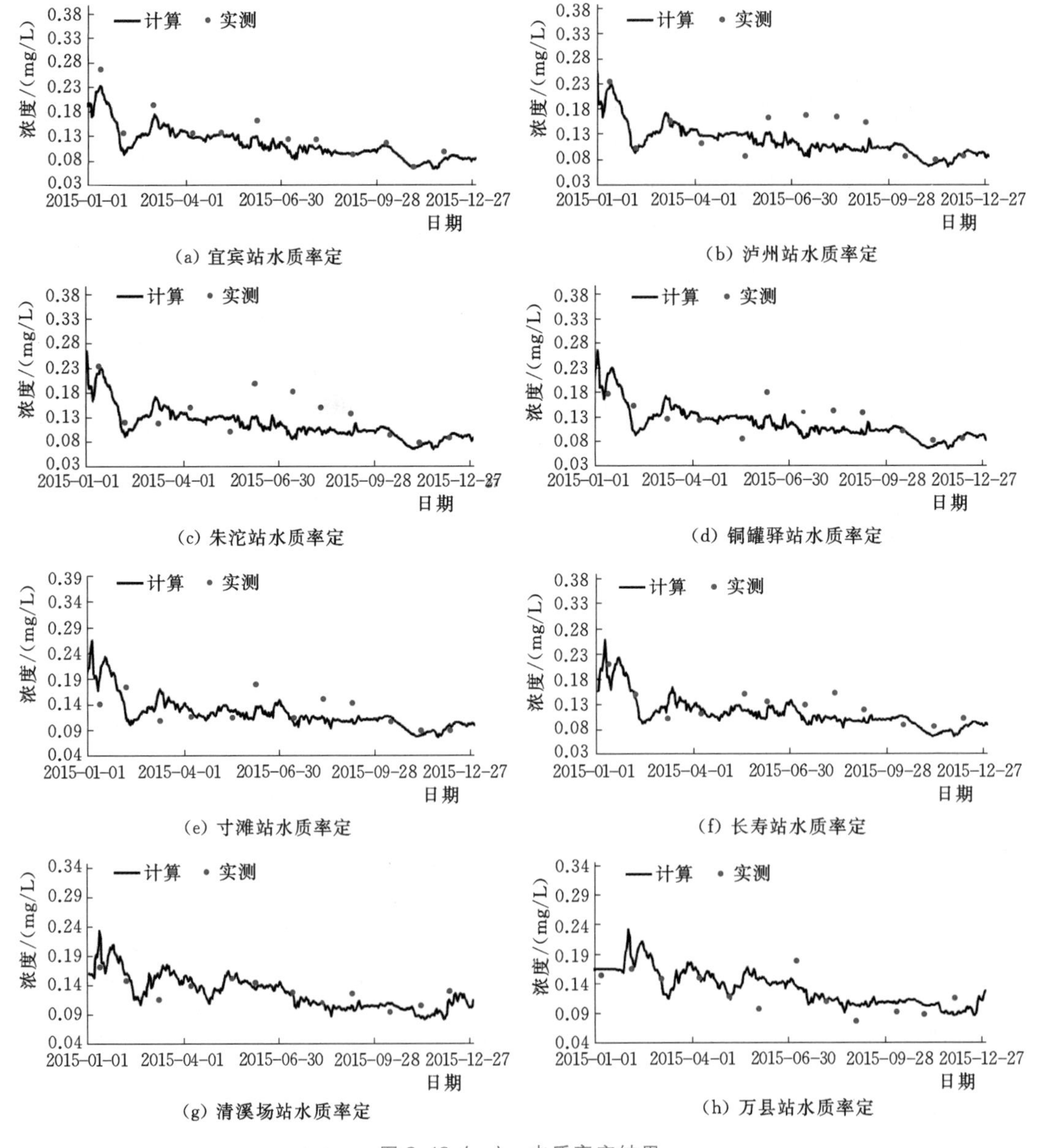

图3.18（一） 水质率定结果

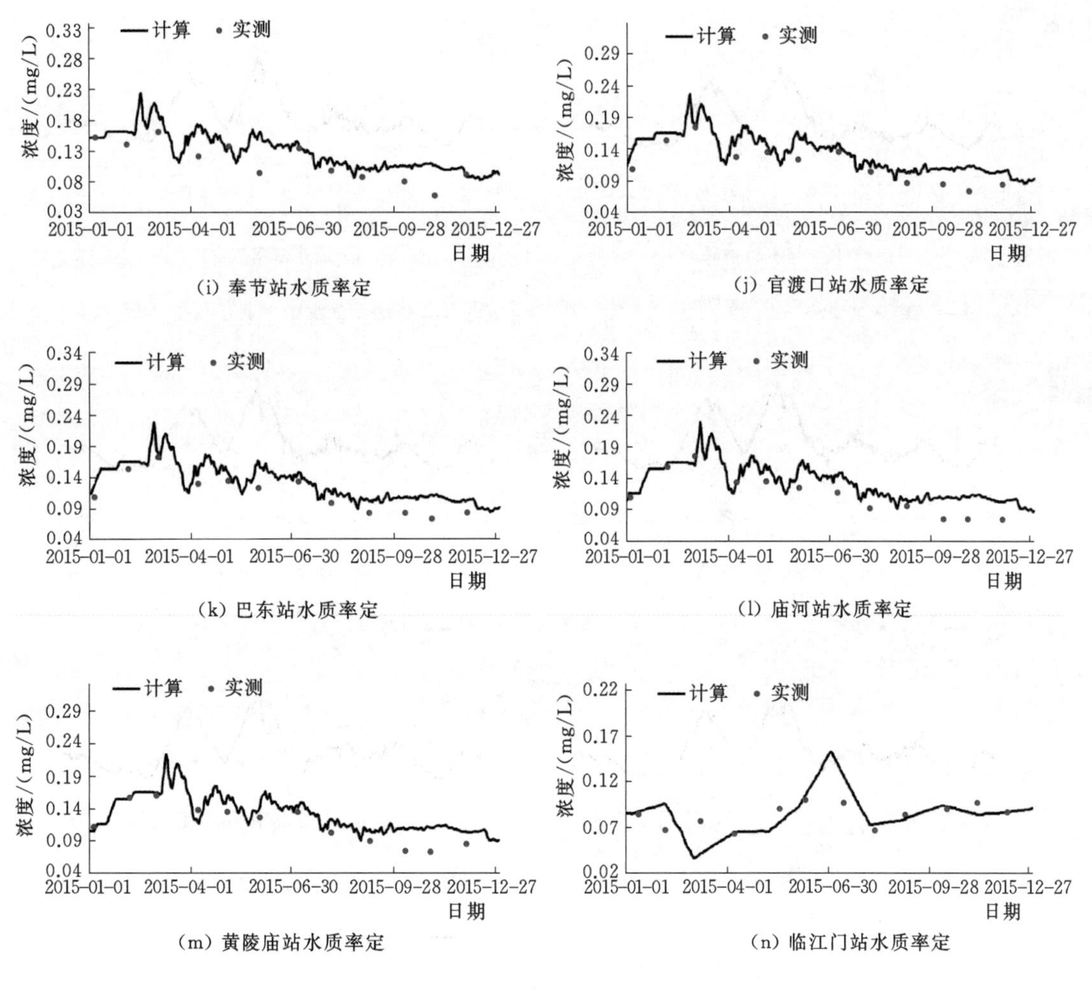

图 3.18（二） 水质率定结果

3.4.3.2 模型检验

在模型参数率定的基础上，以 TP 为代表性水质因子，采用 2016 年水质序列对川江一维水质模型进行检验，主要站点水质率定结果见图 3.19。从图中可以看出，模型计算的水质变化与实测水质变化趋势吻合很好，精度评定显示研究区控制站水质总体平均相对误差为 17.82%，总体均值相对误差为 10.06%，说明通过率定后采用的模型参数合理，所建模型能够反映川江在多阻断控制下污染物输移变化的特征和规律。

3.4.3.3 精度评定

采用平均相对误差 *MRE*、均值相对误差 *REM* 两个误差表征值对水质模型的验证精度进行评定，其中，模型率定精度结果见表 3.13，模型检验精度结果见表 3.14。从中可以看出：研究区域内各站点总体平均相对误差控制在 20%以内，其中 2015 年率定期为 18.98%，2016 年检验期为 16.22%；总体均值相对误差近 10%，其中 2015 年率定期为 10.68%，2016 年检验期为 9.06%。

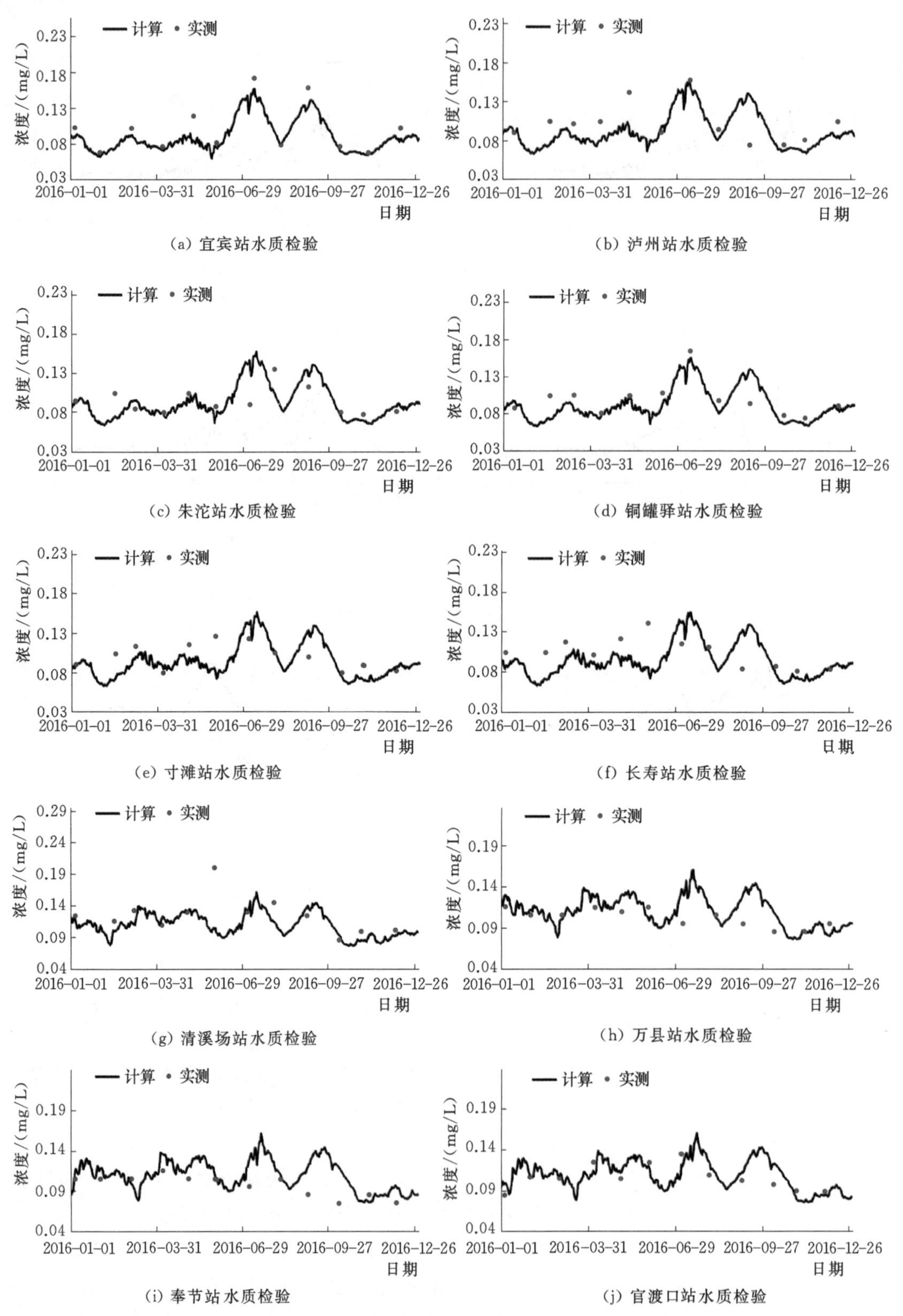

(a) 宜宾站水质检验

(b) 泸州站水质检验

(c) 朱沱站水质检验

(d) 铜罐驿站水质检验

(e) 寸滩站水质检验

(f) 长寿站水质检验

(g) 清溪场站水质检验

(h) 万县站水质检验

(i) 奉节站水质检验

(j) 官渡口站水质检验

图 3.19（一） 水质检验结果

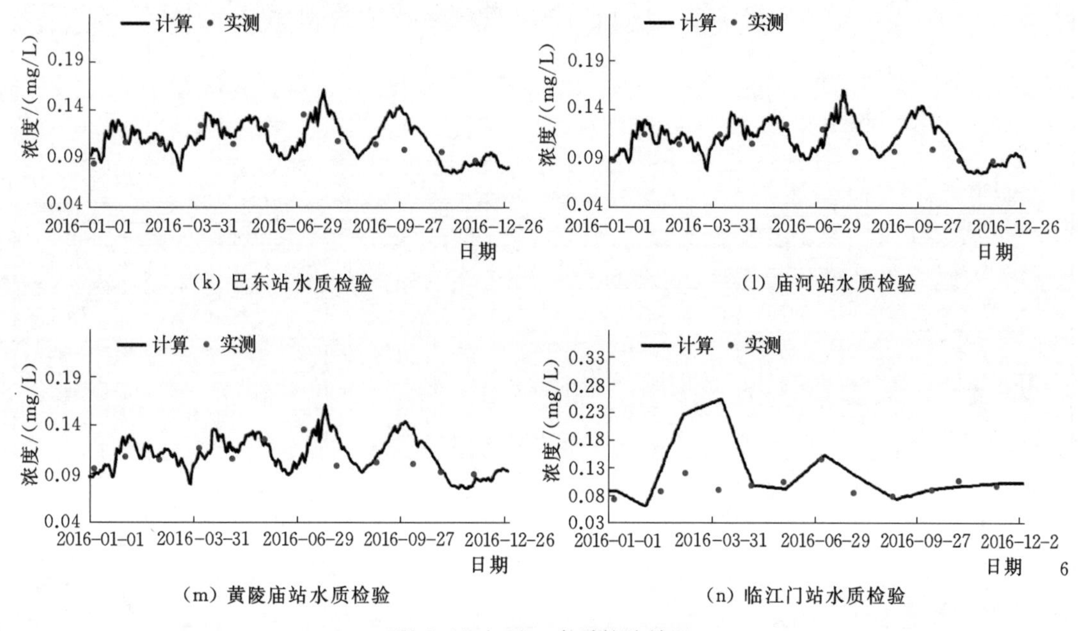

图 3.19（二） 水质检验结果

表 3.13 水质率定精度

站点	平均相对误差/%	平均实测 TP 浓度	平均计算 TP 浓度	均值相对误差/%
宜宾	12.24	0.137	0.118	−13.87
泸州	19.59	0.136	0.122	−10.29
朱沱	21.26	0.141	0.122	−13.48
铜罐驿	22.06	0.131	0.122	−6.87
寸滩	21.75	0.121	0.117	−3.31
长寿	18.28	0.132	0.119	−9.85
清溪场	13.40	0.128	0.130	1.56
万县	17.80	0.120	0.126	5.00
奉节	23.88	0.111	0.133	19.82
官渡口	20.95	0.111	0.131	18.02
巴东	20.91	0.111	0.131	18.02
庙河	21.12	0.108	0.127	17.59
黄陵庙	17.67	0.110	0.123	11.82
临江门	14.81	0.080	0.080	0.00
平均	18.98	0.120	0.122	10.68

表 3.14 水质检验精度

站点	平均相对误差/%	平均实测 TP 浓度	平均计算 TP 浓度	均值相对误差/%
宜宾	10.85	0.098	0.087	−11.22
泸州	20.59	0.103	0.095	−7.77
朱沱	15.26	0.095	0.094	−1.05
铜罐驿	14.42	0.101	0.094	−6.93
寸滩	14.57	0.103	0.097	−5.83
长寿	19.89	0.106	0.096	−9.43
清溪场	13.31	0.119	0.105	−11.76
万县	16.02	0.097	0.106	9.28
奉节	19.74	0.091	0.106	16.48
官渡口	11.08	0.101	0.103	1.98
巴东	12.85	0.102	0.104	1.96
庙河	10.95	0.098	0.105	7.14
黄陵庙	12.78	0.100	0.105	5.00
临江门	34.82	0.097	0.127	30.93
平均	16.22	0.101	0.102	9.06

3.5 应急情景应用

3.5.1 金沙江应急情景

3.5.1.1 情景设置

攀枝花市是万里长江上游第一城，作为我国大型矿业基地之一，产有著名的超大型钒钛磁铁矿，是一个典型的矿业城市。金沙江、雅砻江在此交汇，由于地形的限制，城市与工矿区相互交错，市内有冶炼厂、选矿厂、矿山、煤矿等大型工矿企业。此外，攀枝花市也是川西交通运输业最为发达的城市：截至2018年年底，攀枝花市内等级公路3733.91km，高速公路195km；全年完成货物运输量10740万t。因此，攀枝花市是金沙江水环境风险最大的热点区域，具有较多的固定工业风险源和移动车船风险源，存在发生突发水污染事件的风险。

事故情景设定如下：2015年1月水文条件下，一辆危化品运输车于1月5日晚上22点在途经市区新密地大桥（距离两江汇合口约6km）时发生事故，车上运载的10t危化品于2h内泄漏进入金沙江，形成事故污染团，威胁下游水质安全。采用所建金沙江水量水质模型，模拟预测不同水库调度方案下事故污染团在金沙江干流的输移变化，污染物综合降解系数设定为$0.1d^{-1}$。

3.5.1.2 水库原始调度

2015年1月事故区域相关主要控制站的水文条件见图3.20，从中可见，事发区域金

沙江上游来流不到 $1000m^3/s$，汇合雅砻江来水后金沙江流量依然不到 $2000m^3/s$，水量较小，不利于事故污染团的稀释扩散。

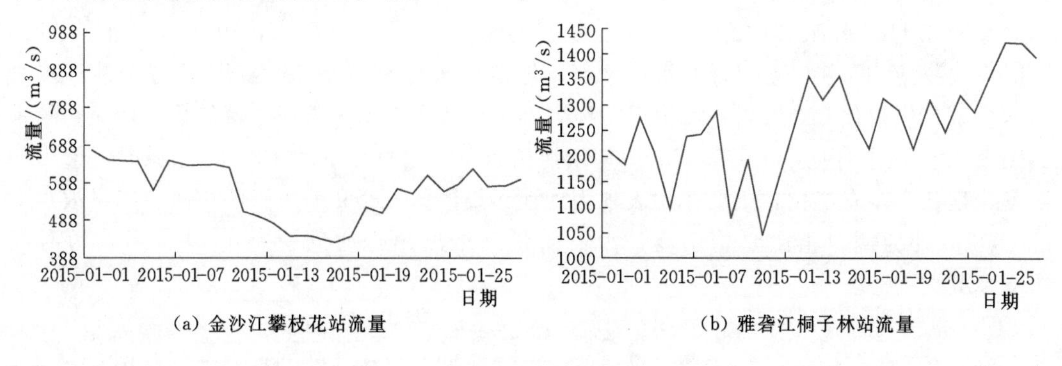

(a) 金沙江攀枝花站流量　　(b) 雅砻江桐子林站流量

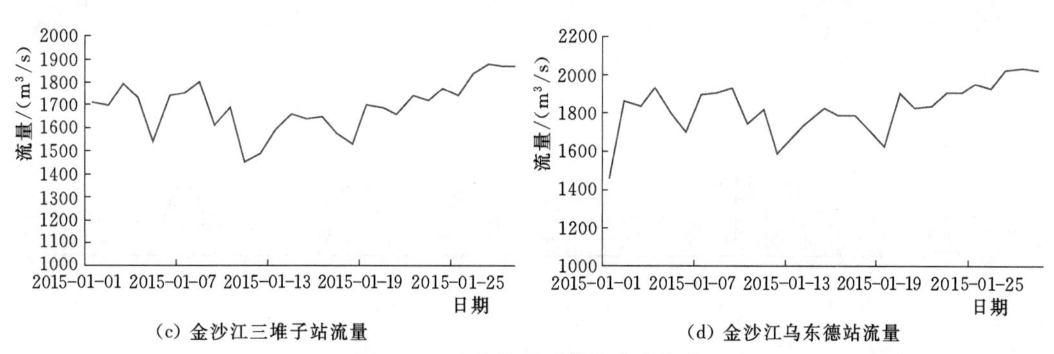

(c) 金沙江三堆子站流量　　(d) 金沙江乌东德站流量

图 3.20　应急情景时段内水文条件

在维持金沙江上游及雅砻江水库原始调度过程不变的情况下，采用所建金沙江水量水质模型，模拟预测事故污染团在长江干流的输移变化，结果见图 3.21。从中可见，雅砻江来水对污染团起到了非常好的稀释作用，两江汇合口以下污染团浓度显著降低；由于金沙江流速较快（1.5m/s 左右），污染团输运以对流为主，同时事发枯水期时段沿程区间汇流很小，导致污染团向下游输运的过程中变化不大；以事故点下游 100km 河段为分析区域，该河段内事故影响历时为 22.7h。

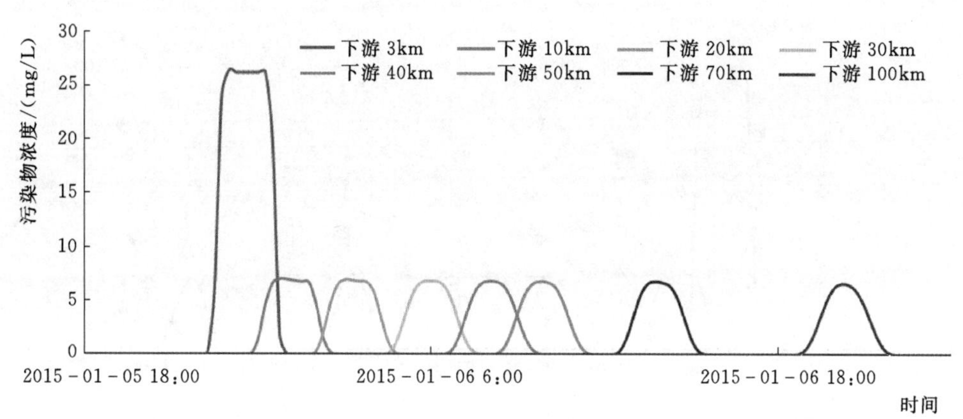

图 3.21　事故污染团输移变化

3.5.1.3 水库增泄调度

1. 观音岩水库增泄

金沙江上游水库群中距离事发点最近的水库为观音岩水库，距离两江汇合口约50km。事发后1h就启动观音岩水库增泄，增泄流量为1000m³/s。采用所建金沙江水量水质模型，模拟预测观音岩水库增泄调度方案下事故污染团在长江干流的输移变化，结果见图3.22。从中可见，上游观音岩水库增泄情景下，事故点下游100km范围内污染团的浓度过程几乎没有变化，主要作用表现为加速污染团的推移和缩短影响历时。以事故点下游100km处为例，相比原始调度，污染团最高浓度出现时间提前0.5h，影响历时缩短0.75h。

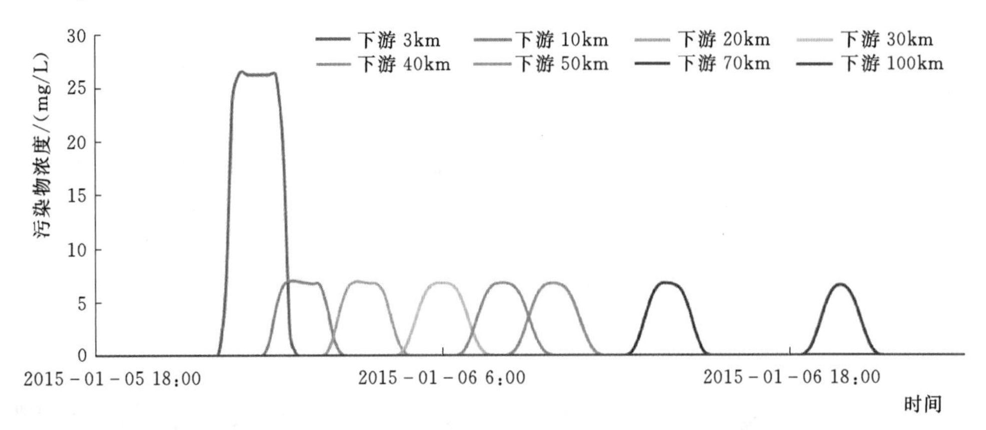

图3.22 观音岩水库增泄情景下事故污染团输移变化

2. 二滩水库增泄

雅砻江下游最末一级具有调节库容的水库为二滩水库，距离两江汇合口约29km。事发后1h就启动二滩水库增泄，增泄流量为1000m³/s。采用所建金沙江水量水质模型，模拟预测二滩水库增泄调度方案下事故污染团在长江干流的输移变化，结果见图3.23。从中可见，二滩水库增泄情景下，事故点下游100km范围内污染团的峰值浓度几乎没有变化，主要作用表现为加速污染团的推移和缩短影响历时。以事故点下游100km处为例，

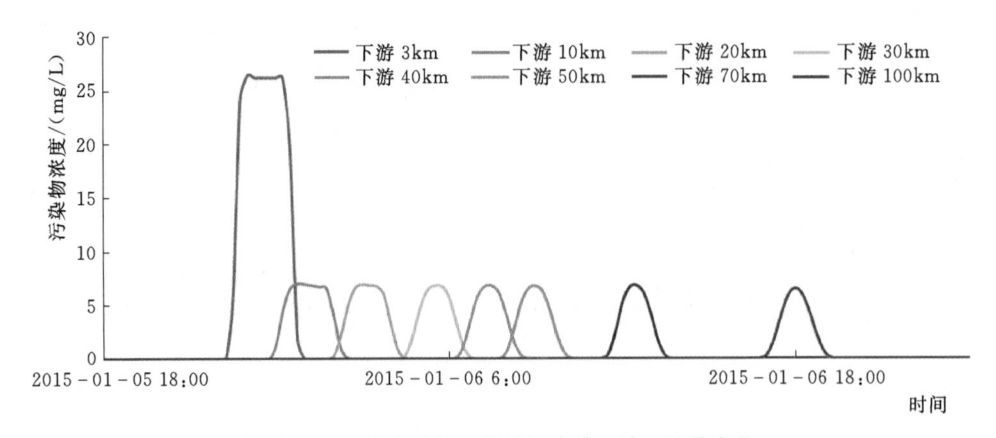

图3.23 二滩水库增泄情景下事故污染团输移变化

相比原始调度，污染团最高浓度出现时间提前 2.25h，影响历时缩短 1h。

3. *水库群联合增泄*

事发后 1h 就启动观音岩水库和二滩水库联合增泄，各自增泄流量均为 1000m^3/s。采用所建金沙江水量水质模型，模拟预测金沙江和雅砻江水库群联合增泄调度方案下事故污染团在长江干流的输移变化，结果见图 3.24。从中可见，两库联合增泄情景下，事故点下游 100km 范围内污染团的峰值浓度几乎没有变化，主要作用表现为加速污染团的推移和缩短影响历时。以事故点下游 100km 处为例，相比原始调度，污染团最高浓度出现时间提前 2.5h，影响历时缩短 1.5h。

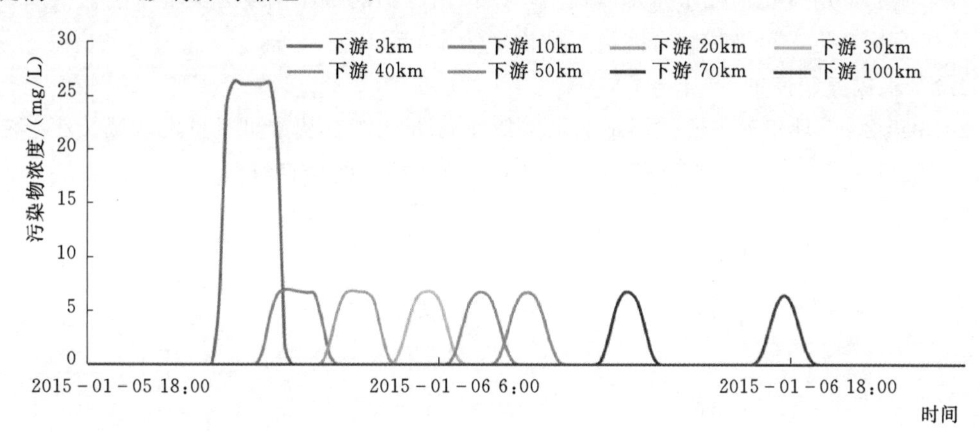

图 3.24 水库群联合增泄情景下事故污染团输移变化

3.5.2 川江应急情景

3.5.2.1 情景设置

2004 年，位于沱江上游的成都市青白江区境内的川化股份有限公司第二化肥厂在对其日产 1000t 合成氨及氨加工装置进行增产技术改造时，严重违反环保法规，擅自于 2 月 11 日对该技改工程投料试生产。试生产过程中设备出现故障，致使没有经过完全处理的含大量氨氮的工艺冷凝液（氨氮含量在每升 1000mg 以上）通过该公司的 1 号排污沟外排出厂。此外，同年 2—3 月期间，一化尿素车间、三胺一车间、三胺二车间的环保设备未正常运转，导致高浓度氨氮废水（氨氮含量在每升 1000mg 以上）通过该公司的 3 号排污沟外排出厂；1 号和 3 号排污沟高浓度外排废水入青白江污水处理厂后经毗河在金堂县赵镇汇入沱江。据环保部门监测，该厂总排污口的氨氮含量在 400～4000mg/L，大大超过《合成氨工业水污染物排放标准》（GB 13458—2001）中规定的大型一级企业氨氮小于等于 60mg/L 的标准。至 3 月 2 日污染源强制切断，大剂量严重超标排污持续近 20 天，致使沱江全流域发生严重水污染事件。简阳市环境监测站监测结果表明，沱江入简阳境内宏缘段断面水体氨氮高达 51.3mg/L，亚硝酸盐氮为 2.419mg/L；石桥取水点断面氨氮高达 46.7mg/L，亚硝酸盐氮为 1.820mg/L。据统计，此次沱江污染共导致简阳、资中、内江近百万人停水 26 天，同时导致沿岸大批工业企业及服务行业停产停业，直接损失约 2.19 亿元，沱江生态环境遭到严重破坏，至少需要 5 年时间方可恢复至事故前水平。

2004年沱江“3·02”特大水污染事故的源头位于沱江上游，污染团经过长距离的输移降解后未对长江干流造成明显不利影响，沱江入江口氨氮浓度基本控制在6mg/L以下，在长江干流大流量的稀释作用下，干流泸州断面氨氮浓度控制在0.6mg/L以内。为开展长江干流不利情景的应急模拟，根据2004年沱江“3·02”特大水污染事故的源强信息，拟定如下事故情景：2015年水文条件下，沱江富顺河段发生高浓度污废水持续排放事件，2月11日至3月2日以1万t/d的强度持续排放浓度高达1000mg/L的污废水，经沱江进入长江干流。采用所建川江水量水质模型，模拟预测不同水库调度方案下事故污染团在长江干流的输移变化，污染物综合降解系数设定为$0.05d^{-1}$。

3.5.2.2 水库原始调度

2015年2—5月相关主要控制站的水文条件见图3.25，从中可见事发区域长江干流河段流量在$5000m^3/s$以下，水量较小，不利于事故污染团的稀释扩散。

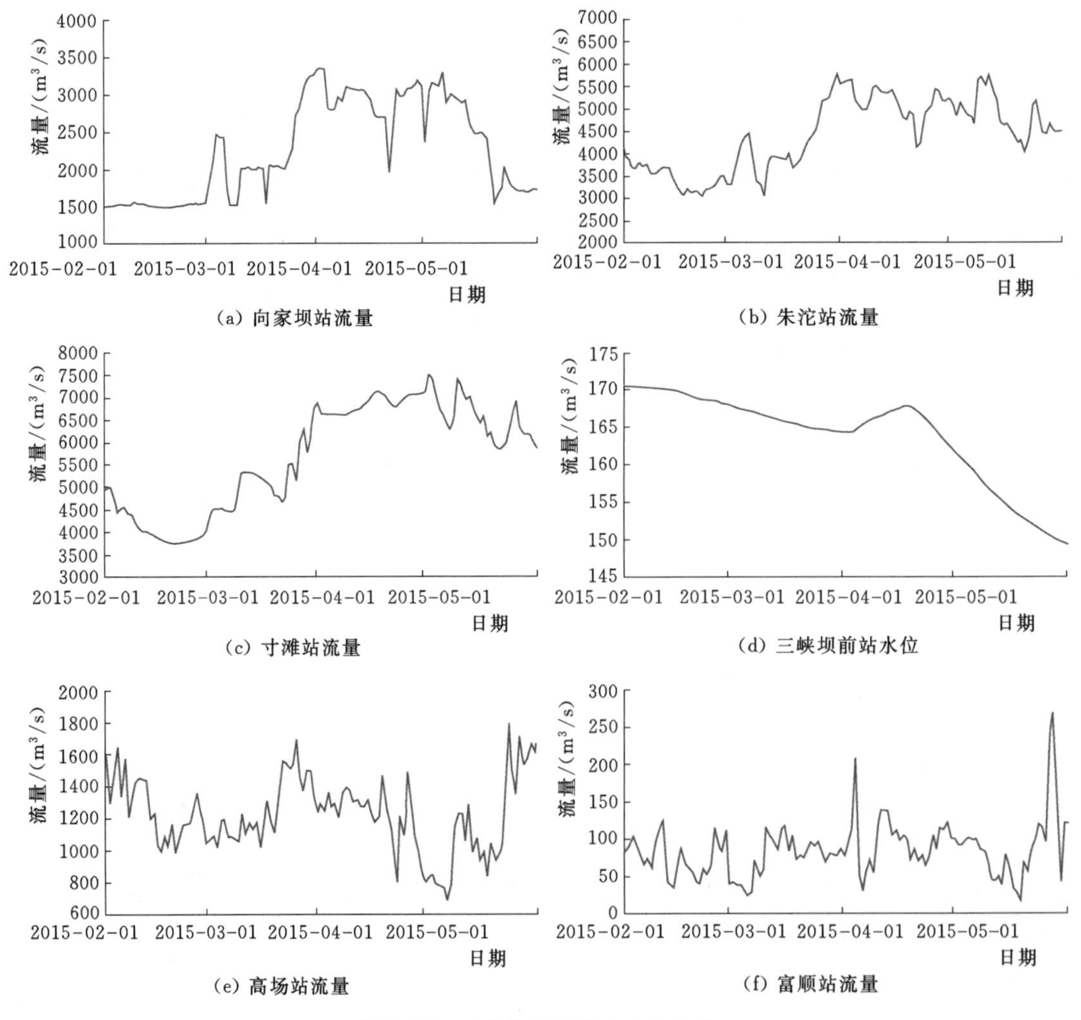

(a) 向家坝站流量　(b) 朱沱站流量

(c) 寸滩站流量　(d) 三峡坝前站水位

(e) 高场站流量　(f) 富顺站流量

图3.25　应急情景时段内水文条件

在维持水库原始调度过程不变的情况下，采用所建川江水量水质模型，模拟预测事故污染团在长江干流的输移变化，结果见图 3.26。设定该污染物质在长江干流的超标浓度为 1mg/L，对事故污染团的影响进行统计分析，结果见表 3.15。从中可见，寸滩站以上天然河段内污染团输移速度明显快于寸滩站以下库区河段，进入库区后水库内已有的蓄水量对污染团产生了显著的稀释作用，污染浓度在库区内沿程快速降低，清溪场站以下河段污染物浓度已不超标，官渡口站以下的坝前河段污染物浓度已降至 0.1mg/L 以下，污染影响历时缩短至 400h 以内。

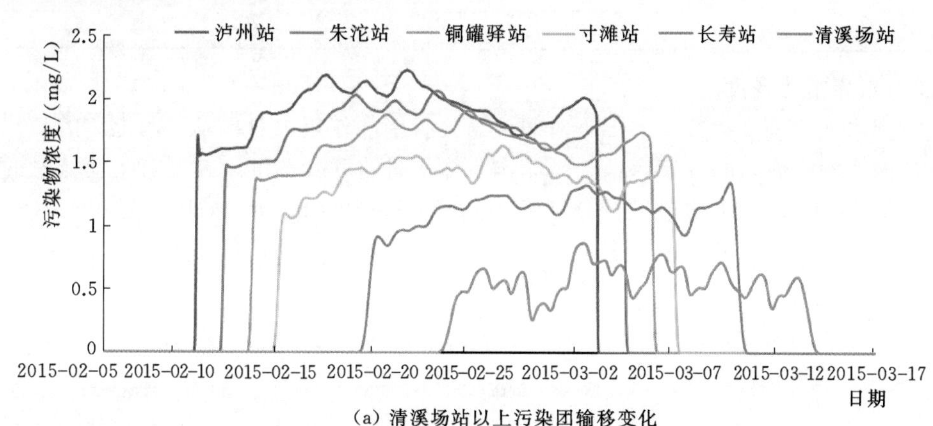

(a) 清溪场站以上污染团输移变化

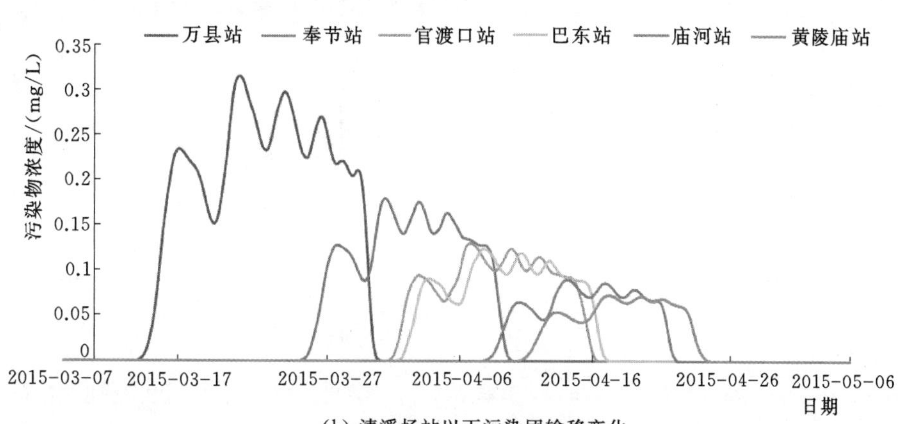

(b) 清溪场站以下污染团输移变化

图 3.26 事故污染团输移变化

表 3.15 事故污染团的影响

站名	影响开始时间	影响历时/h	影响期平均浓度/(mg/L)	超标开始时间	超标历时/h	超标期平均浓度/(mg/L)
泸州	2015-02-11 2：00	483	1.909	2015-02-11 5：00	479	1.923
朱沱	2015-02-12 8：00	491	1.746	2015-02-12 14：00	479	1.784
铜罐驿	2015-02-13 18：00	490	1.618	2015-02-14 1：00	477	1.653
寸滩	2015-02-14 23：00	489	1.354	2015-02-15 11：00	468	1.399
长寿	2015-02-18 21：00	474	1.063	2015-02-22 5：00	360	1.181
清溪场	2015-02-22 19：00	469	0.523	—	—	—

续表

站名	影响开始时间	影响历时/h	影响期平均浓度/(mg/L)	超标开始时间	超标历时/h	超标期平均浓度/(mg/L)
万县	2015-03-12 17：00	441	0.203	—	—	—
奉节	2015-03-25 0：00	385	0.117	—	—	—
官渡口	2015-03-31 16：00	378	0.088	—	—	—
巴东	2015-04-01 10：00	380	0.084	—	—	—
庙河	2015-04-07 21：00	350	0.061	—	—	—
黄陵庙	2015-04-10 12：00	345	0.050	—	—	—

3.5.2.3 水库增泄调度

为发挥水库群调度在突发水污染时间应急处置中的作用，对事发河段上游的长江干流溪洛渡、向家坝水库，岷江紫坪铺、瀑布沟水库等进行联合调度，在原有下泄流量的基础上进一步加大下泄流量，增泄流量分别为1000m³/s、2000m³/s。采用所建川江水量水质模型，模拟预测不同水库调度方案下事故污染团在长江干流的输移变化。

1. 增泄流量1000m³/s

上游水库群增泄流量1000m³/s后，事故污染团的输移变化见图3.27，事故影响统计

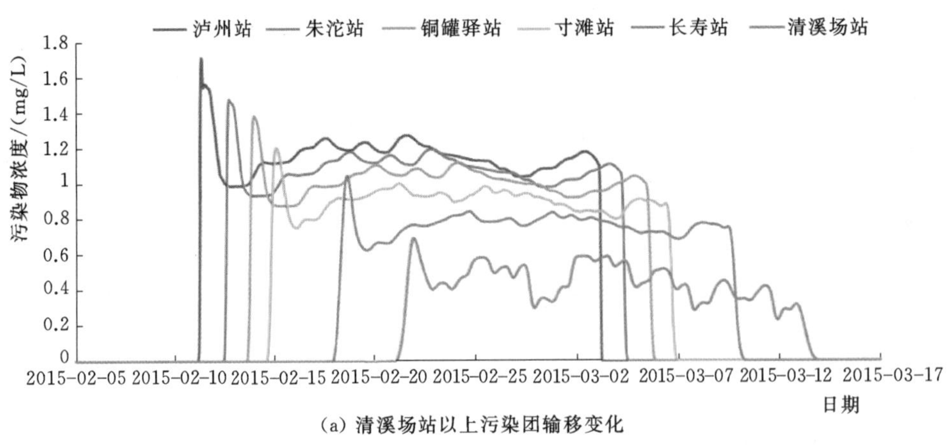

(a) 清溪场站以上污染团输移变化

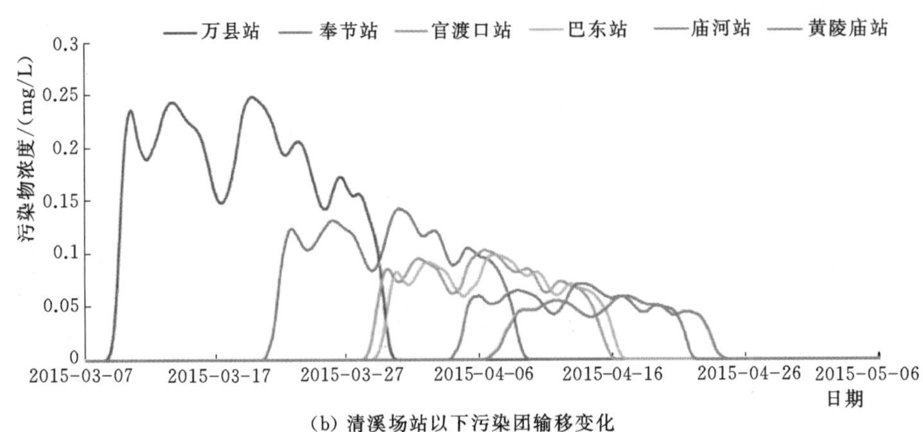

(b) 清溪场站以下污染团输移变化

图3.27 增泄1000m³/s事故污染团输移变化

分析见表3.16，与原始调度相比的事故影响变化见表3.17。从中可见，上游水库群增泄对降低污染浓度和超标历时作用显著：长寿站以上河段事故影响期内平均水质浓度降幅在30%以上，铜罐驿站以下河段水质超标历时大幅缩短，至长寿站仅5h超标。然而，随着流量的加大，污染团提前进入寸滩站以下库区河段，由于库区水流缓慢，事故污染物对库区的影响历时有不同程度的延长。

表3.16　增泄1000m³/s事故污染团的影响

站点	影响开始时间	影响历时/h	影响期平均浓度/(mg/L)	超标开始时间	超标历时/h	超标期平均浓度/(mg/L)
泸州	2015-02-11 2：00	482	1.155	2015-02-11 5：00	455	1.171
朱沱	2015-02-12 7：00	486	1.067	2015-02-12 13：00	405	1.110
铜罐驿	2015-02-13 14：00	487	1.000	2015-02-13 19：00	291	1.066
寸滩	2015-02-14 13：00	491	0.885	2015-02-14 22：00	20	1.089
长寿	2015-02-17 14：00	497	0.732	2015-02-18 13：00	5	1.037
清溪场	2015-02-20 15：00	515	0.419	—	—	—
万县	2015-03-08 12：00	534	0.177	—	—	—
奉节	2015-03-20 16：00	481	0.099	—	—	—
官渡口	2015-03-28 7：00	452	0.072	—	—	—
巴东	2015-03-29 2：00	452	0.069	—	—	—
庙河	2015-04-03 18：00	443	0.051	—	—	—
黄陵庙	2015-04-10 12：00	345	0.050	—	—	—

表3.17　增泄1000m³/s事故污染团的影响变化

站点	影响历时变化/h	影响期浓度降幅/%	超标历时变化/h	超标期浓度降幅/%
泸州	-1	39.49	-24	39.10
朱沱	-5	38.89	-74	37.77
铜罐驿	-3	38.21	-186	35.53
寸滩	2	34.58	-448	22.17
长寿	23	31.17	-355	12.15
清溪场	46	19.86	—	—
万县	93	12.84	—	—
奉节	96	15.84	—	—
官渡口	74	17.93	—	—
巴东	72	17.45	—	—
庙河	93	15.36	—	—
黄陵庙	91	15.82	—	—

2. 增泄流量2000m³/s

上游水库群增泄流量2000m³/s后，事故污染团的输移变化见图3.28，事故影响统计分析见表3.18，与原始调度相比的事故影响变化见表3.19。从中可见，上游水库群增泄对降低污染浓度和超标历时作用显著：所有断面事故影响期水质平均浓度均未超出1mg/L的控制目标，超标历时缩短至20h以内。然而，随着流量的进一步加大，污染团提前进入寸滩站以下库区河段，由于库区水流缓慢，事故污染物对库区的影响历时有比较明显的延长，但污染物浓度都很低，不影响库区水质安全。

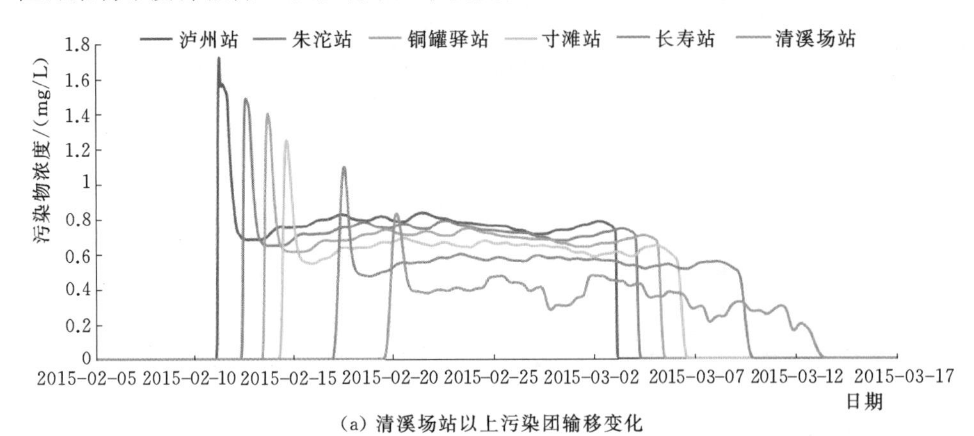

(a) 清溪场站以上污染团输移变化

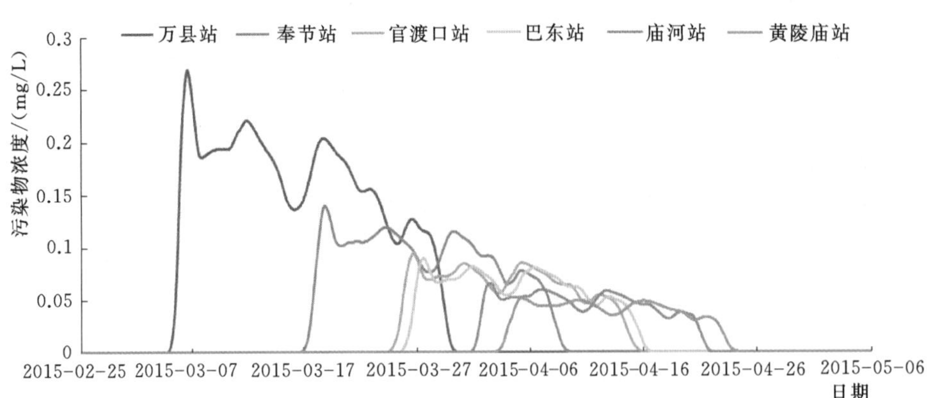

(b) 清溪场站以下污染团输移变化

图3.28 增泄2000m³/s事故污染团输移变化

表3.18 增泄2000m³/s事故污染团的影响

站点	影响开始时间	影响历时/h	影响期平均浓度/(mg/L)	超标开始时间	超标历时/h	超标期平均浓度/(mg/L)
泸州	2015-02-11 2：00	482	0.783	2015-02-11 5：00	17	1.444
朱沱	2015-02-12 8：00	481	0.728	2015-02-12 12：00	11	1.353
铜罐驿	2015-02-13 10：00	484	0.685	2015-02-13 14：00	10	1.266
寸滩	2015-02-14 6：00	491	0.623	2015-02-14 13：00	8	1.165
长寿	2015-02-16 17：00	508	0.535	2015-02-17 11：00	5	1.065
清溪场	2015-02-19 4：00	539	0.344	—	—	—
万县	2015-03-04 22：00	613	0.156	—	—	—

续表

站点	影响开始时间	影响历时/h	影响期平均浓度/(mg/L)	超标开始时间	超标历时/h	超标期平均浓度/(mg/L)
奉节	2015-03-16 20：00	566	0.086	—	—	—
官渡口	2015-03-24 14：00	533	0.061	—	—	—
巴东	2015-03-25 15：00	528	0.059	—	—	—
庙河	2015-03-31 20：00	507	0.045	—	—	—
黄陵庙	2015-04-03 0：00	511	0.038	—	—	—

表 3.19　增泄 $2000m^3/s$ 事故污染团的影响变化

站点	影响历时变化/h	影响期浓度降幅/%	超标历时变化/h	超标期浓度降幅/%
泸州	−1	58.97	−462	24.90
朱沱	−10	58.29	−468	24.16
铜罐驿	−6	57.68	−467	23.42
寸滩	2	53.96	−460	16.70
长寿	34	49.65	−355	9.83
清溪场	70	34.11	—	—
万县	172	23.40	—	—
奉节	181	26.50	—	—
官渡口	155	30.07	—	—
巴东	148	29.58	—	—
庙河	157	26.22	—	—
黄陵庙	166	24.35	—	—

第4章

长江上游水库群应急与常态协同优化调度

4.1 梯级水库群优化调度模型

水库调度是指人们运用水库的调蓄能力，按照水库来水蓄水实况和水文预报，在保证大坝工程安全的前提下，根据水库承担任务的主次，按照综合利用水资源的原则，有计划地对入库径流进行蓄泄，以达到兴利避害的目的（张勇传，1998；张勇传，2007；马光文等，2008；周建中等，2010）。根据调度原理和调度方法的不同，水库调度可以分为常规调度和优化调度（覃晖，2011；王超，2016；王赢，2012；张睿，2014；廖想，2014；李纯龙，2016）。常规调度是以历史径流资料为依据，结合调度和决策人员的经验，通过编制调度规程来指导水库运行。优化调度是以最优化理论和运筹学理论为基础，根据入库径流和综合利用需求建立水电站群优化调度模型，运用数学规划法或智能优化方法对目标函数进行求解，在有限的计算时间内获得满足各种约束条件的一个或一组最优调度决策方案，其本质是一个多阶段决策问题。本节建立的优化调度模型包括梯级水库群常态优化调度模型和梯级水库群应急优化调度模型。

4.1.1 梯级水库群常态优化调度模型

梯级水库群联合运行的效益主要体现在能量效益、容量效益、防洪效益、航运效益、生态效益等方面。常见的梯级水库群常态优化调度模型主要包括以下几种模型。

1. 能量效益

梯级总发电量最大模型如下：

$$\max E=\max\sum_{t=1}^{T}\sum_{i=1}^{S_{\text{num}}}K_iH_{i,t}Q_{i,t}^{f}\Delta t=\max\sum_{t=1}^{T}\sum_{i=1}^{S_{\text{num}}}N_{i,t}\Delta t \tag{4.1}$$

式中：E 为流域梯级水电站群总发电量，亿 kW·h；S_{num} 为流域梯级水电站数目；T 为调度期内总时段，s；K_i 为水电站 i 的综合出力系数；$H_{i,t}$ 为水电站 i 在时段 t 的平均发电净水头，m；$Q_{i,t}^{f}$ 为水电站 i 在时段 t 的发电引用流量，m^3/s；Δt 为调度周期内调度时段长度，s；$N_{i,t}$ 为水电站 i 在时段 t 的出力，万 kW。

2. 容量效益

时段保证出力最大模型如下：

$$\max N^{f}=\max\{\min N_{t}^{s}\},t=1,2,\cdots,T;N_{t}^{s}=\sum_{i=1}^{S_{\text{num}}}N_{i,t} \tag{4.2}$$

式中：N^{f} 为流域梯级水电站在整个调度期内的时段最小出力，万 kW；N_{t}^{s} 为系统在时段 t 的出力，万 kW；$N_{i,t}$ 为水电站 i 在时段 t 的出力，万 kW。

3. 防洪效益

（1）蓄水量最大模型：

$$\max R_{f}=\sum_{i=1}^{S_{\text{num}}}(Z_{\text{End}}(i)=Z_{\max}(i)) \tag{4.3}$$

式中：R_{f} 为水库的蓄水量，亿 m^{3}；Z_{End} 为水库的末水位，m；$Z_{\max}$ 为水库的最大水位，m。

（2）弃水量最少模型：

$$\min Q_{w}=\sum_{i=1}^{S_{\text{num}}}\sum_{t=1}^{T}Q_{W,i}(t) \tag{4.4}$$

式中：Q_{w} 为水库的弃水量，亿 m^{3}。

4. 航运效益

通航率最大模型：

$$\max R_{\text{nav}}=\frac{1}{S_{\text{num}}T}\sum_{i=1}^{S_{\text{num}}}\sum_{t=1}^{T}(Q_{\text{out},i}(t)\geqslant Q_{\text{ship},i})\times 100\% \tag{4.5}$$

式中：R_{nav} 为河道的通航率；Q_{out} 为水库的出库流量，m^{3}/s；Q_{ship} 为船舶正常航行时所需要的流量，m^{3}/s。

5. 生态效益

生态保证率最大模型：

$$\max R_{\text{eco}}=\frac{1}{S_{\text{num}}T}\sum_{i=1}^{S_{\text{num}}}\sum_{t=1}^{T}(Q_{\text{out},i}(t)\geqslant Q_{\text{eco},i})\times 100\% \tag{4.6}$$

式中：R_{eco} 为生态保证率；Q_{out} 为水库的出库流量，m^{3}/s；Q_{eco} 为正常生态所需要的流量，m^{3}/s。

6. 约束条件

（1）水量平衡方程：

$$V_{i,t}=V_{i,t-1}+\left[I_{i,t}-Q_{i,t}-S_{i,t}+\sum_{k=1}^{N_{ui}}(Q_{k,t-\tau_{k,i}}+S_{k,t-\tau_{k,i}})\right]\cdot\Delta t \tag{4.7}$$

式中：$V_{i,t}$ 与 $V_{i,t-1}$ 分别为水电站 i 在 t 时段的末库容和初始库容，亿 m^{3}；$I_{i,t}$ 与 $Q_{i,t}$ 分别为水电站 i 在 t 时段的平均入库、出库流量，m^{3}/s，出库流量 $Q_{i,t}$ 通常可以表示为水电站发电引用流量 $Q_{i,t}^{f}$ 和水电站弃水流量 $Q_{i,t}^{s}$ 之和；N_{ui} 为水电站 i 在 t 时段的直接上游水库数量；$\tau_{k,i}$ 为水流时滞（如果所研究的问题是中长期优化调度问题，则不考虑时滞问题，则 $\tau_{k,i}=0$）；$S_{i,t}$ 为水电站 i 在 t 时段的弃水流量，m^{3}/s。

（2）水位（库容）约束：

$$Z_{i,t}^{\min}\leqslant Z_{i,t}\leqslant Z_{i,t}^{\max} \tag{4.8}$$

式中：$Z_{i,t}$ 为水库 i 在 t 时段的坝前水位，可由水量平衡方程求得库容之后再查询水位-库容曲线求得，m；$Z_{i,t}^{\max}$ 与 $Z_{i,t}^{\min}$ 分别为水库 i 在 t 时段的水位（库容）上下限约束条件，水位（库容）上下限约束主要由水库本身的最低、最高水位（库容）限制以及调度期设定的水位（库容）限制共同确定，$[Z_{i,t}^{\min}, Z_{i,t}^{\max}]$ 为其交集部分。

（3）出力约束。对各个水电站，有

$$N_{i,t}^{\min} \leqslant N_{i,t} \leqslant N_{i,t}^{\max} \tag{4.9}$$

式中：$N_{i,t}$为水电站i在t时段的平均出力，万kW；$N_{i,t}^{\max}$与$N_{i,t}^{\min}$分别为水电站i在t时段的总出力上下限约束，出力约束主要有水电站的装机容量约束、预想出力约束以及保证出力约束等，$[N_{i,t}^{\min}, N_{i,t}^{\max}]$ 为其交集部分。

对梯级水电站，有

$$N_t^{\min} \leqslant \sum_{i=1}^{S_{\text{num}}} N_{i,t} \leqslant N_t^{\max} \tag{4.10}$$

式中：$N_t^{\max}$ 与 $N_t^{\min}$ 分别为梯级水电站在t时段的总出力上下限约束。此处 $N_t^{\min}$ 取梯级水电站的保证出力，万kW。

（4）流量约束：

$$Q_{i,t}^{\min} \leqslant Q_{i,t} \leqslant Q_{i,t}^{\max} \tag{4.11}$$

式中：$Q_{i,t}$为水电站i在t时段的出库流量，m^3/s；$Q_{i,t}^{\max}$与$Q_{i,t}^{\min}$分别为水电站i在t时段的出库流量的上下限约束，流量约束主要有水电站的过水能力约束、调度期内防洪、航运等对下泄流量的限制等，$[Q_{i,t}^{\min}, Q_{i,t}^{\max}]$ 为其交集部分。

（5）梯级水电站间的水力联系：

$$I_{i,t} = Q_{i-1,t-\tau_{i-1}} + q_{i,t} \tag{4.12}$$

式中：$Q_{i-1,t-\tau_{i-1}}$为上游水电站的出库流量，m^3/s；τ_{i-1}为水电站$i-1$到水电站i的水流流达时间（如果所研究的问题是中长期优化调度问题，则不考虑时滞问题，则$\tau_{i-1}=0$）；$q_{i,t}$为水电站i在t时段的区间入流，m^3/s。

（6）水电站初、末水位约束：

$$Z_{i,0} = Z_{i,0}^{\text{Begin}}, Z_{i,T} = Z_{i,T}^{\text{End}} \tag{4.13}$$

式中：Z_i^{Begin} 与 Z_i^{End} 分别为水电站i的起调水位和调度期末控制水位，m。

4.1.2 梯级水库群应急优化调度模型

流域梯级水库群的应急优化调度是针对突发事件（以突发水污染事件为例）的优化调度。一方面需要考虑实际调度中的时效性并且最大程度地利用库群的有效库容；另一方面又需要综合考虑防洪、航运、供水以及生态等问题。而依靠单一水库对突发水污染事件的应对能力有限，且对突发水污染事件的应急响应不及时。此外，流域上中大型水电站一般都是按照径流式进行调节下泄，并不参与流域突发水污染事件的处理。针对流域突发水污染事件的特性，仅按照其经验规律进行应急调度已不能满足安全要求。因此有必要研究如何选择合理的水库群优化调度方式，最大程度地发挥各个水电站的应急潜力，共同参与突发水污染事件的应急调度，以实现梯级水库群应急调度下河流水质模拟与长距离河流污染物传输的快速实时追踪。

4.1.2.1 应急优化调度标准及优势

1. 应急优化调度标准

流域梯级水库群的应急优化调度与常态优化调度的主要区别在于应急优化调度为针对

河道断面出现突发水污染事件过程的非常规调度，因此需要根据突发水污染的河道断面的来水情况来判断是否启动应急调度方案。此外，由于应急调度的时限特征使得需要考虑实际调度中的时效性，尽量减少水库闸门的启闭频次以此来缩短应急优化调度时间。流域梯级水库群应急与常态协同优化调度过程和应急优化调度过程分别如图 4.1 和图 4.2 所示。

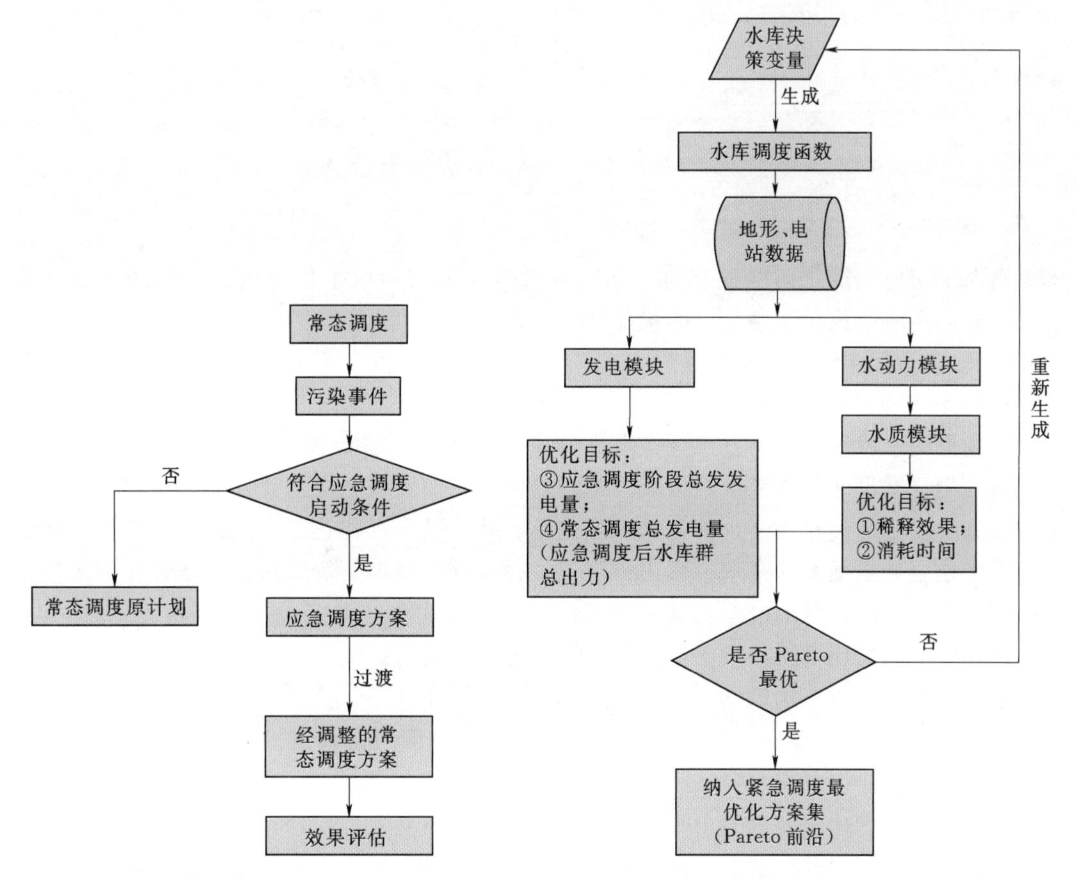

图 4.1　常态蓄放水与应急调度的协同优化流程图

图 4.2　梯级水库群应急优化调度流程图

2. 应急与常态协同优化调度的优势

通过分析研究，分步求解具有以下优势（此处以多目标优化为例）：

（1）剔除无效方案，减少运算量。在整体求解时，若一组方案在应急优化调度阶段已非 Pareto 最优，例如，能够达到相同的稀释效果却损失了更多的水量。此时若仍将其代入常态模型求解优化目标，则将浪费计算资源。分步求解能够只针对（应急优化调度模型中）Pareto 前沿的方案（如方案 A、方案 B），计算其后续的常态调度方案，能够大大减少计算量（如方案 C），如图 4.3 所示。

（2）分阶段求解效果与整体求解效果的比较。常态调度模型是一个有约束的非凸优化问题。若将应急优化调度模型也加入一同考虑，则会大大增加优化变量的数目，在非凸优化问题的搜索区域中产生了更多的“坏”的局部极值，从而增加求解的难度，降低优化的效果。事实上，应急优化调度是无约束的非凸优化问题（只有上下界约束）。若分阶段求

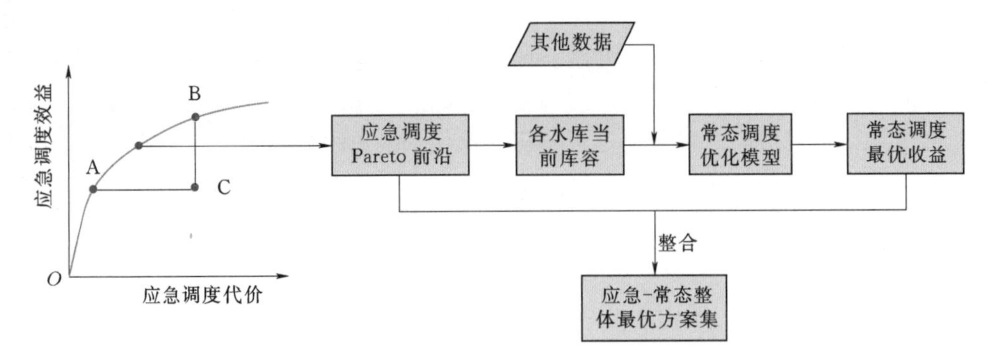

图 4.3 应急优化调度与常态调度之间解集的传递过程

解，则在求解应急优化调度模型时，能够有效避免处理约束条件的运算，既能节省计算量，又能提高应急优化调度部分的优化效果。

4.1.2.2 应急优化调度模型的建立

1. 优化变量

流域梯级水库群实施突发水污染事件的应急优化调度需要较高的操作性以及时效性，因此需要尽量减少泄洪改变次数以减少闸门启闭频次。在联合应急优化调度中需要根据来水过程分阶段进行优化调度，即开始优化之前、优化期间和优化终止之后 3 个阶段。优化之前和优化之后根据天然来水过程进行下泄；优化期间则根据需要对下泄水量按照某一定值进行下泄。因此，每个电站在整个优化过程中需要优化 3 个变量，即开始优化时间点、优化持续时间和优化期间最大下泄流量，以水库 s 为例的调度图如图 4.4 所示。从 $t_1^{(s)}$ 时刻开始以线性速度增大水库的下泄流量，经过一段时间后到达 $Q_{\max}^{(s)}$，然后保持一段时间 $t_{\text{last}}^{(s)}$后，再以同样的速度减少水库的下泄流量至下泄流量的初始值。水库 s 的调度轨迹由开始优化时间点 $t_1^{(s)}$、优化持续时间 $t_{\text{last}}^{(s)}$和优化期间最大下泄流量 $Q_{\max}^{(s)}$ 3 个优化变量决定。梯级水库群应急优化调度模型中具体优化变量的个数需要根据应急优化调度的控制断面决定，不同的控制断面其应急效果的优良取决于该断面上游各水库的泄流过程。因此优化变量的个数是动态的。例如：若调度的水库有 3 个，则此时优化变量包括 3 个水库的开始优化时间点、优化持续时间和优化期间最大下泄流量，共 9 个优化变量。以此类推，若调度的水库为 4 个，则共有 12 个优化变量。3 阶段控制有利于统一各个调度水库的应急调度

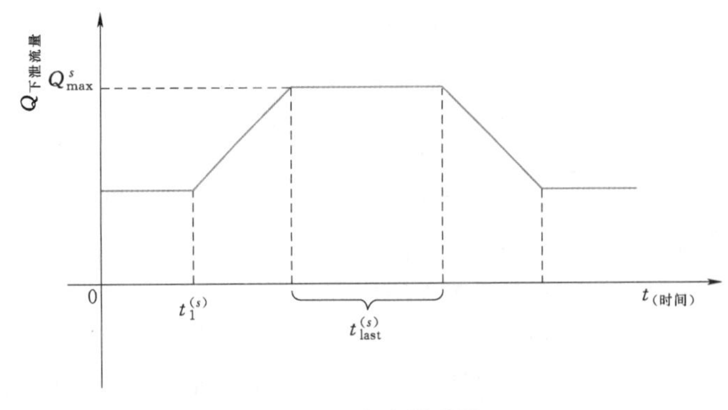

图 4.4 水库调度图

原则，减少操作时间，充分利用库群的安全库容，发挥上游各个水库库容的补偿作用。

2. 目标函数

流域突发水污染应急调度本质上是流域内梯级水库群下泄流量的分配问题，其主要通过各个水库下泄流量的控制来实现污染物的稀释和迁移扩散，因此将对水库的能量效益（即发电）不利。若以污染物达标所用时间最短以及应急调度过程中损失的电能最少为目标进行调度，可得到目标函数如下：

$$\min t_{\text{end}} \tag{4.14}$$

$$\min E_{\text{waste}} = \sum_{s=1}^{S_{\text{num}}} E_{\text{exteral-ideal}}^{(s)} - \sum_{s=1}^{S_{\text{num}}} E_{\text{exteral-actual}}^{(s)} \tag{4.15}$$

式中：t_{end}为污染物达标所用时间，h；E_{waste}为应急调度过程中参与应急调度的水库损失的电能，亿 kW·h；S_{num}为参与应急调度的水库个数；$E_{\text{exteral-actual}}^{(s)}$为应急调度过程中由于消耗水库库容而产生的发电量，亿 kW·h；$E_{\text{exteral-ideal}}^{(s)}$为理想情况下，消耗相同库容而产生的发电量，亿 kW·h。

在梯级水库群应急调度过程中，除以上目标函数之外，还可以考虑梯级水库群联合运行的其他效益，如容量效益、防洪效益、航运效益以及生态效益等。

3. 约束条件

在水库进行调度时，一方面受水库可用水量和河道水流演进的约束，另一方面又要求控制断面处的水质必须达标，由此可得到调度模型的具体约束条件如下所示（王家彪，2016；王方方等，2017）。

（1）控制断面水质浓度约束：

$$C(x,t) \leqslant C_s \quad (x \in x_p) \tag{4.16}$$

式中：$C(x,t)$为河流中t时刻位置x处污染物的浓度，mg/L；C_s为控制断面处所允许的最大污染物浓度值，mg/L；x_p为所需要保护河段的河长长度，m。

（2）水量平衡方程：

$$V_{i,t} = V_{i,t-1} + \left[I_{i,t} - Q_{i,t} - S_{i,t} + \sum_{k=1}^{N_{ui}} (Q_{k,t-\tau_{k,i}} + S_{k,t-\tau_{k,i}}) \right] \Delta t \tag{4.17}$$

式中：$V_{i,t}$与$V_{i,t-1}$分别为水电站i在t时段的末库容和初始库容，亿 m^3；$I_{i,t}$与$Q_{i,t}$分别为水电站i在t时段的平均入库、出库流量，m^3/s，出库流量$Q_{i,t}$通常可以表示为水电站发电引用流量$Q_{i,t}^f$和水电站弃水流量$Q_{i,t}^s$之和；N_{ui}为水电站i在t时段的直接上游水库数量；$\tau_{k,i}$为水流时滞（如果所研究的问题是中长期优化调度问题，则不考虑时滞问题，则$\tau_{k,i}=0$）；$S_{i,t}$为水电站i在t时段的弃水流量，m^3/s。

（3）水位（库容）约束：

$$Z_{i,t}^{\min} \leqslant Z_{i,t} \leqslant Z_{i,t}^{\max} \tag{4.18}$$

式中：$Z_{i,t}$为水库i在t时段的坝前水位，可由水量平衡方程求得库容之后再查询水位-库容曲线求得，m；$Z_{i,t}^{\max}$与$Z_{i,t}^{\min}$分别为水库i在t时段的水位（库容）上下限约束条件，水位（库容）上下限约束主要由水库本身的最低、最高水位（库容）限制以及调度期设定的水位（库容）限制共同确定，$[Z_{i,t}^{\min}, Z_{i,t}^{\max}]$为其交集部分。

（4）出力约束：

对各个水电站，有

$$N_{i,t}^{\min} \leqslant N_{i,t} \leqslant N_{i,t}^{\max} \tag{4.19}$$

式中：$N_{i,t}$为水电站i在t时段的平均出力，万kW；$N_{i,t}^{\max}$与$N_{i,t}^{\min}$分别为水电站i在t时段的总出力上下限约束，出力约束主要有水电站的装机容量约束、预想出力约束以及保证出力约束等，［$N_{i,t}^{\min}$，$N_{i,t}^{\max}$］为其交集部分。

（5）流量约束：

$$Q_{i,t}^{\min} \leqslant Q_{i,t} \leqslant Q_{i,t}^{\max} \tag{4.20}$$

式中：$Q_{i,t}$为水电站i在t时段的出库流量，m^3/s；$Q_{i,t}^{\max}$与$Q_{i,t}^{\min}$分别为水电站i在t时段的出库流量的上下限约束，流量约束主要有水电站的过水能力约束、调度期内防洪、航运等对下泄流量的限制等，［$Q_{i,t}^{\min}$，$Q_{i,t}^{\max}$］为其交集部分。

（6）梯级水电站间的水力联系：

$$I_{i,t} = Q_{i-1,t-\tau_{i-1}} + q_{i,t} \tag{4.21}$$

式中：$Q_{i-1,t-\tau_{i-1}}$为上游水电站的出库流量，m^3/s；τ_{i-1}为水电站$i-1$到水电站i的水流流达时间（如果所研究的问题是中长期优化调度问题，则不考虑时滞问题，则$\tau_{i-1}=0$）；$q_{i,t}$为水电站i在t时段的区间入流，m^3/s。

（7）马斯京根流量演算约束：

$$Q_{k,t} = C_{1,k}Q_{k-1,t} + C_{2,k}Q_{k-1,t-1} + C_{3,k}Q_{k,t-1} + Q_{qk,t} \tag{4.22}$$

式中：$Q_{k,t}$、$Q_{k-1,t}$、$Q_{qk,t}$分别为第k个马斯京根演算河段上、下断面第t时段的平均流量及沿程各段的区间入流，m^3/s；$C_{1,k}$、$C_{2,k}$、$C_{3,k}$为第k个马斯京根演算河段的演进参数。

4.2 模型求解算法及性能测试

4.2.1 粒子群优化算法

粒子群优化算法（Particle Swarm Optimization，PSO）自提出以来，引起了国内外众多学者的广泛关注，自2003年起，每年举办一次的IEEE国际群智能研讨会为国内外群智能领域的研究者提供了良好的交流平台，相关研究报告与文献大量出现，促进了粒子群优化算法的发展。本节将从算法描述和算法测试两个方面对粒子群优化算法（PSO）进行介绍（赵玉新等，2013）。

4.2.1.1 算法描述

粒子群优化算法（PSO）（Kennedy等，1995；Eberhart等，1995）是由美国心理学家Kennedy和电气工程师Eberhart于1995年提出的一种兼具全局搜索能力和随机搜索能力的群智能优化技术。作为群智能优化算法的一个分支，粒子群优化算法一方面吸取了人工生命（Artificial Life）、鸟类觅食（Birds Flocking）、鱼群学习（Fish Schooling）和群理论（Swarm Theory）的思想，另一方面又具有与进化算法相似的搜索能力和优化能力（张军等，2009）。它通过模拟鸟类的觅食行为，将寻找问题最优解的过程看成是鸟类寻找食物的过程，将所求优化问题的搜索空间比作鸟类的飞行空间，将每只鸟抽象成搜索空间中一个没有质量和体积的粒子，用它来表征问题的一个可行解，其优劣程度由表征优化问题目标的函数值来确定。在搜索空间中，每个粒子都会以一个能决定其飞翔方向和距离的速度进行飞行，并根据对个体和集体的飞行经验的综合分析来动态调整这个速度（雷德明等，2009；张强等，2018）。粒子速度的调整通常由惯性、个体历史最优趋向性（个体认知，Self - Cognition）和社会历史最优趋向性（社会学习，Social - Influence）三部分共同决定（江铭炎等，2014）。粒子群优化算法的基本流程如图 4.5 所示。

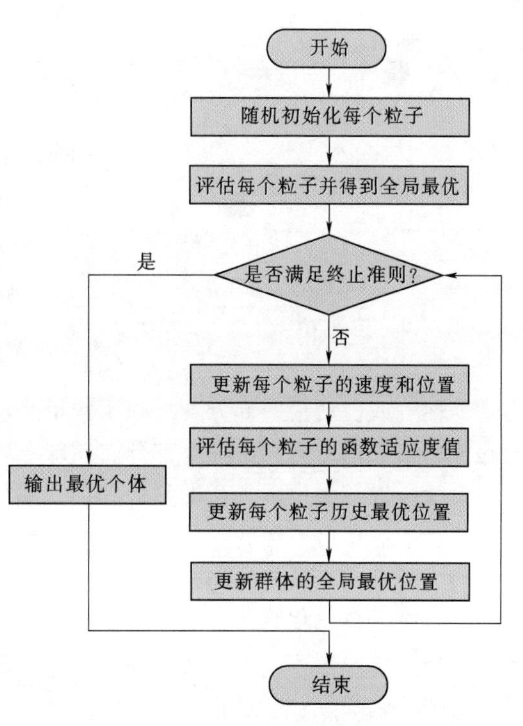

图 4.5 粒子群优化算法的基本流程图

在粒子群优化算法的进化过程中，每个个体（粒子）都需要同时维护两个向量，即速度向量 $\boldsymbol{v}_i=(v_{i1},v_{i2},\cdots,v_{iD})$ 和位置向量 $\boldsymbol{x}_i=(x_{i1},x_{i2},\cdots,x_{iD})$，其中 i 表示粒子的编号，D 表示决策（优化）变量维数。粒子的飞行速度决定了其运动的速率和方向，而粒子的位置则表征了粒子所代表的可行解在搜索空间中的位置，是评估该可行解质量优劣的基础。其次，粒子群优化算法同时还要求每一个粒子各自维护一个自身的历史最优位置向量 $\boldsymbol{pbest}=(pbest_{i,1},pbest_{i,2},\cdots,pbest_{i,D})$，即对每个粒子，将它的当前位置与它所经历过的最优位置 $\boldsymbol{pbest}$ 进行比较，若该粒子当前的位置更好，则将该位置作为该粒子当前的最优位置 $\boldsymbol{pbest}$；否则，$\boldsymbol{pbest}$ 保持不变。如果该粒子能够不断找到更好的位置，则最优位置 $\boldsymbol{pbest}$ 也会不断地被更新。此外，整个种群还需要维护一个全局最优位置向量 $\boldsymbol{gbest}=(gbest_1,gbest_2,\cdots,gbest_D)$，该向量代表所有粒子的 $\boldsymbol{pbest}$ 中最优的那个，即对每个粒子，将它的当前位置与群体中所有粒子经历过的最优位置 $\boldsymbol{gbest}$ 进行比较，若该粒子当前的位置更好，则将该位置设置为当前的 $\boldsymbol{gbest}$；否则，$\boldsymbol{gbest}$ 保持不变（张军等，2009；雷德明等，2009）。

在标准粒子群优化算法中，对每个粒子 i 的第 j 维的速度和位置分别按式（4.23）和式（4.24）进行更新。式（4.23）和式（4.24）在二维空间中的关系如图 4.6 所示。

$$\boldsymbol{v}_{ij,t+1}=\omega\cdot\boldsymbol{v}_{ij,t}+c_1\cdot r_1\cdot(\boldsymbol{pbest}_{ij,t}-\boldsymbol{x}_{ij,t})+c_2\cdot r_2\cdot(\boldsymbol{gbest}_{ij,t}-\boldsymbol{x}_{ij,t}) \tag{4.23}$$

$$\boldsymbol{x}_{ij,t+1}=\boldsymbol{x}_{ij,t}+\boldsymbol{v}_{ij,t+1} \tag{4.24}$$

式中：ω 为惯性权重（Inertia Weight）（Shi 等，1998），表示粒子在多大程度上保留原来的速度，ω 较大，表明算法的全局收敛能力较强，局部收敛能力较弱，ω 较小，表明算法的局部收敛能力较强，全局收敛能力较弱，ω 的初始值一般取 0.9，然后随着进化过程线性地递减到 0.4；c_1 和 c_2 为加速系数（Acceleration Coefficients），也称学习因子，代表

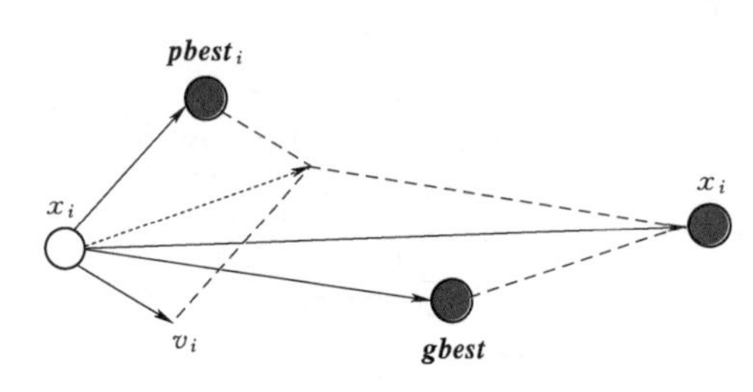

图4.6 PSO算法中粒子速度和位置在二维空间中的关系及更新示意图

粒子向自身历史最优位置 ***pbest*** 和全局最优位置 ***gbest*** 推进的随机加速权值，传统上 c_1 和 c_2 通常取2.0；r_1 和 r_2 为区间［0，1］上的两个符合均匀分布的随机数；$i=1,2,\cdots,N$，N 表示种群规模；$\boldsymbol{v}_{ij}$ 为粒子的速度，$\boldsymbol{v}_{ij}\in[-\boldsymbol{v}_{\max},\boldsymbol{v}_{\max}]$，$\boldsymbol{v}_{\max}$ 是常数，在更新过程中，由用户设定来限制粒子的速度，$\boldsymbol{v}_{\max}$ 的每一维一般可以设定为各维取值范围的10%～20%。

式（4.23）右边由三部分构成：第一部分为“惯性”或“动量”部分，反映了粒子运动的“习惯”，代表粒子有保留自己原来速度的趋势；第二部分为“认知”部分，反映了粒子对自身历史经验的记忆或回忆，代表粒子有向自身历史最优位置飞行的趋势；第三部分为“社会”部分，反映了粒子间相互合作和信息共享的群体历史经验，代表粒子有向全局最优位置飞行的趋势（包子阳等，2016）。

作为一种具有良好生物社会背景，且具有易实现、精度高、收敛快等优点的群智能优化算法，粒子群优化算法已被广泛地应用于函数寻优、业务规划、任务分配、图像处理、神经网络训练、模式分类、车间调度、模糊系统控制等诸多领域（包子阳等，2016；张军等，2009；张强等，2018）。

4.2.1.2 算法测试及结果分析

为了验证粒子群优化算法（PSO）的收敛性能，本节将对其进行数值仿真实验。实验在Intel(R)Core(TM)i7－8700 CPU 3.20GHz 3.19GHz、RAM 16.0GB、操作系统为Microsoft Windows 10(64bit）的计算机上运行，实验程序在MATLAB R2018b（其版本为9.5.0）开发环境中编写运行。

1. 测试函数选择

为了测试粒子群优化算法（PSO）的优化性能，本节采用23个常用的标准测试函数（Benchmark Function，BF）（Yao等，1997；Yao等，1999）对其进行数值仿真实验。这些标准测试函数可以划分为四大类，其中F1、F6和F7为单模态可分离（Unimodal and Separable，US）函数，F2～F5为单模态不可分离（Unimodal and Non－Separable，UN）函数，F8、F9和F17为多模态可分离（Multimodal and Separable，MS）函数，F10～F16、F18～F23为多模态不可分离（Multimodal and Non－Separable，MN）函数。具体函数说明如下，其中单模态函数（Unimodal）简记为U，多模态函数（Multimodal）简记为M。若函数中决策变量是分离的（Separable），则简记为S；若决策变量是不分离的（Non－Separable），则简记为N。决策变量 $\boldsymbol{x}$ 的维数简记为 D。

（1）F1：Sphere Function（US）。

$$f(\boldsymbol{x})=\sum_{i=1}^{D}x_i^2$$

式中：$\boldsymbol{x}\in[-100,100]^D$，$D=30$。此函数在 $\boldsymbol{x}^*=(0,0,\cdots,0)$ 处，取得全局最小值 $f(\boldsymbol{x}^*)=0$。

（2）F2：Schwefel 2.22 Function（UN）。

$$f(\boldsymbol{x})=\sum_{i=1}^{D}|x_i|+\prod_{i=1}^{D}|x_i|$$

式中：$\boldsymbol{x}\in[-10,10]^D$，$D=30$。此函数在 $\boldsymbol{x}^*=(0,0,\cdots,0)$ 处，取得全局最小值 $f(\boldsymbol{x}^*)=0$。

（3）F3：Schwefel 1.2 Function（UN）。

$$f(x)=\sum_{i=1}^{D}\left(\sum_{j=1}^{i}x_j\right)^2$$

式中：$\boldsymbol{x}\in[-100,100]^D$，$D=30$。此函数在 $\boldsymbol{x}^*=(0,0,\cdots,0)$ 处，取得全局最小值 $f(\boldsymbol{x}^*)=0$。

（4）F4：Schwefel 2.21 Function（UN）。

$$f(\boldsymbol{x})=\max\{|x_i|,1\leqslant i\leqslant D\}$$

式中：$\boldsymbol{x}\in[-100,100]^D$，$D=30$。此函数在 $\boldsymbol{x}^*=(0,0,\cdots,0)$ 处，取得全局最小值 $f(\boldsymbol{x}^*)=0$。

（5）F5：Rosenbrock Function（UN）。

$$f(\boldsymbol{x})=\sum_{i=1}^{D-1}[100(x_{i+1}-x_i^2)^2+(x_i-1)^2]$$

式中：$\boldsymbol{x}\in[-30,30]^D$，$D=30$。此函数在 $\boldsymbol{x}^*=(1,1,\cdots,1)$ 处，取得全局最小值 $f(\boldsymbol{x}^*)=0$。

（6）F6：Step Function（US）。

$$f(\boldsymbol{x})=\sum_{i=1}^{D}(\lfloor x_i+0.5\rfloor)^2$$

式中：$\boldsymbol{x}\in[-100,100]^D$，$D=30$。此函数在 $-0.5\leqslant x_i^*<0.5$ 处，取得全局最小值 $f(\boldsymbol{x}^*)=0$。

（7）F7：Quartic Function（US）。

$$f(\boldsymbol{x})=\sum_{i=1}^{D}ix_i^4+\text{random}[0,1)$$

式中：$\boldsymbol{x}\in[-1.28,1.28]^D$，$D=30$。此函数在 $\boldsymbol{x}^*=(0,0,\cdots,0)$ 处，取得全局最小值 $f(\boldsymbol{x}^*)=0$。

（8）F8：Schwefel 2.26-1 Function（MS）。

$$f(\boldsymbol{x})=-\sum_{i=1}^{D}x_i\cdot\sin(\sqrt{|x_i|})$$

式中：$\boldsymbol{x}\in[-500,500]^D$，$D=30$。此函数在 $\boldsymbol{x}^*=(420.9687,\cdots,420.9687)$ 处，取得全局最小值 $f(\boldsymbol{x}^*)=-12569.5$。

（9）F9：Rastrigin Function（MS）。

$$f(\boldsymbol{x})=10\cdot D+\sum_{i=1}^{D}(x_i^2-10\cdot\cos(2\pi x_i))$$

式中：$\boldsymbol{x}\in[-5.12,5.12]^D$，$D=30$。此函数在 $\boldsymbol{x}^*=(0,0,\cdots,0)$ 处，取得全局最小值 $f(\boldsymbol{x}^*)=0$。

（10）F10：Ackley Function（MN）。

$$f(\boldsymbol{x})=-20\cdot\exp\left(-0.2\cdot\sqrt{\frac{1}{D}\cdot\sum_{i=1}^{D}x_i^2}\right)-\exp\left[\frac{1}{D}\cdot\sum_{i=1}^{D}\cos(2\pi x_i)\right]+20+e$$

式中：$\boldsymbol{x}\in[-32,32]^D$，$D=30$。此函数在 $\boldsymbol{x}^*=(0,0,\cdots,0)$ 处，取得全局最小值 $f(\boldsymbol{x}^*)=0$。

(11) F11：Griewank Function (MN)。

$$f(\boldsymbol{x})=\frac{1}{4000}\cdot\sum_{i=1}^{D}x_i^2-\prod_{i=1}^{D}\cos\left(\frac{x_i}{\sqrt{i}}\right)+1$$

式中：$\boldsymbol{x}\in[-600,600]^D$，$D=30$。此函数在 $\boldsymbol{x}^*=(0,0,\cdots,0)$ 处，取得全局最小值 $f(\boldsymbol{x}^*)=0$。

(12) F12：Penalised Levy and Montalvo 1 Function (MN)。

$$f(\boldsymbol{x})=\frac{\pi}{D}\left\{10\sin^2(\pi y_1)+\sum_{i=1}^{D-1}(y_i-1)^2[1+10\sin^2(\pi y_{i+1})+(y_D-1)^2]\right\}+\sum_{i=1}^{D}u(x_i,10,100,4)$$

其中，$y_i=1+0.25(x_i+1)$，$u(x_i,a,k,m)=\begin{cases}k(x_i-a)^m, & x_i>a\\ 0, & -a\leqslant x_i\leqslant a\\ k(-x_i-a)^m, & x_i<-a\end{cases}$。

式中：$\boldsymbol{x}\in[-50,50]^D$，$D=30$。此函数在 $\boldsymbol{x}^*=(-1,-1,\cdots,-1)$ 处，取得全局最小值 $f(\boldsymbol{x}^*)=0$。

(13) F13：Penalised Levy and Montalvo 2 Function (MN)。

$$f(\boldsymbol{x})=0.1\cdot\left\{\sin^2(3\pi x_1)+\sum_{i=1}^{D-1}(x_i-1)^2[1+\sin^2(3\pi x_{i+1})]+(x_D-1)^2[1+\sin^2(2\pi x_D)]\right\}+\sum_{i=1}^{D}u(x_i,5,100,4)$$

式中：$\boldsymbol{x}\in[-50,50]^D$，$D=30$。此函数在 $\boldsymbol{x}^*=(1,1,\cdots,1)$ 处，取得全局最小值 $f(\boldsymbol{x}^*)=0$。

(14) F14：Shekel's Foxholes Function (MN)。

$$f(\boldsymbol{x})=\left[\frac{1}{500}+\sum_{j=1}^{25}\frac{1}{j+\sum_{i=1}^{2}(x_i-a_{ij})^6}\right]^{-1}$$

式中：$\boldsymbol{x}\in[-65.536,65.536]^D$，$D=2$。此函数在 $\boldsymbol{x}^*=(-32,-32)$ 处，取得全局最小值 $f(\boldsymbol{x}^*)=0.998004$。

(15) F15：Kowalik Function (MN)。

$$f(\boldsymbol{x})=\sum_{i=1}^{11}\left(a_i-\frac{x_1(b_i^2+b_1x_2)}{b_i^2+b_1x_3+x_4}\right)^2$$

式中：$\boldsymbol{x}\in[-4,4]^4$。此函数在 $\boldsymbol{x}^*=(0.192833,0.190836,0.123117,0.135776)$ 处，取得全局最小值 $f(\boldsymbol{x}^*)=3.074861e-4$。

(16) F16：Six Hump Camel Back Function (MN)。

$$f(\boldsymbol{x})=4\cdot x_1^2-2.1\cdot x_1^4+\frac{1}{3}\cdot x_1^6+x_1x_2-4\cdot x_2^2+4\cdot x_1^4$$

式中：$\boldsymbol{x}\in[-5,5]^2$。此函数在 $\boldsymbol{x}^*=(0.08983,-0.7126),(-0.08983,0.7126)$处，取得全局最小值 $f(\boldsymbol{x}^*)=-1.0316285$。

(17) F17：Branin Function (MS)。

$$f(\boldsymbol{x})=\left(x_2-\frac{5.1}{4\pi^2}\cdot x_1^2+\frac{5}{\pi}\cdot x_1-6\right)^2+10\left(1-\frac{1}{8\pi}\right)\cdot\cos x_1+10$$

式中：$\boldsymbol{x}\in[-5,10]\times[0,15]$。此函数在 $\boldsymbol{x}^*=(-\pi,12.275),(\pi,2.275),(3\pi,2.475)$ 处，取得全局最小值 $f(\boldsymbol{x}^*)=\frac{5}{4\pi}$。

(18) F18：GoldStein－Price Function (MN)。

$$\begin{aligned}f(\boldsymbol{x})=&[1+(x_1+x_2+1)^2(19-14\cdot x_1+3\cdot x_1^2-14\cdot x_2+6\cdot x_1x_2+3\cdot x_2^2)]\\&\times[30+(2\cdot x_1-3\cdot x_2)^2(18-32\cdot x_1+12\cdot x_1^2+48\cdot x_2-36\cdot x_1x_2+27\cdot x_2^2)]\end{aligned}$$

式中：$\boldsymbol{x}\in[-2,2]^2$。此函数在 $\boldsymbol{x}^*=(0,-1)$ 处，取得全局最小值 $f(\boldsymbol{x}^*)=3$。

(19)～(20) F19～F20：Hartman D，4 Function (MN)。

$$f(x)=-\sum_{i=1}^{4}c_i\cdot\exp\left(-\sum_{j=1}^{D}a_{ij}(x_j-p_{ij})^2\right)$$

式中：$\boldsymbol{x}\in[0,1]^D$。此函数有 4 个局部最优解。

当 $D=3$ 时，在 $\boldsymbol{x}^*=(0.114614,0.555649,0.852547)$ 处，取得全局最小值 $f(\boldsymbol{x}^*)=-3.862782$。

当 $D=6$ 时，在 $\boldsymbol{x}^*=(0.201690,0.150011,0.476874,0.275332,0.311652,0.657301)$ 处，取得全局最小值 $f(\boldsymbol{x}^*)=-3.322368$。

(21)～(23) F21～F23：Shekel Function (MN)。

$$f(\boldsymbol{x})=-\sum_{i=1}^{m}\frac{1}{\sum_{j=1}^{4}(x_j-a_{ji})^2+c_i},\quad m=5,7,10$$

式中：$\boldsymbol{x}\in[0,10]^4$。此函数有 m 个局部最优解。

当 $m=5$ 时，在 $\boldsymbol{x}^*=(4.00004,4.00013,4.00004,4.00013)$ 处，取得全局最小值 $f(\boldsymbol{x}^*)=-10.1532$。

当 $m=7$ 时，在 $\boldsymbol{x}^*=(4.00057,4.00069,3.99949,3.99961)$ 处，取得全局最小值 $f(\boldsymbol{x}^*)=-10.40294$。

当 $m=10$ 时，在 $\boldsymbol{x}^*=(4.00075,4.00059,3.99966,3.99951)$ 处，取得全局最小值 $f(\boldsymbol{x}^*)=-10.53641$。

说明：上述测试函数中的相关参数取值见表 4.1～表 4.5。

表 4.1　　F14：Shekel's Foxholes Function 中 a 的取值

j	1	2	3	4	5	6	7	8	9	10	11	12	13	14	15	16	17	18	19	20	21	22	23	24	25
a_{1j}	−32	−16	0	16	32	−32	−16	0	16	32	−32	−16	0	16	32	−32	−16	0	16	32	−32	−16	0	16	32
a_{2j}	−32	−32	−32	−32	−32	−16	−16	−16	−16	−16	0	0	0	0	0	16	16	16	16	16	32	32	32	32	32

表 4.2 F15：Kowalik Function 中 a 和 b 的取值

i	1	2	3	4	5	6	7	8	9	10	11
a_i	0.1957	0.1947	0.1735	0.1600	0.0844	0.0627	0.0456	0.0342	0.0323	0.0235	0.0246
b_i^{-1}	0.25	0.5	1.0	2.0	4.0	6.0	8.0	10	12	14	16

表 4.3 F19：Hartman 3，4 Function 中 a、c 和 p 的取值

i	a_{ij}，$j=1$，2，3			c_i	p_{ij}，$j=1$，2，3		
1	3.0	10	30	1.0	0.36890	0.1170	0.2673
2	0.1	10	35	1.2	0.46990	0.4387	0.7470
3	3.0	10	30	3.0	0.10910	0.8732	0.5547
4	0.1	10	35	3.2	0.03810	0.5743	0.8828

表 4.4 F20：Hartman 6，4 Function 中 a、c 和 p 的取值

i	a_{ij}，$j=1$，2，3，4，5，6						c_i	p_{ij}，$j=1$，2，3，4，5，6					
1	10	3	17	3.5	1.7	8	1.0	0.1312	0.1696	0.5569	0.0124	0.8283	0.5886
2	0.05	10	17	0.1	8	14	1.2	0.2329	0.4135	0.8307	0.3736	0.1004	0.9991
3	3	3.5	1.7	10	17	8	3.0	0.2348	0.1451	0.3522	0.2883	0.3047	0.6650
4	17	8	0.05	10	0.1	14	3.2	0.4047	0.8828	0.8732	0.5743	0.1091	0.0381

表 4.5 F21：Shekel Function 中 a 和 c 的取值

i	1	2	3	4	5	6	7	8	9	10
a_{1i}	4.0	1.0	8.0	6.0	3.0	2.0	5.0	8.0	6.0	7.0
a_{2i}	4.0	1.0	8.0	6.0	7.0	9.0	5.0	1.0	2.0	3.6
a_{3i}	4.0	1.0	8.0	6.0	3.0	2.0	3.0	8.0	6.0	7.0
a_{4i}	4.0	1.0	8.0	6.0	7.0	9.0	3.0	1.0	2.0	3.6
c_i	0.1	0.2	0.2	0.4	0.4	0.6	0.3	0.7	0.5	0.5

对于单模态（U）函数，更关心算法在求解时的收敛速度而不是求解精度，因为大多数优化算法均能够成功地求解单模态（U）函数。而对于多模态（M）函数而言，更关心函数的求解质量，优化算法获得的最优解精度更能反映其避免早熟收敛、陷入局部最优的能力（肖婧等，2018）。

2. 比较算法选择

为了验证粒子群优化算法（PSO）的先进性和有效性，将粒子群优化算法（PSO）在23个标准测试函数上进行仿真实验，并与多种当前国内外最前沿有效的群智能优化算法进行对比实验，这些智能优化算法具体为遗传算法（GA）（Heidari等，2019）、差分进化算法（DE）（Storn等，1996）、布谷鸟搜索算法（CS）（Yang等，2009）、人工蜂群算法（ABC）（Karaboga，2005）、灰狼优化算法（GWO）（Mirjalili等，2014）、重力搜索算法（GSA）（Rashedi等，2009）、正弦余弦算法（SCA）（Mirjalili，2016）、鲸鱼优化

算法（WOA）（Mirjalili 等，2016）、原子搜索算法（ASO）（Zhao 等，2019）和哈里斯鹰优化（HHO）算法（Heidari 等，2019）。为使优化算法的性能达到最优，各算法中的控制参数均采用相应文献中的推荐值，具体如下：

对于 PSO 算法，惯性权重 w 设置为 0.6，学习因子 C_1 和 C_2 均设置为 1.8。

对于 GA 算法，选择操作采用“轮盘赌”法，交叉概率 p_c 设置为 0.8，变异概率 p_m 设置为 0.01。

对于 DE 算法，变异算子 F 设置为 0.5，交叉算子 CR 设置为 0.9。

对于 CS 算法，布谷鸟鸟蛋被巢主鸟发现的概率 p_a 设置为 0.25。

对于 ABC 算法，最大尝试次数 $limit$ 设置为 $N\times D$。

对于 GWO 算法，相关控制参数 r_1、r_2、a、A 和 C 分别设置为 rand、rand、$2-2\times t/T$、$2\times a\times r_1-a$ 和 $2\times r_1$。

对于 GSA 算法，初始重力常数 G_0 设置为 100，衰减系数 α 设置为 20。

对于 SCA 算法，控制参数 r_2、r_3、r_4 和 a 分别设置为 $2\pi\times$rand、$2\times$rand、rand 和 2。

对于 WOA 算法，控制参数 a、a_2 和 p 分别设置为 $2-2\times t/T$、$-1+t\times(-1/T)$ 和 rand。

对于 ASO 算法，深度权重 α 设置为 50，乘子权重 β 设置为 0.2。

对于 HHO 算法，相关控制参数 r_1、r_2、r_2、r_3、r_4 和 q 均设置为 rand。

3. 算法比较策略及准则

为保证算法测试的公平性，各算法采用相同的种群规模和终止准则。具体地，所有算法的种群规模 N 均设置为 50，最大迭代次数 T 均设置为 6000。此外，针对同一个优化问题，不同算法在单次独立运行时采用相同的随机初始种群，以衡量各算法寻优质量的差异；而针对同一优化问题，同一算法在多次独立运行时采用的是不同的随机初始种群，以衡量各算法克服初始（外在）随机性干扰，保证搜索到满意解的能力。

对每个测试函数，每个算法 50 次独立运行获得的最优解的平均值、标准差、最佳值和运行时间作为性能评价的标准。其中，平均值显示算法所能达到的精度；标准差反映算法的稳定性和鲁棒性；最佳值反映算法获得的解的质量；运行时间反映算法的收敛速度。

4. 测试结果及分析

表 4.6 为各优化算法在标准测试函数上的实验统计结果，包括平均值、标准差和最佳值。此外，为了便于分析，各测试函数上的最优结果均用黑体加粗表示。

仔细观察表 4.6 中的结果可以看出，与其他 10 个对比算法相比，PSO 在所有测试函数上都具有一定的性能优势，其平均最优解精度、标准差以及最佳值优于绝大部分的对比算法，虽然其在最佳值方面的最优结果个数不如 HHO 和 WOA。由此说明 PSO 在单模态（U）函数和多模态（M）函数上具有一定的优势，其具有出色的开发能力和探索能力。

为了更形象地说明 PSO 的收敛性和收敛性能，各个算法在经典标准测试函数上的收敛过程曲线，以及各个算法在经典标准测试函数上 50 次独立运行的最优解的箱型图分别绘制于图 4.7 和图 4.8 中。

表 4.6 50次独立运行的最优解平均值、标准差及最佳值

函数名称		GA	DE	CS	ABC	GWO	GSA	SCA	WOA	ASO	HHO	PSO
F1	平均值	1.24E−01	2.27E−41	5.32E−35	5.24E−29	**0.00E+00**	9.30E−18	2.74E−35	**0.00E+00**	1.04E−26	**0.00E+00**	3.37E−118
	标准差	5.68E−02	6.84E−41	4.86E−35	1.50E−28	**0.00E+00**	1.94E−18	1.72E−34	**0.00E+00**	1.09E−26	**0.00E+00**	1.37E−117
	最佳值	4.73E−02	2.33E−44	4.94E−36	1.74E−31	**0.00E+00**	5.20E−18	6.56E−51	**0.00E+00**	7.25E−28	**0.00E+00**	1.55E−123
F2	平均值	1.34E−01	2.42E−22	1.54E−14	9.27E−24	2.27E−252	1.47E−08	8.23E−39	**0.00E+00**	7.62E−13	**0.00E+00**	6.21E−68
	标准差	2.52E−02	5.41E−22	1.02E−14	2.22E−23	**0.00E+00**	2.19E−09	2.24E−38	**0.00E+00**	4.48E−13	**0.00E+00**	3.93E−67
	最佳值	8.50E−02	1.18E−23	2.58E−15	6.18E−26	2.77E−255	1.00E−08	2.30E−46	**0.00E+00**	1.39E−13	**0.00E+00**	3.11E−72
F3	平均值	7.21E+04	5.18E+02	7.32E+03	7.46E+04	1.96E+02	1.54E+03	3.36E+04	5.40E+05	3.08E+03	**0.00E+00**	2.08E+03
	标准差	3.82E+04	2.16E+02	1.92E+03	1.24E+04	3.86E+02	7.38E+02	2.00E+04	2.38E+05	9.48E+02	**0.00E+00**	8.25E+03
	最佳值	1.74E+04	2.14E+02	2.95E+03	4.98E+04	1.78E−03	4.66E+02	2.31E+03	1.32E+05	1.46E+03	**0.00E+00**	7.56E+02
F4	平均值	3.08E−02	**0.00E+00**	2.90E−89	2.20E−291	**0.00E+00**	9.88E−324	**0.00E+00**	**0.00E+00**	1.78E−310	**0.00E+00**	**0.00E+00**
	标准差	2.63E−02	**0.00E+00**	1.29E−88	**0.00E+00**	**0.00E+00**	**0.00E+00**	**0.00E+00**	**0.00E+00**	**0.00E+00**	**0.00E+00**	**0.00E+00**
	最佳值	3.77E−04	**0.00E+00**	6.33E−97	5.95E−299	**0.00E+00**	**0.00E+00**	**0.00E+00**	**0.00E+00**	**0.00E+00**	**0.00E+00**	**0.00E+00**
F5	平均值	1.00E+02	1.93E+01	4.17E+00	2.27E+01	2.60E+01	1.91E+01	2.74E+01	2.37E+01	1.76E+01	**5.38E−06**	8.43E+00
	标准差	5.92E+01	1.67E+00	2.15E+00	8.07E−01	9.20E−01	2.28E−01	6.39E−01	3.41E+00	1.63E+01	**1.52E−05**	5.81E+00
	最佳值	1.86E+01	1.56E+01	2.48E−01	2.20E+01	2.42E+01	1.87E+01	2.64E+01	6.77E−04	1.38E+01	**3.72E−09**	1.58E−03
F6	平均值	**0.00E+00**	**0.00E+00**	**0.00E+00**	**0.00E+00**	**0.00E+00**	**0.00E+00**	**0.00E+00**	**0.00E+00**	**0.00E+00**	**0.00E+00**	4.00E−02
	标准差	**0.00E+00**	**0.00E+00**	**0.00E+00**	**0.00E+00**	**0.00E+00**	**0.00E+00**	**0.00E+00**	**0.00E+00**	**0.00E+00**	**0.00E+00**	1.96E−01
	最佳值	**0.00E+00**	**0.00E+00**	**0.00E+00**	**0.00E+00**	**0.00E+00**	**0.00E+00**	**0.00E+00**	**0.00E+00**	**0.00E+00**	**0.00E+00**	**0.00E+00**
F7	平均值	2.20E−02	2.39E−01	6.17E−03	2.89E−02	6.29E−05	1.19E−02	2.54E−03	1.56E−04	1.12E−02	1.16E−05	2.14E−03
	标准差	7.18E−03	6.79E−02	2.09E−03	7.67E−03	3.80E−05	3.53E−03	2.85E−03	1.78E−04	4.03E−03	1.49E−05	7.31E−04
	最佳值	1.02E−02	1.20E−01	2.56E−03	1.75E−02	7.86E−06	4.73E−03	1.05E−04	2.42E−06	4.13E−03	2.94E−07	4.86E−04

续表

函数名称		GA	DE	CS	ABC	GWO	GSA	SCA	WOA	ASO	HHO	PSO
F8	平均值	-12569.1	-10710.1	-10599.3	-6438.9	-6269.3	-2699.7	-4345.7	-12340.5	-7422.1	**-12569.5**	-7047.9
	标准差	1.36E-01	2.17E+03	2.51E+02	4.91E+02	5.53E+02	4.75E+02	2.08E+02	7.60E+02	7.74E+02	**8.95E-05**	6.76E+02
	最佳值	-12569.4	**-12569.5**	-11206.0	-7658.1	-7294.5	-4542.3	-4902.8	**-12569.5**	-9193.8	**-12569.5**	-8739.8
F9	平均值	6.49E-02	1.89E+01	2.87E+01	1.72E+02	**0.00E+00**	1.34E+01	2.43E-01	**0.00E+00**	2.08E+01	**0.00E+00**	3.82E+01
	标准差	2.51E-02	7.59E+00	4.68E+00	1.50E+01	**0.00E+00**	3.79E+00	1.61E+00	**0.00E+00**	5.07E+00	**0.00E+00**	1.02E+01
	最佳值	2.70E-02	8.95E+00	1.78E+01	1.17E+02	**0.00E+00**	4.97E+00	**0.00E+00**	**0.00E+00**	1.29E+01	**0.00E+00**	1.99E+01
F10	平均值	1.00E-01	8.06E-15	4.92E-09	7.57E-15	7.78E-15	2.38E-09	1.11E+01	3.73E-15	8.54E-14	**8.88E-16**	1.40E-01
	标准差	2.08E-02	1.66E-15	3.41E-08	1.36E-15	8.44E-16	2.89E-10	9.10E+00	2.36E-15	6.61E-14	**0.00E+00**	3.87E-01
	最佳值	5.79E-02	4.44E-15	7.99E-15	4.44E-15	4.44E-15	1.56E-09	4.44E-15	**8.88E-16**	3.29E-14	**8.88E-16**	7.99E-15
F11	平均值	1.97E-01	1.38E-03	**0.00E+00**	**0.00E+00**	**0.00E+00**	1.48E-04	7.61E-03	3.85E-04	4.93E-04	**0.00E+00**	1.08E-02
	标准差	5.62E-02	4.38E-03	**0.00E+00**	**0.00E+00**	**0.00E+00**	1.04E-03	5.33E-02	1.91E-03	1.97E-03	**0.00E+00**	1.19E-02
	最佳值	8.97E-02	**0.00E+00**	**0.00E+00**	**0.00E+00**	**0.00E+00**	**0.00E+00**	**0.00E+00**	**0.00E+00**	**0.00E+00**	**0.00E+00**	**0.00E+00**
F12	平均值	2.41E-03	**1.57E-32**	1.79E-18	3.90E-22	1.01E-01	2.56E-03	1.71E-01	4.22E-06	6.09E-28	5.11E-09	8.44E-02
	标准差	2.41E-03	**5.47E-48**	1.09E-17	1.06E-21	2.06E-02	1.79E-02	5.39E-03	6.26E-06	1.13E-27	7.47E-09	1.55E-01
	最佳值	7.57E-04	**1.57E-32**	3.88E-29	1.51E-25	6.74E-02	1.90E-19	1.60E-01	3.73E-07	1.84E-29	9.68E-12	**1.57E-32**
F13	平均值	2.41E-03	**1.57E-32**	1.79E-18	3.90E-22	1.01E-01	2.56E-03	1.71E-01	4.22E-06	6.09E-28	5.11E-09	8.44E-02
	标准差	2.41E-03	**5.47E-48**	1.09E-17	1.06E-21	2.06E-02	1.79E-02	5.39E-03	6.26E-06	1.13E-27	7.47E-09	1.55E-01
	最佳值	7.57E-04	**1.57E-32**	3.88E-29	1.51E-25	6.74E-02	1.90E-19	1.60E-01	3.73E-07	1.84E-29	9.68E-12	**1.57E-32**
F14	平均值	8.62E-03	2.20E-04	**5.67E-32**	3.26E-27	2.48E-01	9.09E-19	1.96E+00	2.75E-04	1.05E-27	9.02E-08	4.39E-03
	标准差	5.09E-03	1.54E-03	**3.43E-32**	1.23E-26	1.49E-01	2.42E-19	1.52E-01	1.55E-03	1.67E-27	1.37E-07	1.03E-02
	最佳值	1.76E-03	**1.35E-32**	1.72E-32	4.74E-31	4.19E-07	5.52E-19	1.43E+00	5.97E-06	1.22E-28	2.71E-12	**1.35E-32**
F15	平均值	**0.9980**	**0.9980**	**0.9980**	**0.9980**	3.0779	1.4402	**0.9980**	**0.9980**	**0.9980**	**0.9980**	2.1842
	标准差	3.38E-07	**0.00E+00**	**0.00E+00**	7.14E-11	3.34E+00	5.23E-01	2.03E-07	2.89E-14	**0.00E+00**	7.73E-14	1.74E+00
	最佳值	**0.9980**	**0.9980**	**0.9980**	**0.9980**	**0.9980**	**0.9980**	**0.9980**	**0.9980**	**0.9980**	**0.9980**	**0.9980**

续表

函数名称		GA	DE	CS	ABC	GWO	GSA	SCA	WOA	ASO	HHO	PSO
F16	平均值	1.2210E−2	**3.0749E−4**	**3.0749E−4**	5.9292E−4	1.9560E−3	1.0251E−3	4.8367E−4	3.9451E−4	6.1369E−4	3.0773E−4	4.0647E−4
	标准差	1.65E−02	**1.76E−19**	3.01E−04	5.27E−05	5.43E−03	1.44E−04	3.38E−04	2.49E−04	1.41E−04	4.74E−07	1.82E−19
	最佳值	5.9023E−4	**3.0749E−4**	**3.0749E−4**	3.7825E−4	**3.0749E−4**	**3.0749E−4**	**3.0789E−4**	3.0761E−4	**3.0749E−4**	**3.0749E−4**	**3.0749E−4**
F17	平均值	−1.0315	**−1.0316**	**−1.0316**	**−1.0316**	**−1.0316**	**−1.0316**	**−1.0316**	**−1.0316**	**−1.0316**	**−1.0316**	**−1.0316**
	标准差	1.01E−04	**6.66E−16**	**6.66E−16**	**6.66E−16**	2.39E−11	**6.66E−16**	2.43E−06	1.27E−14	**6.66E−16**	7.33E−16	**6.66E−16**
	最佳值	**−1.0316**	**−1.0316**	**−1.0316**	**−1.0316**	**−1.0316**	**−1.0316**	**−1.0316**	**−1.0316**	**−1.0316**	**−1.0316**	**−1.0316**
F18	平均值	0.39818	**0.39789**	**0.39789**	**0.39789**	**0.39789**	**0.39789**	0.39800	**0.39789**	**0.39789**	**0.39789**	**0.39789**
	标准差	7.02E−04	**3.33E−16**	**3.33E−16**	8.97E−13	6.26E−06	**3.33E−16**	1.39E−04	1.56E−10	**3.33E−16**	2.79E−14	**3.33E−16**
	最佳值	**0.39789**	**0.39789**	**0.39789**	**0.39789**	**0.39789**	**0.39789**	**0.39789**	**0.39789**	**0.39789**	**0.39789**	**0.39789**
F19	平均值	7.866	**3**	**3**	**3**	**3**	**3**	**3**	**3**	**3**	**3**	**3**
	标准差	1.40E+01	2.79E−15	2.48E−15	1.45E−15	9.93E−08	**9.44E−16**	3.40E−07	3.59E−08	3.04E−15	5.97E−14	3.37E−15
	最佳值	**3**	**3**	**3**	**3**	**3**	**3**	**3**	**3**	**3**	**3**	**3**
F20	平均值	**−3.8628**	**−3.8628**	**−3.8628**	**−3.8628**	−3.8619	**−3.8628**	−3.8553	−3.8620	**−3.8628**	**−3.8628**	**−3.8628**
	标准差	1.40E−05	**4.71E−15**	4.61E−15	4.77E−15	2.50E−03	4.88E−15	1.81E−03	2.24E−03	4.85E−15	5.53E−12	4.77E−15
	最佳值	**−3.8628**	**−3.8628**	**−3.8628**	**−3.8628**	**−3.8628**	**−3.8628**	−3.8627	**−3.8628**	**−3.8628**	**−3.8628**	**−3.8628**
F21	平均值	−3.2675	−3.2938	**−3.3224**	**−3.3224**	−3.2736	**−3.3224**	−3.0148	−3.2683	**−3.3224**	−3.2693	−3.2604
	标准差	5.94E−02	5.09E−02	1.10E−15	9.32E−16	7.03E−02	**8.88E−16**	1.98E−01	8.56E−02	8.99E−16	5.92E−02	5.96E−02
	最佳值	**−3.3224**	**−3.3224**	**−3.3224**	**−3.3224**	**−3.3224**	**−3.3224**	−3.1923	**−3.3224**	**−3.3224**	**−3.3224**	**−3.3224**
F22	平均值	−4.9992	**−10.1532**	**−10.1532**	**−10.1532**	−9.8501	−7.7546	−3.7887	**−10.1532**	**−10.1532**	−5.3611	−6.8441
	标准差	3.17E+00	8.88E−15	8.88E−15	8.88E−15	1.20E+00	2.74E+00	2.38E+00	1.47E−05	8.85E−15	1.21E+00	3.41E+00
	最佳值	−10.1530	**−10.1532**	**−10.1532**	**−10.1532**	**−10.1532**	**−10.1532**	−8.9236	**−10.1532**	**−10.1532**	**−10.1532**	**−10.1532**
F23	平均值	−5.2038	**−10.5364**	**−10.5364**	**−10.5364**	**−10.5364**	−7.4516	−6.3443	−10.2778	**−10.5364**	−5.8856	−8.3447
	标准差	3.26E+00	1.25E−14	1.24E−14	1.29E−14	1.41E−06	3.42E+00	2.01E+00	1.27E+00	1.34E−14	1.88E+00	3.23E+00
	最佳值	−10.5363	**−10.5364**	**−10.5364**	**−10.5364**	**−10.5364**	**−10.5364**	−10.0322	**−10.5364**	**−10.5364**	**−10.5364**	**−10.5364**

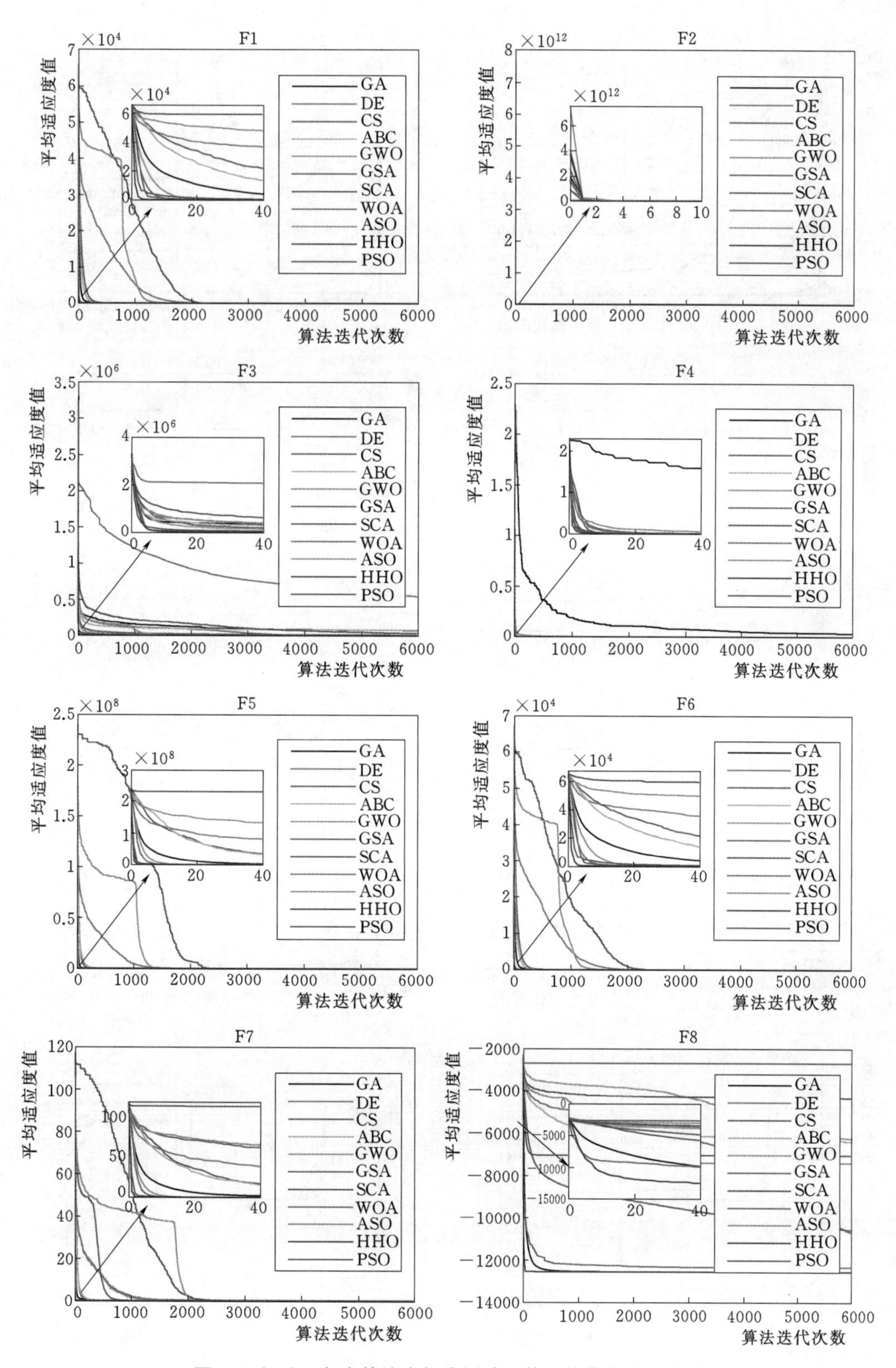

图 4.7（一） 各个算法在标准测试函数上的收敛过程曲线

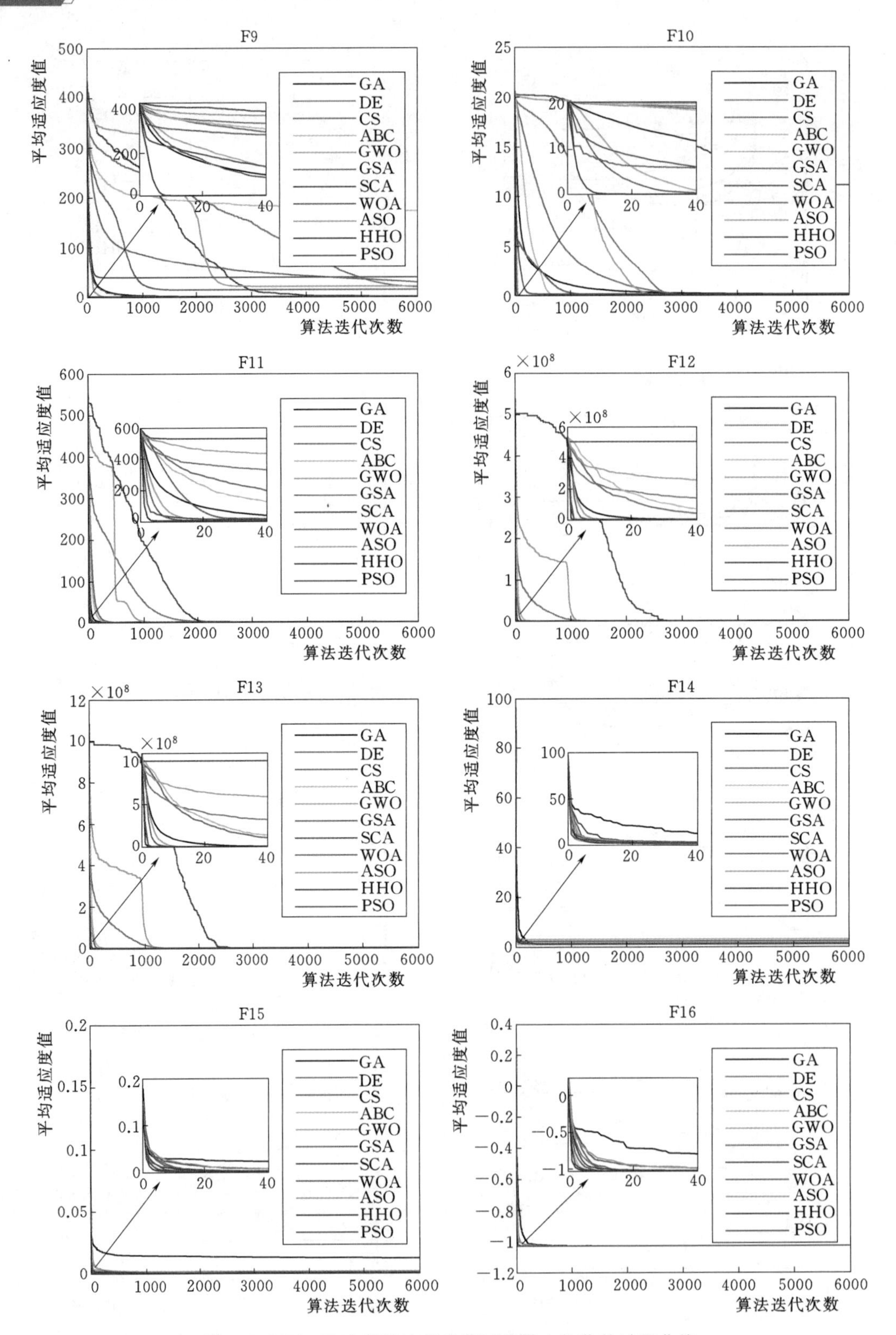

图4.7（二） 各个算法在标准测试函数上的收敛过程曲线

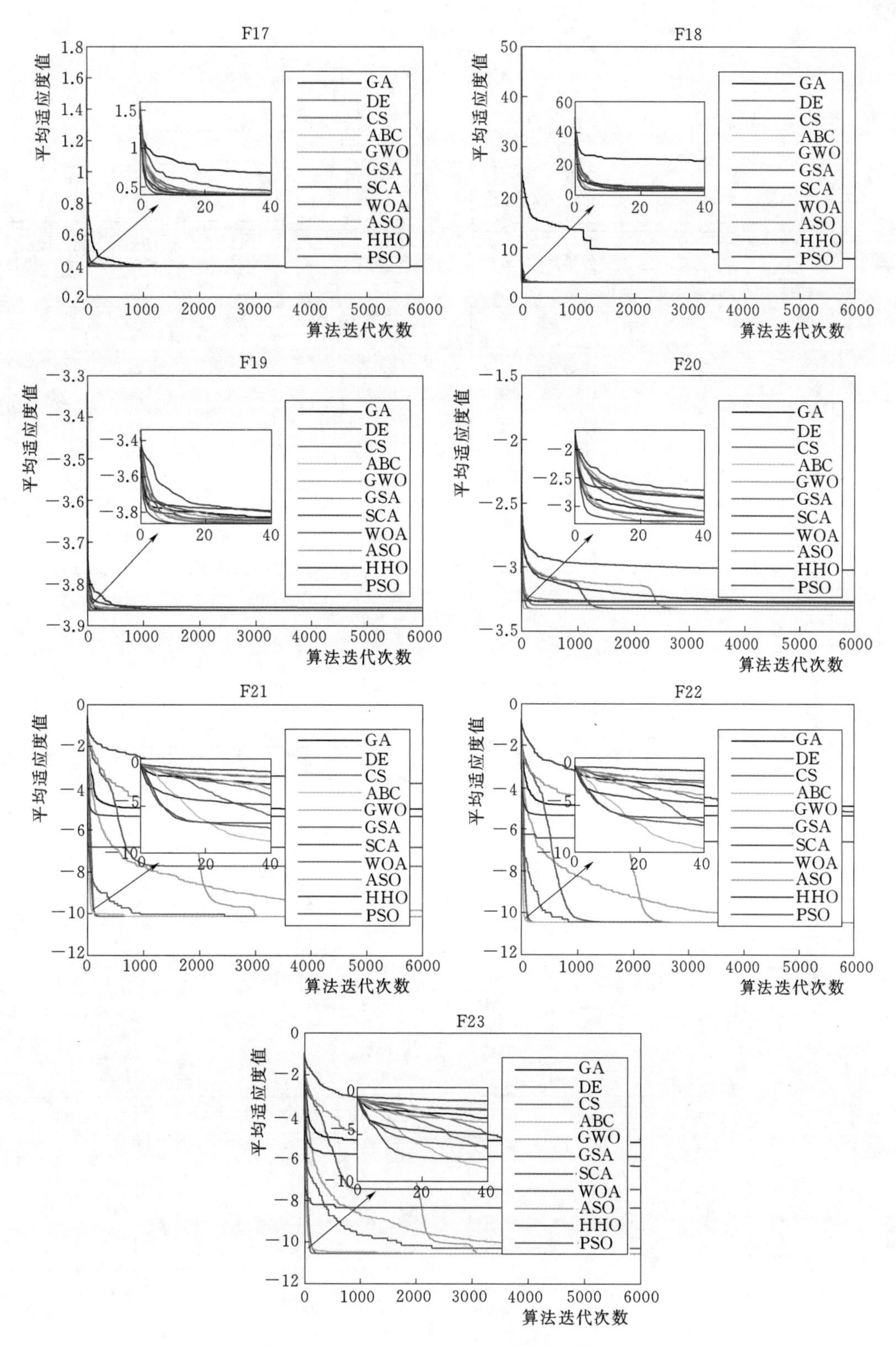

图 4.7（三） 各个算法在标准测试函数上的收敛过程曲线

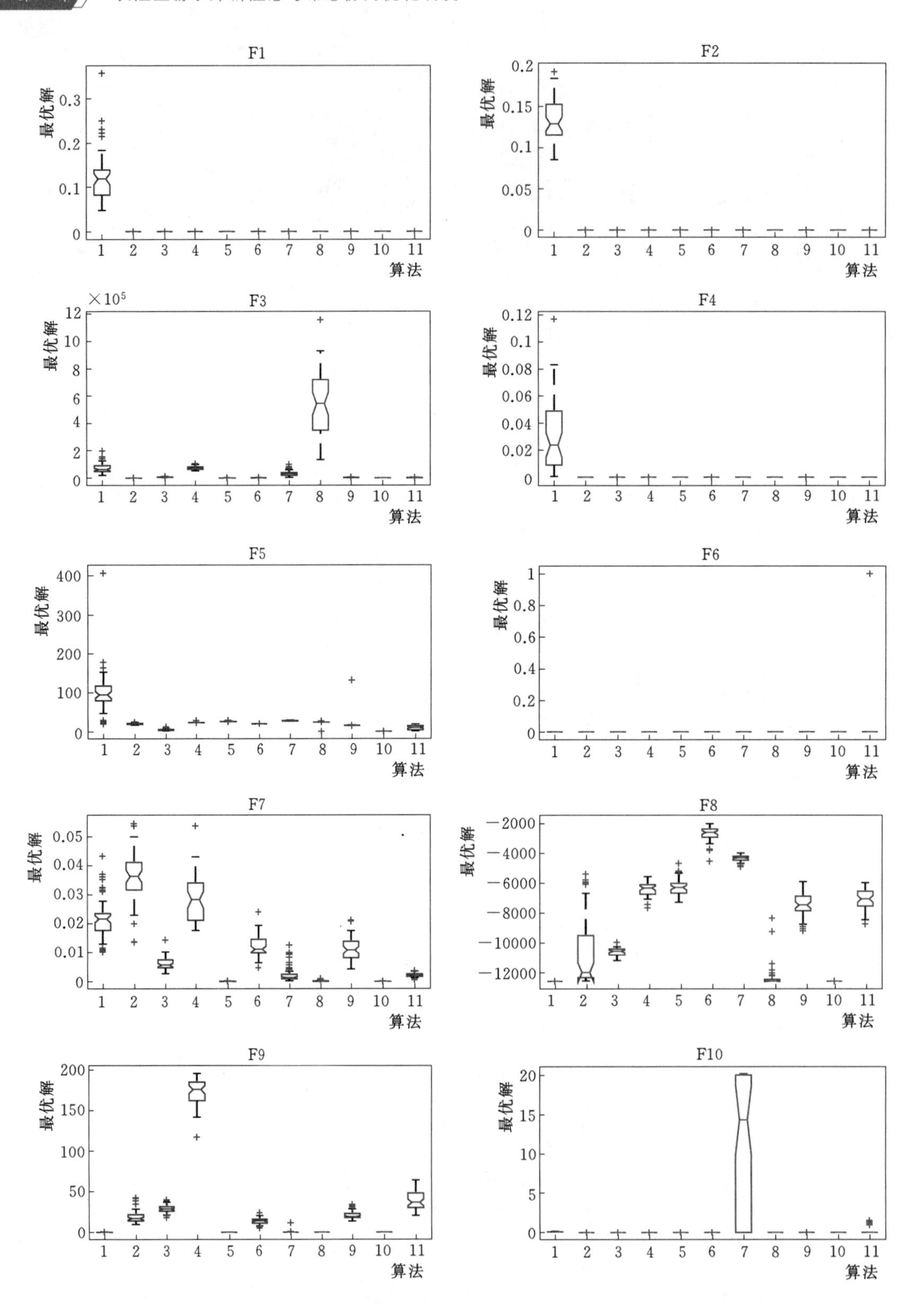

图4.8（一） 各个算法在标准函数上50次运行的最优解箱型图

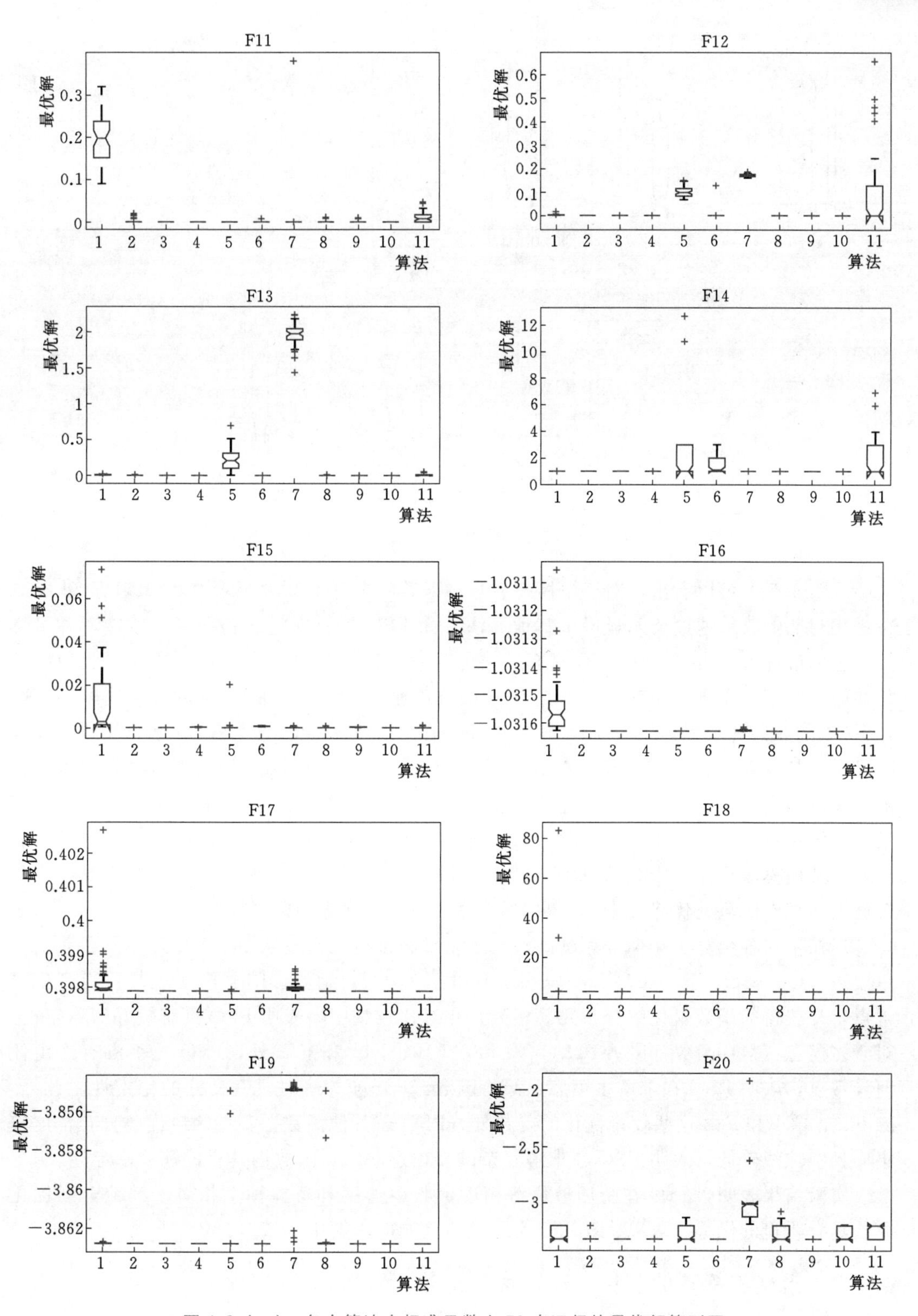

图 4.8（二） 各个算法在标准函数上 50 次运行的最优解箱型图

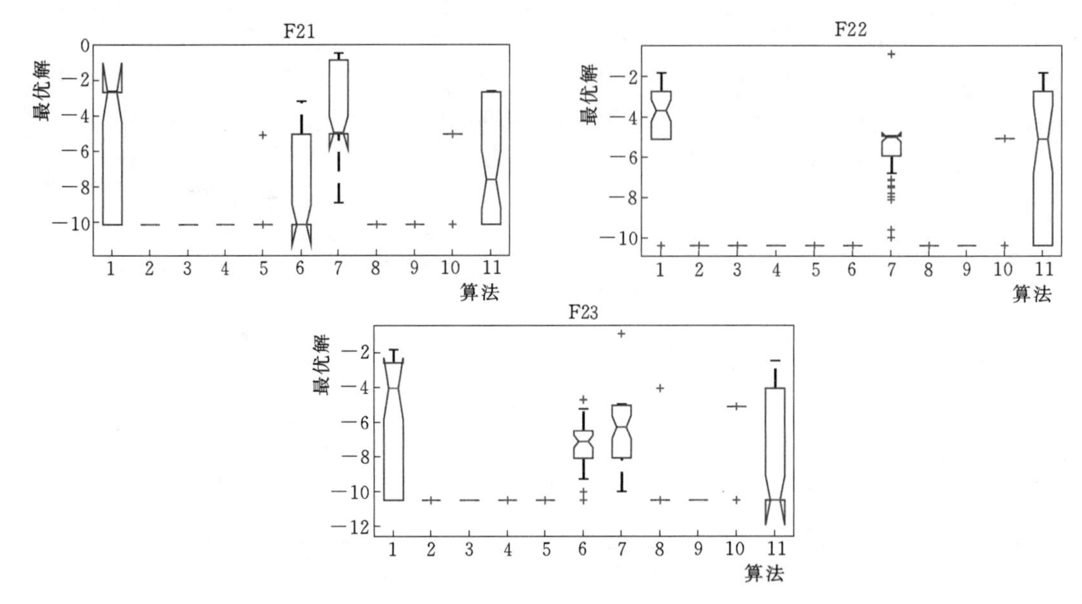

图4.8（三） 各个算法在标准函数上50次运行的最优解箱型图

从图4.7中可以看出，对于单模态（U）函数（F1～F7），SCA、ASO、DE和GSA在进化初期的收敛速度要明显慢于其他算法。而PSO能够在进化初期迅速收敛，并最终找到全局最优解，表明PSO不仅具有较快的收敛速度，而且具有避免“早熟”收敛的优化性能。此外，在进化初期，GA在F4上的收敛速度、GWO在F2上的收敛速度、GSA在F7上的收敛速度，以及ASO、SCA和DE在F1、F3、F5、F6和F7上的收敛速度要明显慢于其他算法。然而，PSO在进化过程中却始终如一地保持着较快的收敛速度，并最终收敛到全局最优解。综上所述，PSO在全局最优解精度、收敛速度和鲁棒性上相较于其他优化算法具有明显优势。对于多模态（M）函数（F8～F23），从图4.7中可以看出，与其他算法相比，PSO在所有多模态（M）函数上的最优解精度、收敛速度以及鲁棒性上均具有明显的优势。由此表明PSO算法的速度优势和鲁棒性优势。

现在，对各个算法在标准测试函数上的箱型图进行分析。从图4.8中可以看出，对于单模态（U）函数（F1～F7），PSO在所有单模态（U）函数（F1～F7）上均没有产生异常点，其获得的函数最优解分布几乎相同且相对比较集中，表明PSO具有较好的稳定性。对于多模态（M）函数（F8～F23），除F8、F10、F11和F12外，PSO几乎没有产生任何异常点，表明PSO在求解多模态（M）函数（F8～F23）时具有良好的稳定性。此外，除F20、F21和F22这些较难优化的函数外，PSO在其他函数上获得的最优解分布都比较集中且中位线较低，表明PSO在求解复杂的多模态（M）函数仍具有较好的稳定性。

实验结果表明，PSO在全局最优解精度、收敛速度和鲁棒性上相对于其他全局优化算法具有明显的优势，可以将其用于实际优化问题的求解中。

4.2.2 带精英策略的多目标遗传优化算法

针对多目标遗传算法（Non-dominated Sorting in Genetic Algorithm，NSGA）存在

的三个方面的不足，即没有最优个体（Elitist）保留机制、共享参数大小不容易确定以及构造 Pareto 最优解集（通常是构造进化群体的非支配集）的时间复杂度高，为 $O(rN^3)$（这里为目标函数个数，为进化群体的种群规模），Deb 等（2002）于 2000 年在 NSGA 的基础上，提出了 NSGA-Ⅱ算法（郑金华等，2017）。

NSGA-Ⅱ中采用了不同于强度 Pareto 进化算法（Strength Pareto Evolutionary Algorithm，SPEA）（Zitzle 等，1999）和 SPEA 改进版本 SPEA2（Zitzle 等，2001）的另一种算法结构，该算法中没有外部档案，而是使用（$\mu+\lambda$）选择法保留精英个体。（$\mu+\lambda$）选择法借鉴了进化策略（Evolutionary Strategies，ES）（Schwefel，1995）的思想，将 μ 个父代个体和经过遗传、变异操作产生的 λ 个子代个体合并，通过"优胜劣汰"原则选择非支配等级低且拥挤密度小的个体作为精英个体，构成下一代的进化种群。算法运行结束后直接将进化种群作为对多目标优化问题 Pareto 最优解集的近似（肖婧等，2018）。

4.2.2.1 算法描述

NSGA-Ⅱ的具体过程描述如下：

（1）随机产生初始种群 P，然后对种群进行非支配排序，每个个体被赋予秩；再对初始种群执行"二元锦标赛"选择、交叉和变异操作，得到新的种群 Q_0，令 $t=0$。

（2）形成新的群体 $R_t=P_t\cup Q_t$，对种群 R_t 进行非支配排序，得到非支配前端 F_1，F_2，…。

（3）对所有 F_i 按拥挤比较操作 $\prec$ 进行排序，并选择其中最好的 N 个个体形成种群 P_{t+1}。

（4）对种群 P_{t+1} 执行复制、交叉和变异，形成种群 Q_{t+1}。

（5）如果终止条件成立，则结束；否则，$t=t+1$，转到（2）。

由上述过程描述可知，精英个体的选择是 NSGA-Ⅱ成功的关键。下面将对（$\mu+\lambda$）选择法进行比较详细的讨论，具体包括快速非支配排序、拥挤密度估计及精英个体保留操作三项操作。详细的操作步骤及对应的数学描述如下所述（肖婧等，2018）。

1. 快速非支配排序

设种群 P 的规模大小为 N，其中 p_i 表示种群 P 中的第 i 个个体，n_i 表示种群 P 中支配个体 p_i 的个体个数，S_i 表示种群 P 中被 p_i 支配的个体所组成的集合。对种群 P 进行快速非支配排序的具体操作过程如下：

步骤 1：对于种群 P 中的每一个可行解个体 $p_i(i=1,2,\cdots,N)$，令 p_i 对应的支配数 n_i 及集合 S_i 分别为 $n_i=0$，$S_i=\varnothing$，然后将 p_i 与种群中的其他可行解个体 p_j 逐一进行支配关系判断。如果 p_j 支配 p_i，则 $n_i=n_i+1$；如果 p_i 支配 p_j，则将 p_j 加入到集合 S_i 中，并令 $l=1$。

步骤 2：找到种群 P 中所有 $n_i=0$ 的可行解个体，并将这些可行解个体复制到新集合（即前端）F_l 中，并从种群 P 中删除上述可行解个体。

步骤 3：考察集合（即前端）F_l 中每一个可行解个体 q 的支配集 S_q，令集合（即前端）F_l 中每一个可行解个体 r 的 n_r 减去 1，即 $n_r=n_r-1$。

步骤 4：如果 $n_r-1=0$，则令 $l=l+1$，然后将可行解个体 r 保存到新集合（即前端）

F_l 中，并将可行解个体 r 从种群 P 中删除。

步骤5：如果种群 P 不为空集，则转到步骤3；否则，停止迭代。

上述快速非支配排序法中每迭代一次都会得到一个分类子集合（即前端）F_l，算法迭代完成后，整个种群 P 将会被分类排序成 L 个子集合（即前端）F_1，F_2，…，F_L，且满足下列性质：①$F_1 \cup F_2 \cup \cdots \cup F_L = P$；②$\forall i, j \in \{1,2,\cdots,L\}$ 且 $i \neq j$，$F_i \cap F_j = \varnothing$；③对子集合（即前端）$F_1, F_2, \cdots, F_L$，集合（即前端）$F_k (k=1,2,\cdots,L)$ 中的可行解个体受集合（即前端）F_{k-1} 中可行解个体的支配。

2. 拥挤密度估计

对种群中可行解个体进行拥挤密度估计是维持种群多样性、保证 Pareto 最优解集分布性的关键（肖婧等，2018）。拥挤密度通常可以用可行解个体与其周围其他可行解个体之间的拥挤距离 d 来估计。拥挤距离越大，表明可行解个体周围的拥挤密度越小，可行解个体的多样性就越好。

典型的拥挤距离 d 表示可行解个体在各个目标函数上与其相邻两个可行解个体之间距离的平均值。对于每个目标函数，先对种群中的可行解个体根据该目标函数值的大小进行排序，然后对每个可行解个体，计算由与其相邻两个可行解个体构成的立方体的平均边长，最终结果即为该可行解个体的拥挤距离。需要说明的是，边界可行解个体（某个目标函数的最大值或最小值）的拥挤距离为无穷大。如图4.9所示（图中的目标函数为归一化处理后的结果），对于可行解个体 i，与其相邻两个可行解个体 $i-1$ 和 $i+1$ 在目标函数 f_1 上的水平距离为 B、C 两点间的距离 $|BC|$，在目标函数 f_2 上的垂直距离为 A、B 两点间的距离 $|AB|$，则可行解个体 i 的拥挤距离为 $\frac{|AB|+|BC|}{2}$（肖婧等，2018；雷德明等，2009）。

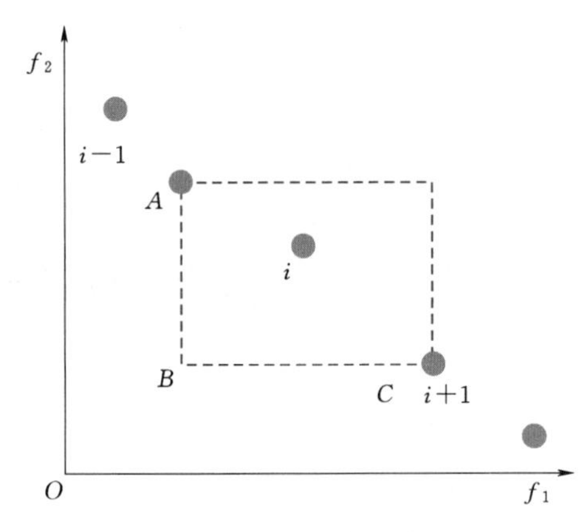

图4.9 拥挤距离示意图

对于一个具有 N 个可行解个体和 M 个目标函数的种群 P 来说，各个可行解个体的拥挤距离计算过程如下。

步骤1：初始化各个可行解个体的拥挤距离 $d_i = 0 (i=1,2,\cdots,N)$。

步骤2：对于每个目标函数 $f_k (k=1,2,\cdots,M)$，将所有可行解个体按照该目标函数值的大小进行排列，并令具有极值的可行解个体的拥挤距离为无穷大，即排在第一位的可行解个体和最后一位的可行解个体的拥挤距离 $d_1 = d_N = \infty$。

步骤3：按照式（4.25）计算种群 P 中除边界可行解个体外的其他可行解个体的拥挤距离。

$$d_i = \frac{1}{M} \cdot \sum_{k=1}^{M} \frac{|f_k(i-1) - f_k(i+1)|}{f_k^{\max} - f_k^{\min}} \tag{4.25}$$

式中：$f_k^{\max}$、$f_k^{\min}$ 分别为第 k 个目标函数的最大值和最小值；$f_k(i-1)$、$f_k(i+1)$ 分别

为在第 k 个目标函数上与可行解个体 i 相邻的两个可行解个体的目标函数值。

3. 精英个体保留操作

精英个体保留操作中首先运用拥挤密度估计对合并后的种群进行剪切操作，然后根据个体间的非支配关系（Pareto 非支配排序等级）和拥挤密度（拥挤度距离）保留当前进化代中的优秀个体。精英个体保留操作的示意如图 4.10 所示。

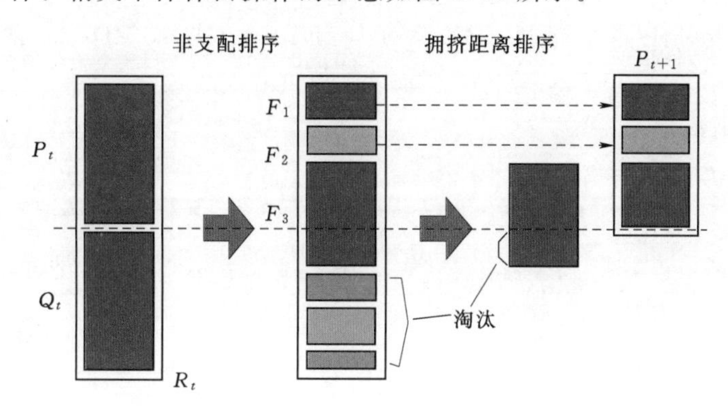

图 4.10 精英个体选择示意图

对合并后的种群 $R_t=P_t\cup Q_t$ 进行剪切操作的具体过程如下：首先，根据合并种群 R_t 中个体的 Pareto 非支配排序等级，将合并后的种群 R_t 分成若干个拥有不同排序等级的子集，这些子集的优先级顺序依次为 $F_1,F_2,\cdots,F_L$；然后，依据子集的优先级顺序将各个子集顺次保留并存入下一代进化种群 P_{t+1} 中，直至种群 P_{t+1} 中的个体数超过预先设定的种群规模 N；最后，按照存入种群 P_{t+1} 中最后一个子集中个体的拥挤度距离，进行剪切操作，即按照拥挤度距离从大到小的顺序删除拥挤度距离 d 最小的个体，直至种群 P_{t+1} 的规模达到预先设定的种群规模 N。

上述种群剪切操作过程对应的精英个体保留标准如下：假设 $\boldsymbol{x}_a$ 和 $\boldsymbol{x}_b$ 分别为合并后的种群 R_t 中的两个候选个体，其对应的 Pareto 非支配排序等级分别为 rank_a 和 rank_b，拥挤度距离分别为 d_a 和 d_b。若 $\boldsymbol{x}_a$ 和 $\boldsymbol{x}_b$ 之间的关系满足下列两条准则中的一个就表明 $\boldsymbol{x}_a$ 优先于 $\boldsymbol{x}_b$，即 $\boldsymbol{x}_a$ 优于 $\boldsymbol{x}_b$，$\boldsymbol{x}_a$ 个体将得以保留而 $\boldsymbol{x}_b$ 个体将被淘汰。

（1）$\text{rank}_a<\text{rank}_b$，即 $\boldsymbol{x}_a$ 和 $\boldsymbol{x}_b$ 分别属于不同的子集，且 $\boldsymbol{x}_a$ 的 Pareto 非支配排序等级小于 $\boldsymbol{x}_b$ 的 Pareto 非支配排序等级。

（2）$\text{rank}_a=\text{rank}_b$ 且 $d_a>d_b$，即 $\boldsymbol{x}_a$ 和 $\boldsymbol{x}_b$ 属于同一个的子集，且 $\boldsymbol{x}_a$ 的拥挤度距离大于 $\boldsymbol{x}_b$ 的拥挤度距离，或者说 $\boldsymbol{x}_a$ 的拥挤密度小于 $\boldsymbol{x}_b$ 的拥挤密度。

4.2.2.2 算法测试及结果分析

为了验证 NSGA-Ⅱ算法的有效性和先进性，将 NSGA-Ⅱ算法在多目标优化问题上进行仿真实验并与当前多种知名多目标进化算法进行效果对比。实验在 Intel(R)Core(TM)i7-8700CPU 3.20GHz 3.19GHz、RAM 16.0GB、操作系统为 Microsoft Windows 10(64bit) 的计算机上运行，实验程序在 MATLAB R2018b（版本 9.5.0）开发环境中编写运行。

1. 测试函数及性能评价标准

为了验证 NSGA-Ⅱ算法在多目标优化问题（Multi-objective Optimization

Problem，MOP）上的求解性能，将其与7种目前优化性能较好的经典多目标进化算法（Multi－Objective Evolutionary Algorithm，MOEA）在两目标Benchmark测试问题ZDT系列（ZDT1～ZDT4，ZDT6）（Deb等，2002；Zitzler等，2000；Deb等，1999）和三目标Benchmark测试问题DTLZ系列（DTLZ1－DTLZ7）（Deb等，2001；向毅，2018）上进行对比实验，具体函数说明如下。

两目标Benchmark测试问题ZDT系列（ZDT1～ZDT4，ZDT6）的具体函数说明如下。

ZDT1测试函数：

$$\begin{cases} f_1(\boldsymbol{x})=x_1 \\ f_2(\boldsymbol{x})=g(\boldsymbol{x})(1-\sqrt{x_1/g(\boldsymbol{x})}) \end{cases}, g(\boldsymbol{x})=1+\frac{9}{n-1}\sum_{i=2}^{n}x_i$$

决策空间：$\boldsymbol{x}\in[0,1]^{30}$。Pareto最优解：$0\leqslant x_1^*\leqslant 1, x_i^*=0, i=2,3,\cdots,30$。函数特性：凸Pareto前沿。

ZDT2测试函数：

$$\begin{cases} f_1(\boldsymbol{x})=x_1 \\ f_2(\boldsymbol{x})=g(\boldsymbol{x})(1-(x_1/g(\boldsymbol{x}))^2) \end{cases}, g(\boldsymbol{x})=1+\frac{9}{n-1}\sum_{i=2}^{n}x_i$$

决策空间：$\boldsymbol{x}\in[0,1]^n$，$n=30$。Pareto最优解：$0\leqslant x_1^*\leqslant 1, x_i^*=0, i=2,3,\cdots,30$。函数特性：非凸Pareto前沿。

ZDT3测试函数：

$$\begin{cases} f_1(\boldsymbol{x})=x_1 \\ f_2(\boldsymbol{x})=g(\boldsymbol{x})\left(1-\sqrt{x_1/g(\boldsymbol{x})}-\dfrac{x_1}{g(\boldsymbol{x})}\sin(10\pi x_1)\right) \end{cases}, g(\boldsymbol{x})=1+\frac{9}{n-1}\sum_{i=2}^{n}x_i$$

决策空间：$\boldsymbol{x}\in[0,1]^n$，$n=30$。Pareto最优解：$0\leqslant x_1^*\leqslant 1, x_i^*=0, i=2,3,\cdots,30$。函数特性：非连续Pareto前沿。

ZDT4测试函数：

$$\begin{cases} f_1(\boldsymbol{x})=x_1 \\ f_2(\boldsymbol{x})=g(\boldsymbol{x})(1-\sqrt{x_1/g(\boldsymbol{x})}) \end{cases}, g(\boldsymbol{x})=1+10(m-1)+\sum_{i=2}^{n}(x_i^2-10\cos(4\pi x_i))$$

决策空间：$\boldsymbol{x}\in[0,1]^n$，$n=10$。Pareto最优解：$0\leqslant x_1^*\leqslant 1, x_i^*=0, i=2,3,\cdots,10$。函数特性：凸Pareto前沿。

ZDT6测试函数：

$$\begin{cases} f_1(\boldsymbol{x})=1-\exp(-4x_1)\sin^6(6\pi x_1) \\ f_2(\boldsymbol{x})=g(\boldsymbol{x})(1-(x_1/g(\boldsymbol{x}))^2) \end{cases}, g(\boldsymbol{x})=1+9\left[\sum_{i=2}^{n}x_i/(n-1)\right]^{0.25}$$

决策空间：$\boldsymbol{x}\in[0,1]^n$，$n=10$。Pareto最优解：$0\leqslant x_1^*\leqslant 1, x_i^*=0, i=2,3,\cdots,10$。函数特性：非凸Pareto前沿，非均匀解集分布，越接近Pareto前沿解集密度越小。

上述所列的ZDT函数集为Zitzler等（2000）提出的目前通用的无约束两目标优化Benchmark测试问题。其中，ZDT1为连续函数，其Pareto前沿为一条连续的凸曲线；ZDT2为连续函数，其Pareto前沿为一条连续的非凸曲线；ZDT3为非连续函数，其Pareto前沿为具有5段离散的凸曲线；ZDT4为连续函数，其Pareto前沿为一条连续的凸曲线；ZDT6 为连续函数，其整个搜索空间具有非均匀的分布特性，越接近 Pareto 前沿其解集密度越小，该函数多用于衡量算法的种群多样性。

三目标 Benchmark 测试问题 DTLZ 系列（DTLZ1～DTLZ7）的具体函数说明如下。

DTLZ1 测试函数：

$$\begin{cases} f_1(\boldsymbol{x})=\frac{1}{2}x_1x_2\cdots x_{M-1}(1+g(\boldsymbol{x}_M)) \\ f_2(\boldsymbol{x})=\frac{1}{2}x_1x_2\cdots(1-\boldsymbol{x}_{M-1})(1+g(\boldsymbol{x}_M)) \\ \cdots \\ f_{M-1}(\boldsymbol{x})=\frac{1}{2}x_1(1-x_2)(1+g(\boldsymbol{x}_M)) \\ f_M(\boldsymbol{x})=\frac{1}{2}(1-x_1)(1+g(\boldsymbol{x}_M)) \end{cases}$$

式中：$g(\boldsymbol{x}_M)=100\left[|\boldsymbol{x}_M|+\sum_{x_i\in\boldsymbol{x}_M}(x_i-0.5)^2-\cos(20\pi(x_i-0.5))\right]$，$g\geqslant0$；$|\boldsymbol{x}_M|=k$，$k=5$。

决策空间：$\boldsymbol{x}\in[0,1]^n$，$n=M+k-1$，$M=3$。Pareto 最优解：$x_i^*=0.5$，$i=3,\cdots,n$。

DTLZ2 测试函数：

$$\begin{cases} f_1(\boldsymbol{x})=(1+g(\boldsymbol{x}_M))\cos(x_1\pi/2)\cos(x_2\pi/2)\cdots\cos(x_{M-2}\pi/2)\cos(x_{M-1}\pi/2) \\ f_2(\boldsymbol{x})=(1+g(\boldsymbol{x}_M))\cos(x_1\pi/2)\cos(x_2\pi/2)\cdots\cos(x_{M-2}\pi/2)\sin(x_{M-1}\pi/2) \\ f_3(\boldsymbol{x})=(1+g(\boldsymbol{x}_M))\cos(x_1\pi/2)\cos(x_2\pi/2)\cdots\sin(x_{M-2}\pi/2) \\ \cdots \\ f_{M-1}(\boldsymbol{x})=(1+g(\boldsymbol{x}_M))\cos(x_1\pi/2)\sin(x_2\pi/2) \\ f_M(\boldsymbol{x})=(1+g(\boldsymbol{x}_M))\sin(x_1\pi/2) \end{cases}$$

式中：$g(\boldsymbol{x}_M)=\sum_{x_i\in\boldsymbol{x}_M}(x_i-0.5)^2$，$g\geqslant0$；$|\boldsymbol{x}_M|=k$，$k=10$。

决策空间：$\boldsymbol{x}\in[0,1]^n$，$n=M+k-1$，$M=3$。Pareto 最优解：$x_i^*=0.5$，$i=3,\cdots,n$。

DTLZ3 测试函数：

$$\begin{cases} f_1(\boldsymbol{x})=(1+g(\boldsymbol{x}_M))\cos(x_1\pi/2)\cos(x_2\pi/2)\cdots\cos(x_{M-2}\pi/2)\cos(x_{M-1}\pi/2) \\ f_2(\boldsymbol{x})=(1+g(\boldsymbol{x}_M))\cos(x_1\pi/2)\cos(x_2\pi/2)\cdots\cos(x_{M-2}\pi/2)\sin(x_{M-1}\pi/2) \\ f_3(\boldsymbol{x})=(1+g(\boldsymbol{x}_M))\cos(x_1\pi/2)\cos(x_2\pi/2)\cdots\sin(x_{M-2}\pi/2) \\ \cdots \\ f_{M-1}(\boldsymbol{x})=(1+g(\boldsymbol{x}_M))\cos(x_1\pi/2)\sin(x_2\pi/2) \\ f_M(\boldsymbol{x})=(1+g(\boldsymbol{x}_M))\sin(x_1\pi/2) \end{cases}$$

式中：$g(\boldsymbol{x}_M)=100\left[|\boldsymbol{x}_M|+\sum_{x_i\in\boldsymbol{x}_M}(x_i-0.5)^2-\cos(20\pi(x_i-0.5))\right]$，$g\geqslant0$；$|\boldsymbol{x}_M|=k$，$k=10$。

决策空间：$\boldsymbol{x}\in[0,1]^n$，$n=M+k-1$，$M=3$。Pareto 最优解：$x_i^*=0.5$，$i=3,\cdots,n$。

DTLZ4 测试函数：

$$\begin{cases} f_1(\boldsymbol{x})=(1+g(\boldsymbol{x}_M))\cos(x_1^{\alpha}\pi/2)\cos(x_2^{\alpha}\pi/2)\cdots\cos(x_{M-2}^{\alpha}\pi/2)\cos(x_{M-1}^{\alpha}\pi/2) \\ f_2(\boldsymbol{x})=(1+g(\boldsymbol{x}_M))\cos(x_1^{\alpha}\pi/2)\cos(x_2^{\alpha}\pi/2)\cdots\cos(x_{M-2}^{\alpha}\pi/2)\sin(x_{M-1}^{\alpha}\pi/2) \\ f_3(\boldsymbol{x})=(1+g(\boldsymbol{x}_M))\cos(x_1^{\alpha}\pi/2)\cos(x_2^{\alpha}\pi/2)\cdots\sin(x_{M-2}^{\alpha}\pi/2) \\ \cdots \\ f_{M-1}(\boldsymbol{x})=(1+g(\boldsymbol{x}_M))\cos(x_1^{\alpha}\pi/2)\sin(x_2^{\alpha}\pi/2) \\ f_M(\boldsymbol{x})=(1+g(\boldsymbol{x}_M))\sin(x_1^{\alpha}\pi/2) \end{cases}$$

式中：$g(\boldsymbol{x}_M)=\sum_{x_i\in\boldsymbol{x}_M}(x_i-0.5)^2$，$g\geqslant0$；$|\boldsymbol{x}_M|=k$，$k=10$；$\alpha=100$。

决策空间：$\boldsymbol{x}\in[0,1]^n$，$n=M+k-1$，$M=3$。Pareto 最优解：$x_i^*=0.5$，$i=3,\cdots,n$。

DTLZ5 测试函数：

$$\begin{cases} f_1(\boldsymbol{x})=(1+g(\boldsymbol{x}_M))\cos(\theta_1\pi/2)\cos(\theta_2\pi/2)\cdots\cos(\theta_{M-2}\pi/2)\cos(\theta_{M-1}\pi/2) \\ f_2(\boldsymbol{x})=(1+g(\boldsymbol{x}_M))\cos(\theta_1\pi/2)\cos(\theta_2\pi/2)\cdots\cos(\theta_{M-2}\pi/2)\sin(\theta_{M-1}\pi/2) \\ f_3(\boldsymbol{x})=(1+g(\boldsymbol{x}_M))\cos(\theta_1\pi/2)\cos(\theta_2\pi/2)\cdots\sin(\theta_{M-2}\pi/2) \\ \cdots \\ f_{M-1}(\boldsymbol{x})=(1+g(\boldsymbol{x}_M))\cos(\theta_1\pi/2)\sin(\theta_2\pi/2) \\ f_M(\boldsymbol{x})=(1+g(\boldsymbol{x}_M))\sin(\theta_1\pi/2) \end{cases}$$

式中：$\theta_i=\dfrac{\pi}{4(1+g(r))}(1+2g(r)x_i),i=2,3,\cdots,M-1$；

$g(\boldsymbol{x}_M)=\sum_{x_i\in\boldsymbol{x}_M}(x_i-0.5)^2$，$g\geqslant0$；$|\boldsymbol{x}_M|=k$，$k=10$。

决策空间：$\boldsymbol{x}\in[0,1]^n$，$n=M+k-1$，$M=3$。Pareto 最优解：$x_i^*=0.5$，$i=3,\cdots,n$。

DTLZ6 测试函数：

$$\begin{cases} f_1(\boldsymbol{x})=(1+g(\boldsymbol{x}_M))\cos(\theta_1\pi/2)\cos(\theta_2\pi/2)\cdots\cos(\theta_{M-2}\pi/2)\cos(\theta_{M-1}\pi/2) \\ f_2(\boldsymbol{x})=(1+g(\boldsymbol{x}_M))\cos(\theta_1\pi/2)\cos(\theta_2\pi/2)\cdots\cos(\theta_{M-2}\pi/2)\sin(\theta_{M-1}\pi/2) \\ f_3(\boldsymbol{x})=(1+g(\boldsymbol{x}_M))\cos(\theta_1\pi/2)\cos(\theta_2\pi/2)\cdots\sin(\theta_{M-2}\pi/2) \\ \cdots \\ f_{M-1}(\boldsymbol{x})=(1+g(\boldsymbol{x}_M))\cos(\theta_1\pi/2)\sin(\theta_2\pi/2) \\ f_M(\boldsymbol{x})=(1+g(\boldsymbol{x}_M))\sin(\theta_1\pi/2) \end{cases}$$

式中：$\theta_i=\dfrac{\pi}{4(1+g(r))}(1+2g(r)x_i),i=2,3,\cdots,M-1$；

$g(\boldsymbol{x}_M)=\sum_{x_i\in\boldsymbol{x}_M}x_i^{0.1}$；$|\boldsymbol{x}_M|=k$，$k=10$。

决策空间：$\boldsymbol{x}\in[0,1]^n$，$n=M+k-1$，$M=3$。Pareto 最优解：$x_i^*=0$，$i=3,\cdots,n$。

DTLZ7 测试函数：

$$\begin{cases} f_1(\boldsymbol{x}_1)=x_1 \\ f_2(\boldsymbol{x}_2)=x_2 \\ \cdots \\ f_{M-1}(\boldsymbol{x}_{M-1})=x_{M-1} \\ f_M(\boldsymbol{x})=(1+g(\boldsymbol{x}_M))h(f_1,f_2,\cdots,f_{M-1},g) \end{cases}$$

式中：$g(\boldsymbol{x}_M)=1+\frac{9}{|\boldsymbol{x}_M|}\sum_{x_i\in \boldsymbol{x}_M}x_i$；$h(f_1,f_2,\cdots,f_{M-1},g)=M-\sum_{i=1}^{M-1}\left[\frac{f_i}{1+g}(1+\sin(3\pi f_i))\right]$；$|\boldsymbol{x}_M|=k$，$k=20$。

决策空间：$\boldsymbol{x}\in[0,1]^n$，$n=M+k-1$，$M=3$。Pareto 最优解：$x_i^*=0$，$i=3,\cdots,n$。

上述所列的 DTLZ 函数集为 Deb 等（2001）提出的有约束多目标优化 Benchmark 测试问题。其中各测试问题的目标维数理论上可扩展至无限高维，且求解难度随着维数的增加而增大。其中，DTLZ1 的 Pareto 前沿是一个超平面，其搜索空间包含 11^5-1 个局部 Pareto 最优前沿，容易使多目标优化算法陷入局部最优；其次，虽然 DTLZ2～DTLZ4 的 Pareto 前沿均是一个超球面，但是它们被设计用于检验多目标优化算法的不同能力。具体地，DTLZ2 是一个相对简单的问题，其 Pareto 前沿为第一象限内的单位球面；而 DTLZ3 则引入了 $3^{10}-1$ 个局部 Pareto 最优前沿，其非常适合用于检验多目标优化算法的收敛性；DTLZ4 是在 DTLZ2 的基础上修改得来的，DTLZ4 中引入了从搜索空间到目标空间的非线性映射，使得一般多目标优化算法难以获得分布广泛的最终解集；DTLZ5 和 DTLZ6 的 Pareto 前沿均是退化的曲面，其主要用于测试算法在高维目标空间搜索低维 Pareto 前沿的能力。与 DTLZ5 相比，DTLZ6 更难以收敛；DTLZ7 的 Pareto 前沿由 2^{m-1} 个不连通的 Pareto 最优区域组成，该测试问题主要用于检验是否具备有效处理不连续 Pareto 前沿以及在不同 Pareto 最优区域维持子种群的能力（Deb 等，2001；向毅，2018）。

用于对比的代表性 MOEAs 包括 SPEA2（Zitzler 等，2001）、MOPSO（Coello Coello 等，2004）、MOGWO（Mirjalili 等，2016）、MOALO（Mirjalili 等，2017）、MOAVO（Mirjalili 等，2017）、MOGOA（Mirjalili 等，2018）以及 MOABC（Hedayatzadeh 等，2010；Akbari 等，2012）。为了评价 MOEAs 的性能，此处采用四个最常用的性能评价指标来评估 MOEAs 所求得的 Pareto 最优前沿近似解集的质量，这些评价指标包括收敛性指标（Convergence，Υ）（Deb 等，2002）、多样性指标（Diversity，Δ）（Deb 等，2002）、世代距离指标（Generational Distance，GD）（Van Veldhuizen 等，1998）以及反世代距离指标（Inverted Generational Distance，IGD）（Zitzler，1999；Zhang 等，2008），这些评价指标的含义及具体表达式见式（4.26）～式（4.29）。

（1）收敛性Υ的定义如下。

$$\Upsilon(A,P^*)=\frac{1}{|A|}\cdot\sum_{i=1}^{|A|}d_i \tag{4.26}$$

式中：d_i 为第 i 个非支配解 $\boldsymbol{z}_i$ 到真实 Pareto 最优解集的欧氏距离，即 $\boldsymbol{z}_i$ 与 P^* 中最近点之间的欧氏距离。如图 4.11 所示，收敛性指标Υ的值越小，表明 MOEAs 逼近 Pareto 前沿的程度越好。$\Upsilon=0$ 表明 MOEAs 所求得的解刚好和 Pareto 前沿面上采样得到的点重合。

（2）多样性 Δ 的定义如下。

$$\Delta(A,P^*)=\frac{d_f+d_l+\sum_{i=1}^{|A|-1}|d_i-\overline{d}|}{d_f+d_l+(|A|-1)\cdot\overline{d}} \tag{4.27}$$

式中：$d_i=\min\limits_{j}\sum\limits_{k=1}^{m}|f_k^i-f_k^j|,(i,j=1,2,\cdots,|A|)$；$f_k^i$ 与 f_k^j 分别为第 i 个非支配解 $\boldsymbol{z}_i$ 与第 j 个非支配解 $\boldsymbol{z}_j$ 对应的第 k 个目标函数值；$\overline{d}$ 为所有 d_i 的平均值；d_f 与 d_l 分别为 MOEAs 获得的边界解与相应极端解之间的距离，其中极端解是指某一目标函数值最大而其他目标函数值最小的解（雷德明等，2009）。如图 4.12 所示，多样性指标 Δ 的值越小，表明算法获得的非支配解在 Pareto 前沿面上的分布性越好。Δ=0 表明 MOEAs 所求得的解完全均匀地分布在 Pareto 前沿面上。

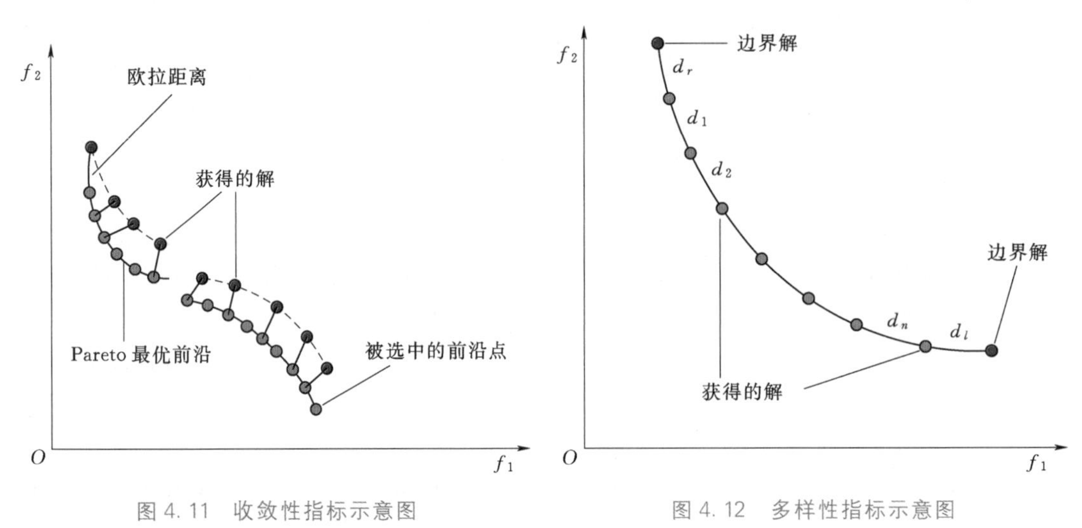

图 4.11 收敛性指标示意图

图 4.12 多样性指标示意图

（3）世代距离 GD 的定义如下。

$$GD(A,P^*)=\frac{1}{|A|}\sqrt{\sum_{i=1}^{|A|}d_i^2} \tag{4.28}$$

式中：d_i 为第 i 个非支配解 $\boldsymbol{z}_i$ 到真实 Pareto 最优解集的欧氏距离，即 $\boldsymbol{z}_i$ 与 P^* 中最近点之间的欧氏距离。对世代距离 GD 而言，其值越小越好。

（4）反世代距离 IGD 的定义如下。

$$IGD(A,P^*)=\frac{\sum_{\boldsymbol{v}\in P^*}d(\boldsymbol{v},A)}{|P^*|} \tag{4.29}$$

式中：$d(\boldsymbol{v},A)$ 为点 $\boldsymbol{v}$ 到集合 A 的欧式距离。若 P^* 中的元素足够多且能较好地覆盖真实 Pareto 前沿，则 IGD(A,P^*) 可同时度量集合的收敛性和多样性。对反世代距离 IGD 而言，其值越小越好。

2. 测试结果及分析

为保证算法测试的公平性，所有 MOEAs 在各个 Benchmark 测试问题上的初始种群规模和外部档案集规模均设置为 100。此外，对两目标 Benchmark 测试问题，其最大函数评价次数设置为 25000；对三目标 Benchmark 测试问题，其最大函数评价次数设置为 50000，且采样点个数可根据需要自由设定，此处采用 10000 个均匀分布的 Pareto 最优解作为真实 Pareto 前沿的近似解集（向毅，2018）。为使对比 MOEAs 的优化性能达到最优，各 MOEAs 中的相关控制参数的取值均采用其原文献的推荐值。在各个 Benchmark 测试问题上，所有 MOEAs 均独立运行 30 次。

表 4.7、表 4.8、表 4.9、表 4.10 分别为各个 MOEAs 在 12 个 Benchmark 测试问题上的实验统计结果，包括收敛性Υ、多样性 Δ、世代距离 GD 和反世代距离 IGD 的平均值（Mean value，Mean）和标准差（Standard value，Std）。为了便于分析，在这些表格中，平均值和标准差的最优和次优值分别用深灰色和浅灰色两种不同的背景进行标注，并且花括号中的结果为基于各平均值结果的排序。

表 4.7　NSGA-Ⅱ及其他 7 个经典 MOEAs 算法的收敛性指标平均值和标准差

算法	ZDT1	ZDT2	ZDT3	ZDT4
	Mean±Std	Mean±Std	Mean±Std	Mean±Std
NSGA-Ⅱ	4.61E−02{05}±4.33E−02	7.52E−02{06}±4.28E−02	5.31E−02{06}±5.42E−02	7.08E+00{04}±2.85E+00
SPEA2	1.04E−01{07}±2.50E−02	1.62E−01{07}±4.02E−02	7.44E−02{07}±2.31E−02	9.73E−02{01}±1.49E−01
MOPSO	2.87E−03{02}±1.77E−03	2.02E−03{03}±1.54E−03	5.23E−03{01}±1.11E−03	1.65E+01{07}±1.36E+01
MOGWO	8.27E−04{01}±2.10E−04	7.99E−04{02}±9.56E−05	5.41E−03{02}±2.70E−03	5.67E+00{03}±5.84E+00
MOALO	5.04E−03{03}±9.67E−03	5.40E−04{01}±7.52E−05	7.67E−03{03}±3.27E−03	2.01E+01{08}±5.24E+00
MOMVO	3.92E−02{04}±1.65E−02	4.50E−03{05}±3.70E−03	2.77E−02{04}±1.41E−02	1.26E+01{05}±4.90E−02
MOGOA	7.79E−02{06}±2.33E−01	4.02E−03{04}±6.95E−03	3.83E−02{05}±6.39E−02	1.53E+01{06}±3.37E−01
MOABC	2.94E−01{08}±5.59E−02	3.05E−01{08}±7.19E−02	1.87E−01{08}±5.94E−02	2.25E+00{02}±8.90E−01
算法	ZDT6	DTLZ1	DTLZ2	DTLZ3
	Mean±Std	Mean±Std	Mean±Std	Mean±Std
NSGA-Ⅱ	2.30E−01{04}±3.18E−01	1.28E+01{05}±3.45E+00	5.10E−02{05}±6.15E−03	7.24E+01{04}±1.87E+01
SPEA2	1.31E−01{02}±2.92E−01	8.03E+00{03}±5.88E+00	5.79E−02{06}±1.49E−02	4.30E+01{02}±2.19E+01
MOPSO	3.06E−02{01}±6.16E−02	2.69E+01{06}±4.63E+00	7.85E−02{07}±1.06E−02	4.10E+02{07}±2.77E+01
MOGWO	2.75E−01{06}±1.17E−01	3.43E+01{08}±5.64E+00	2.23E−02{03}±9.60E−03	4.24E+02{08}±2.45E+01
MOALO	3.14E−01{07}±1.98E−01	1.20E+01{04}±2.98E+00	5.03E−02{04}±1.99E−02	1.05E+02{06}±1.21E+02
MOMVO	2.24E−01{03}±4.52E−02	4.91E+00{02}±7.27E−01	1.26E−02{01}±2.62E−03	1.24E+01{01}±6.14E+00

续表

算法	ZDT6	DTLZ1	DTLZ2	DTLZ3
	Mean±Std	Mean±Std	Mean±Std	Mean±Std
MOGOA	2.55E−01{05}±6.86E−02	3.09E+01{07}±7.90E−01	1.52E−02{02}±8.63E−03	8.25E+01{05}±2.97E+00
MOABC	3.95E−01{08}±1.16E−01	3.64E+00{01}±2.73E+00	9.05E−02{08}±1.85E−01	6.60E+01{03}±9.50E+01
算法	DTLZ4	DTLZ5	DTLZ6	DTLZ7
	Mean±Std	Mean±Std	Mean±Std	Mean±Std
NSGA-Ⅱ	2.60E−02{03}±7.98E−03	1.79E+00{05}±7.62E−02	7.07E+00{04}±2.73E−01	3.33E−02{04}±1.24E−02
SPEA2	6.63E−02{06}±1.62E−02	1.66E+00{03}±1.02E−01	6.59E+00{03}±3.00E−01	2.39E−01{06}±6.33E−02
MOPSO	8.78E−02{07}±1.17E−02	1.68E+00{04}±4.36E−02	6.07E+00{02}±1.89E−01	3.08E−02{03}±6.77E−03
MOGWO	3.12E−02{04}±5.04E−02	1.91E+00{06}±1.25E−01	5.93E+00{01}±5.08E−01	2.00E−02{02}±1.60E−02
MOALO	2.11E−01{08}±1.83E−01	1.62E+00{02}±2.85E−01	7.93E+00{06}±8.69E−01	3.42E−03{01}±2.25E−03
MOMVO	2.35E−02{02}±6.50E−03	1.97E+00{07}±2.33E−01	8.10E+00{07}±4.30E−01	1.20E−01{05}±5.27E−02
MOGOA	3.93E−02{05}±2.88E−02	2.06E+00{08}±2.34E−01	7.75E+00{05}±5.49E−01	2.99E−01{07}±7.34E−01
MOABC	2.34E−02{01}±1.35E−02	1.40E+00{01}±1.42E−01	9.59E+00{08}±5.55E−02	5.23E−01{08}±9.28E−01

表 4.8　NSGA-Ⅱ及其他7个经典MOEAs算法的多样性指标平均值和标准差

算法	ZDT1	ZDT2	ZDT3	ZDT4
	Mean±Std	Mean±Std	Mean±Std	Mean±Std
NSGA-Ⅱ	4.56E−01{02}±5.10E−02	5.01E−01{02}±6.90E−02	5.28E−01{02}±1.02E−01	9.36E−01{01}±3.25E−02
SPEA2	9.11E−01{04}±1.29E−01	9.57E−01{04}±1.16E−01	9.18E−01{04}±9.22E−02	1.18E+00{08}±2.55E−01
MOPSO	3.20E−01{01}±4.79E−02	3.42E−01{01}±5.46E−02	3.51E−01{01}±4.56E−02	9.91E−01{03}±3.72E−02
MOGWO	1.12E+00{07}±1.43E−01	1.07E+00{08}±1.41E−01	9.78E−01{05}±1.04E−01	1.08E+00{07}±1.18E−01
MOALO	1.11E+00{06}±4.71E−02	1.02E+00{07}±7.40E−03	1.30E+00{08}±1.09E−01	1.04E+00{06}±4.24E−02
MOMVO	9.77E−01{05}±1.62E−01	1.01E+00{06}±1.08E−02	1.09E+00{06}±1.21E−01	9.98E−01{04}±8.83E−04

续表

算法	ZDT1	ZDT2	ZDT3	ZDT4
	Mean±Std	Mean±Std	Mean±Std	Mean±Std
MOGOA	1.20E+00{08}±7.41E−02	1.00E+00{05}±2.30E−04	1.28E+00{07}±1.19E−01	9.81E−01{02}±0.00E+00
MOABC	8.08E−01{03}±8.04E−02	8.50E−01{03}±9.17E−02	8.16E−01{03}±9.78E−02	1.01E+00{05}±1.51E−01

算法	ZDT6	DTLZ1	DTLZ2	DTLZ3
	Mean±Std	Mean±Std	Mean±Std	Mean±Std
NSGA-Ⅱ	9.96E−01{04}±1.59E−01	8.52E−01{03}±4.85E−02	6.81E−01{03}±8.76E−02	9.62E−01{04}±1.13E−01
SPEA2	9.57E−01{03}±1.89E−01	1.39E+00{08}±3.23E−01	5.82E−01{02}±5.61E−02	1.32E+00{08}±3.61E−01
MOPSO	6.91E−01{01}±4.27E−01	6.98E−01{01}±8.31E−02	4.71E−01{01}±6.82E−02	7.63E−01{02}±8.93E−02
MOGWO	1.12E+00{06}±1.43E−01	7.18E−01{02}±6.72E−02	8.60E−01{04}±3.02E−02	7.01E−01{01}±5.35E−02
MOALO	1.15E+00{08}±1.03E−01	1.30E+00{07}±2.19E−01	1.17E+00{08}±5.33E−02	1.16E+00{07}±1.74E−01
MOMVO	1.14E+00{07}±7.91E−02	1.06E+00{06}±6.99E−02	1.16E+00{07}±6.73E−02	1.06E+00{06}±9.92E−02
MOGOA	1.03E+00{05}±9.94E−02	1.04E+00{05}±2.62E−02	1.12E+00{06}±8.32E−02	1.00E+00{05}±6.16E−03
MOABC	9.31E−01{02}±1.53E−01	9.20E−01{04}±1.70E−01	1.02E+00{05}±9.08E−02	8.47E−01{03}±1.77E−01

算法	DTLZ4	DTLZ5	DTLZ6	DTLZ7
	Mean±Std	Mean±Std	Mean±Std	Mean±Std
NSGA-Ⅱ	6.85E−01{03}±6.26E−02	7.41E−01{03}±1.88E−02	7.17E−01{02}±3.52E−02	8.49E−01{04}±4.88E−02
SPEA2	6.93E−01{04}±1.38E−01	6.99E−01{02}±4.55E−02	7.34E−01{03}±4.87E−02	7.43E−01{02}±9.01E−02
MOPSO	4.97E−01{01}±4.65E−02	6.58E−01{01}±3.77E−02	6.09E−01{01}±3.42E−02	4.61E−01{01}±5.66E−02
MOGWO	6.07E−01{02}±1.29E−01	8.00E−01{04}±2.05E−02	7.64E−01{04}±6.86E−02	8.27E−01{03}±1.48E−01
MOALO	1.30E+00{08}±8.33E−02	1.15E+00{08}±5.02E−02	1.17E+00{08}±6.73E−02	1.01E+00{06}±7.80E−03
MOMVO	7.50E−01{05}±4.87E−02	1.08E+00{07}±3.77E−02	1.10E+00{07}±3.80E−02	1.07E+00{07}±1.34E−01
MOGOA	1.06E+00{07}±3.89E−02	1.05E+00{06}±6.56E−02	1.06E+00{06}±2.38E−02	1.15E+00{08}±9.69E−02
MOABC	7.59E−01{06}±1.62E−01	9.95E−01{05}±8.99E−02	9.48E−01{05}±7.53E−02	9.36E−01{05}±6.91E−02

表 4.9　NSGA-Ⅱ及其他 7 个经典 MOEAs 算法的世代距离指标平均值和标准差

算法	ZDT1	ZDT2	ZDT3	ZDT4
	Mean±Std	Mean±Std	Mean±Std	Mean±Std
NSGA-Ⅱ	4.78E−03{04}±4.47E−03	7.58E−03{06}±4.26E−03	6.98E−03{06}±5.77E−03	7.13E−01{02}±2.84E−01
SPEA2	1.23E−02{07}±3.69E−03	2.60E−02{07}±2.25E−02	1.65E−02{07}±5.59E−03	8.91E−02{01}±1.30E−01
MOPSO	3.62E−04{02}±1.83E−04	2.26E−04{03}±1.73E−04	6.69E−04{01}±1.06E−04	8.71E+00{06}±6.98E+00
MOGWO	1.24E−04{01}±5.79E−05	9.32E−05{02}±1.03E−05	7.08E−04{02}±4.24E−04	1.71E+00{03}±3.45E+00
MOALO	6.70E−04{03}±1.32E−03	6.12E−05{01}±6.83E−06	1.22E−03{03}±6.85E−04	2.06E+00{05}±6.65E−01
MOMVO	9.10E−03{06}±1.29E−02	1.57E−03{04}±1.46E−03	6.86E−03{05}±1.08E−02	1.95E+00{04}±5.87E−01
MOGOA	8.55E−03{05}±2.65E−02	2.25E−03{05}±5.75E−03	4.70E−03{04}±6.78E−03	1.48E+01{08}±2.11E+00
MOABC	9.73E−02{08}±2.37E−02	1.21E−01{08}±3.52E−02	6.56E−02{08}±2.21E−02	1.19E+01{07}±5.59E−01
算法	ZDT6	DTLZ1	DTLZ2	DTLZ3
	Mean±Std	Mean±Std	Mean±Std	Mean±Std
NSGA-Ⅱ	6.21E−02{08}±3.95E−02	1.33E+00{02}±3.56E−01	5.93E−03{05}±7.42E−04	7.36E+00{02}±1.89E+00
SPEA2	3.90E−02{04}±5.58E−02	3.81E+00{06}±2.75E+00	1.17E−02{07}±3.71E−03	1.77E+01{05}±9.52E+00
MOPSO	1.78E−02{01}±3.01E−02	6.10E+00{07}±7.79E−01	1.15E−02{06}±3.60E−03	7.94E+01{08}±8.15E+00
MOGWO	4.53E−02{06}±2.90E−02	7.58E+00{08}±1.42E+00	2.41E−03{02}±1.07E−03	6.67E+01{07}±5.98E+00
MOALO	5.39E−02{07}±4.99E−02	1.82E+00{03}±8.15E−01	5.19E−03{04}±2.00E−03	1.23E+01{04}±1.47E+01
MOMVO	3.60E−02{02}±2.93E−02	6.57E−01{01}±3.65E−01	1.37E−03{01}±2.96E−04	3.02E+00{01}±1.70E+00
MOGOA	3.66E−02{03}±1.94E−02	3.10E+00{05}±7.76E−02	2.87E−03{03}±1.99E−03	1.14E+01{03}±1.01E+00
MOABC	1.70E−01{09}±6.62E−03	2.41E+00{04}±2.20E+00	7.68E−02{08}±1.74E−01	5.59E+01{06}±9.68E+01
算法	DTLZ4	DTLZ5	DTLZ6	DTLZ7
	Mean±Std	Mean±Std	Mean±Std	Mean±Std
NSGA-Ⅱ	3.12E−03{02}±1.30E−03	1.96E−01{04}±8.08E−03	7.48E−01{03}±2.26E−02	4.48E−03{04}±1.74E−03

续表

算法	DTLZ4	DTLZ5	DTLZ6	DTLZ7
	Mean±Std	Mean±Std	Mean±Std	Mean±Std
SPEA2	1.43E−02{06}±3.54E−03	2.28E−01{07}±1.60E−02	9.56E−01{07}±5.93E−02	5.21E−02{07}±2.48E−02
MOPSO	1.27E−02{05}±3.70E−03	1.84E−01{02}±3.73E−03	6.62E−01{02}±1.77E−02	4.33E−03{03}±9.74E−04
MOGWO	3.98E−03{03}±7.13E−03	1.92E−01{03}±1.22E−02	6.05E−01{01}±5.16E−02	3.29E−03{02}±2.86E−03
MOALO	2.85E−02{08}±2.33E−02	1.66E−01{01}±2.68E−02	8.06E−01{05}±7.41E−02	3.60E−04{01}±2.28E−04
MOMVO	2.42E−03{01}±6.34E−04	2.03E−01{05}±2.16E−02	8.18E−01{06}±4.11E−02	2.30E−02{05}±3.25E−02
MOGOA	6.83E−03{04}±7.29E−03	2.08E−01{06}±2.28E−02	7.80E−01{04}±5.33E−02	4.00E−02{06}±8.08E−02
MOABC	1.79E−02{07}±1.03E−02	7.49E−01{08}±2.31E−01	2.23E+00{08}±1.63E−01	3.24E−01{08}±6.42E−01

表 4.10 NSGA-Ⅱ及其他7个经典MOEAs算法的反世代距离指标平均值和标准差

算法	ZDT1	ZDT2	ZDT3	ZDT4
	Mean±Std	Mean±Std	Mean±Std	Mean±Std
NSGA-Ⅱ	3.72E−02{06}±4.33E−02	8.31E−02{06}±4.28E−02	2.91E−02{06}±3.86E−02	6.22E+00{04}±2.85E+00
SPEA2	9.98E−02{07}±2.50E−02	1.59E−01{07}±4.02E−02	5.17E−02{07}±1.46E−02	1.81E−02{01}±1.46E−01
MOPSO	2.57E−03{03}±1.77E−03	1.64E−03{04}±1.54E−03	3.18E−03{02}±1.15E−03	1.04E+01{05}±1.36E+01
MOGWO	8.17E−04{01}±2.10E−04	7.99E−04{02}±9.56E−05	2.93E−03{01}±1.52E−03	3.89E+00{03}±5.86E+00
MOALO	1.57E−03{02}±9.67E−03	5.40E−04{01}±7.52E−05	4.40E−03{03}±2.80E−03	1.85E+01{08}±5.25E+00
MOMVO	3.14E−02{05}±1.65E−02	2.81E−03{05}±3.70E−03	1.74E−02{05}±8.02E−03	1.26E+01{06}±4.91E−02
MOGOA	2.58E−02{04}±2.33E−01	8.79E−04{03}±6.95E−03	1.46E−02{04}±4.68E−02	1.53E+01{07}±3.38E−01
MOABC	3.02E−01{08}±5.59E−02	3.02E−01{08}±5.17E−03	1.21E−01{08}±3.43E−02	2.17E+00{02}±8.92E−01

算法	ZDT6	DTLZ1	DTLZ2	DTLZ3
	Mean±Std	Mean±Std	Mean±Std	Mean±Std
NSGA-Ⅱ	1.63E−01{03}±3.53E−01	2.64E+01{05}±7.06E+00	5.00E−02{05}±6.15E−03	6.80E+01{07}±1.88E+01
SPEA2	4.57E−02{02}±3.25E−01	1.40E+01{03}±1.21E+01	5.94E−02{07}±1.49E−02	3.98E+01{03}±2.20E+01

续表

算法	ZDT6	DTLZ1	DTLZ2	DTLZ3
	Mean±Std	Mean±Std	Mean±Std	Mean±Std
MOPSO	4.74E−03{01}± 6.68E−02	5.39E+01{06}± 9.49E+00	7.68E−02{08}± 1.06E−02	4.12E+02{04}± 2.77E+01
MOGWO	2.74E−01{06}± 1.27E−01	6.90E+01{08}± 1.16E+01	1.99E−02{04}± 9.60E−03	4.28E+02{05}± 2.45E+01
MOALO	3.18E−01{08}± 2.17E−01	2.39E+01{04}± 6.11E+00	5.01E−02{06}± 1.99E−02	4.68E+01{06}± 1.22E+02
MOMVO	2.59E−01{04}± 5.01E−02	9.71E+00{02}± 1.48E+00	1.24E−02{02}± 2.62E−03	1.09E+01{01}± 6.15E+00
MOGOA	2.88E−01{07}± 7.38E−02	6.39E+01{07}± 1.66E+00	1.51E−02{03}± 8.63E−03	8.23E+01{08}± 2.99E+00
MOABC	4.27E−01{09}± 1.25E−01	5.22E+00{01}± 5.57E+00	2.88E−03{01}± 1.85E−01	3.20E+01{02}± 9.52E+01

算法	DTLZ4	DTLZ5	DTLZ6	DTLZ7
	Mean±Std	Mean±Std	Mean±Std	Mean±Std
NSGA - Ⅱ	2.27E−02{04}± 8.00E−03	2.29E+00{06}± 1.09E−01	9.20E+00{04}± 3.56E−01	2.17E−02{03}± 8.82E−03
SPEA2	6.77E−02{06}± 1.63E−02	2.07E+00{03}± 1.55E−01	8.63E+00{03}± 3.80E−01	1.32E−01{08}± 2.22E−02
MOPSO	8.84E−02{07}± 1.17E−02	2.11E+00{04}± 5.77E−02	7.83E+00{02}± 2.53E−01	2.71E−02{04}± 5.24E−03
MOGWO	1.48E−02{01}± 5.05E−02	2.18E+00{05}± 2.02E−01	7.64E+00{01}± 6.72E−01	1.47E−02{02}± 1.54E−02
MOALO	1.78E−01{08}± 1.84E−01	1.84E+00{02}± 3.90E−01	1.03E+01{06}± 1.22E+00	2.41E−03{01}± 1.52E−03
MOMVO	2.18E−02{03}± 6.52E−03	2.51E+00{07}± 3.48E+02	1.06E+01{07}± 6.46E−01	7.30E−02{05}± 1.68E−02
MOGOA	2.62E−02{05}± 2.89E−02	2.71E+00{08}± 3.40E−01	1.02E+01{05}± 1.01E+00	8.05E−02{06}± 2.23E−01
MOABC	1.94E−02{02}± 1.35E−02	1.69E+00{01}± 2.19E−01	1.20E+01{08}± 1.58E−01	1.09E−01{07}± 2.81E−01

从表4.7中可以看出，在收敛性方面，就最优/次优值的个数而言，MOGWO是最有效的MOEAs，获得了5个最优/次优收敛性指标值；其次是MOPSO、MOMVO和MO-ABC，均获得了4个最优/次优收敛性指标值；再次是SPEA2和MOALO，均获得了3个最优/次优收敛性指标值；表现最差的MOEAs是MOGOA和NSGA-Ⅱ，分别获得了1个和0个最优/次优收敛性指标值。尽管NGSA-Ⅱ相对于其他MOEAs的优势不明显，但与其他MOEAs相比，其收敛性仍具有一定的优势。

从表 4.8 中可以看出，在多样性方面，就最优/次优值的个数而言，MOPSO 是其中最具竞争力的算法，获得了 11 个最优/次优多样性指标值；其次是 NSGA-Ⅱ，获得了 5 个最优/次优多样性指标值；再次是 SPEA2、MOGWO、MOGOA 和 MOABC，分别获得了 3 个、3 个、1 个和 1 个最优/次优多样性指标值；表现最差的是 MOALO 和 MOMVO 这两个算法，均没有获得最优/次优多样性指标值。相较与其他 MOEAs，NSGA-Ⅱ能够有效地保持种群多样性，其获得的近似 Pareto 最优解集具有更均匀的分布性和更广的覆盖范围。由此说明 NSGA-Ⅱ中相关策略能够有效保持解集的分布性。

从表 4.9 中可以看出，在世代距离方面，就最优/次优值的个数而言，MOGWO 是最有效的算法，获得了 6 个最优/次优世代距离指标值；其次是 MOPSO 和 MOMVO 这两个算法，均获得了 5 个最优/次优世代距离指标值；再次是 NSGA-Ⅱ和 MOALO 这两个算法，均获得了 3 个最优/次优世代距离指标值；而表现最差的算法是 SPEA2、MOGOA 和 MOABC，分别获得了 1 个、0 个和 0 个最优/次优世代距离指标值。

从表 4.10 中可以看出，在反世代距离方面，就最优/次优值的个数而言，MOGWO 和 MOABC 这两个算法是所有 MOEAs 中最具有竞争力的算法，均获得了 6 个最优/次优世代距离指标值；其他具有竞争力的算法是 MOALO、MOPSO 和 MOMVO，分别获得了 4 个、3 个和 3 个最优/次优世代距离指标值；而 SPEA2、NSGA-Ⅱ和 MOGOA 这三个 MOEAs 则在反世代距离方面不具有非常优越的优势。

以上实验结果表明，与其他经典 MOEAs 相比，NSGA-Ⅱ能够在保证解集分布性的同时，稳定有效地收敛于真实 Pareto 前沿。此外，由实验结果的对比分析可知，NSGA-Ⅱ在四个评价指标上的结果均优于或相当于绝大部分的经典 MOEAs，由此表明 NSGA-Ⅱ在求解多目标优化问题方面的有效性。

为了更直观地观察 NSGA-Ⅱ的收敛性能，基于 30 次实验中反世代距离最小的那次实验数据，绘制了 NSGA-Ⅱ在 12 个 Benchmark 测试问题上收敛所得到的 Pareto 最优前沿，并与各 Benchmark 测试问题的真实 Pareto 最优前沿（True PF）进行对比，如图 4.13 所示。

此外，为了更形象地说明各个 MOEAs 的性能，基于 30 次实验中反世代距离最小的那次实验数据，绘制了各个 MOEAs 在 12 个 Benchmark 测试问题上的箱型图，如图 4.14 所示。其中横轴代表各个 MOEAs，其顺序与表中的算法顺序一致，纵轴是 30 次实验的反世代距离最小的那次实验结果。

从图 4.13 中可知，NSGA-Ⅱ在大多数 Benchmark 测试问题上求得的 Pareto 最优解集能够很好地逼近真实 Pareto 前沿，表明 NSGA-Ⅱ在求解 MOP 上的有效性。此外，从图 4.13 中也可以看出，NSGA-Ⅱ不仅能够在大部分 Benchmark 测试问题上求得能够很好地逼近真实 Pareto 前沿的 Pareto 最优解集，而且在解集分布性上取得了非常好的求解效果。即使对于求解难度相对较大的 DTLZ4 函数，NSGA-Ⅱ依然求得了收敛性较好和分布性较完善的 Pareto 最优解集。上述实验结果表明，相较于其他经典 MOEAs，NSGA-Ⅱ在解集收敛性和解集分布均匀性上均具有非常明显的优势，一方面验证了 NSGA-Ⅱ的有效性，另一方面也验证了 NSGA-Ⅱ的先进性。

从图 4.14 中可知，相较于其他 MOEAs，NSGA-Ⅱ得到的结果非常具有竞争力，说明

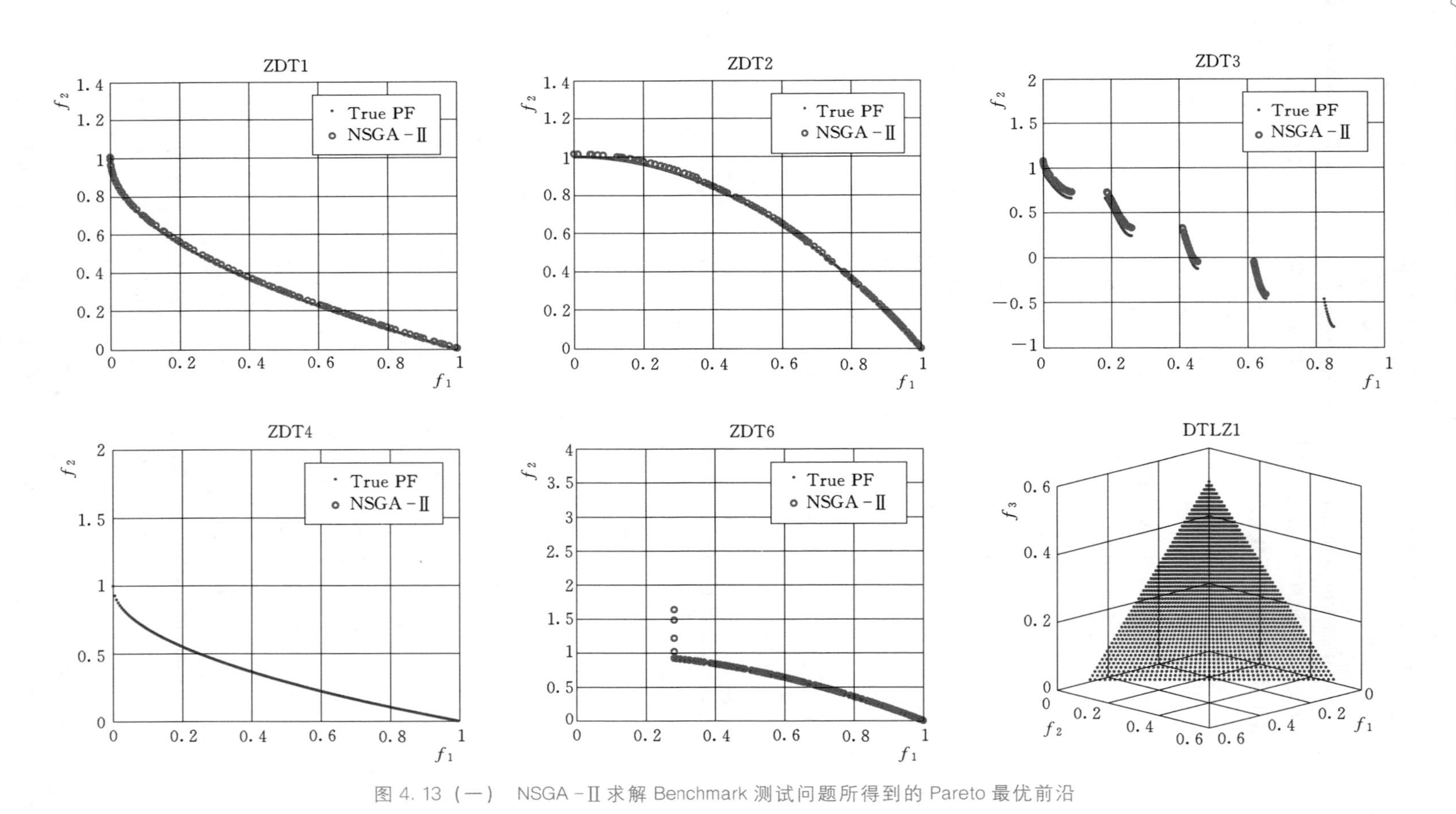

图 4.13（一） NSGA－Ⅱ求解 Benchmark 测试问题所得到的 Pareto 最优前沿

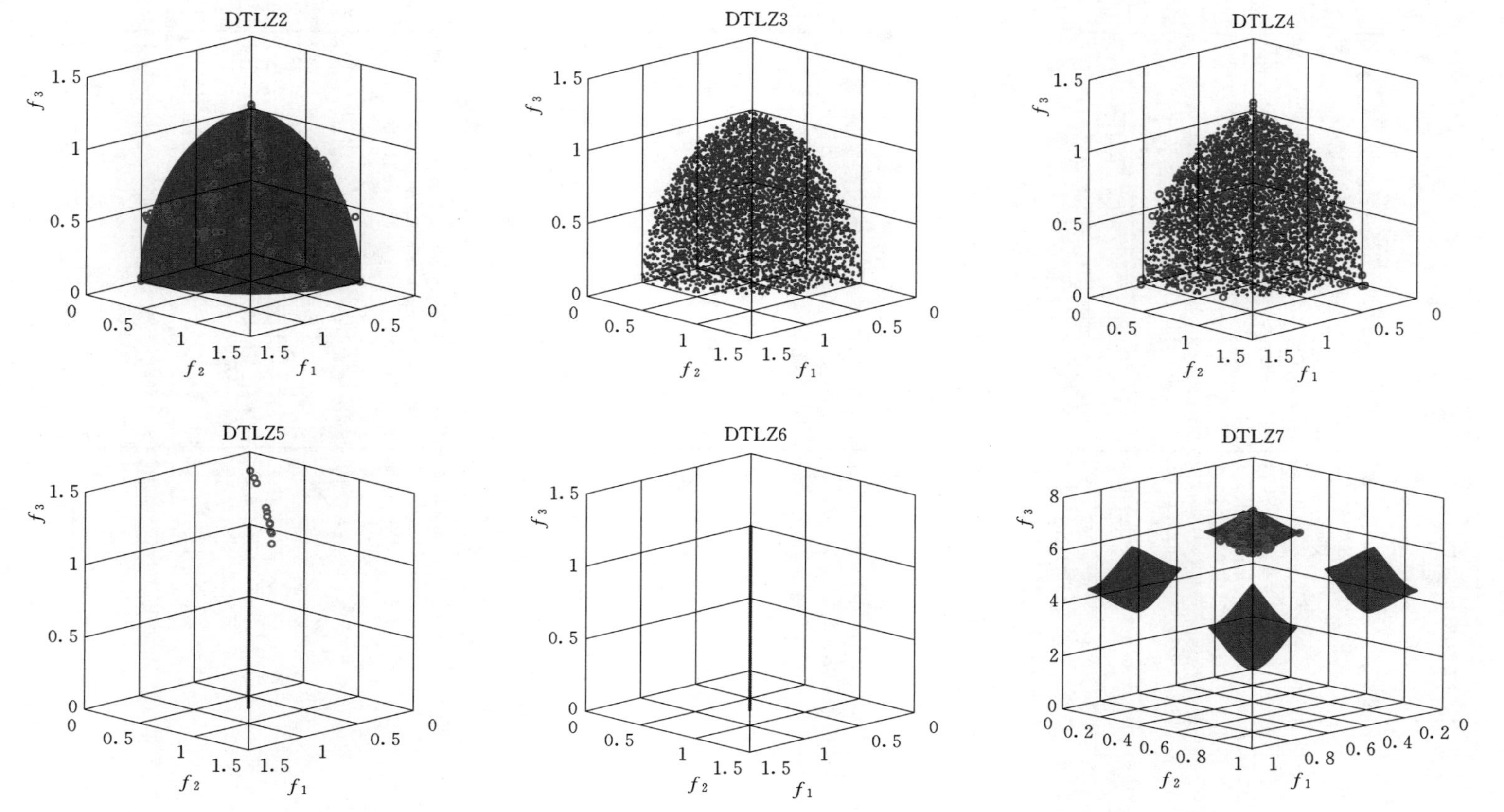

图 4.13（二） NSGA－Ⅱ求解 Benchmark 测试问题所得到的 Pareto 最优前沿

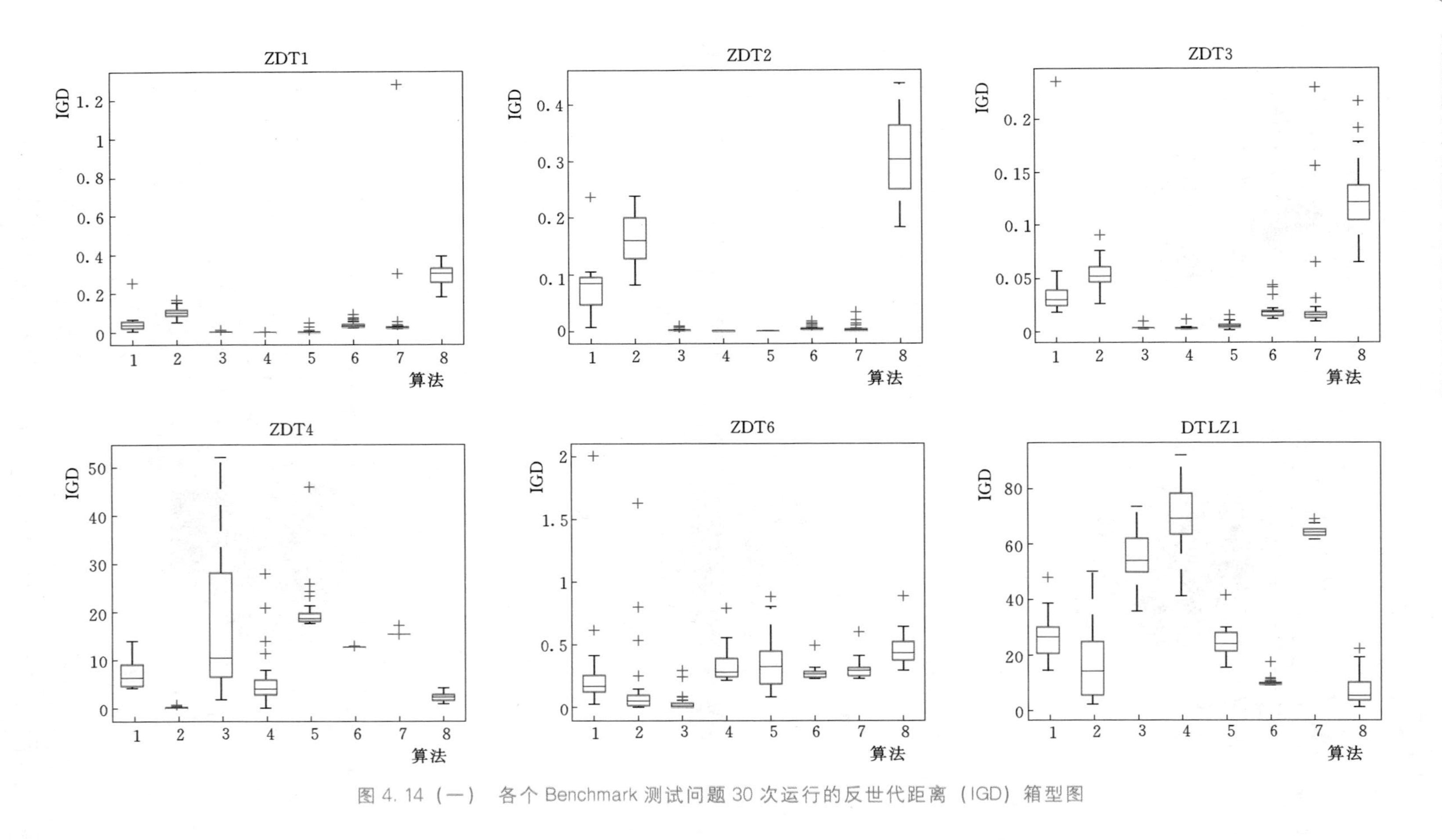

图 4.14（一） 各个 Benchmark 测试问题 30 次运行的反世代距离（IGD）箱型图

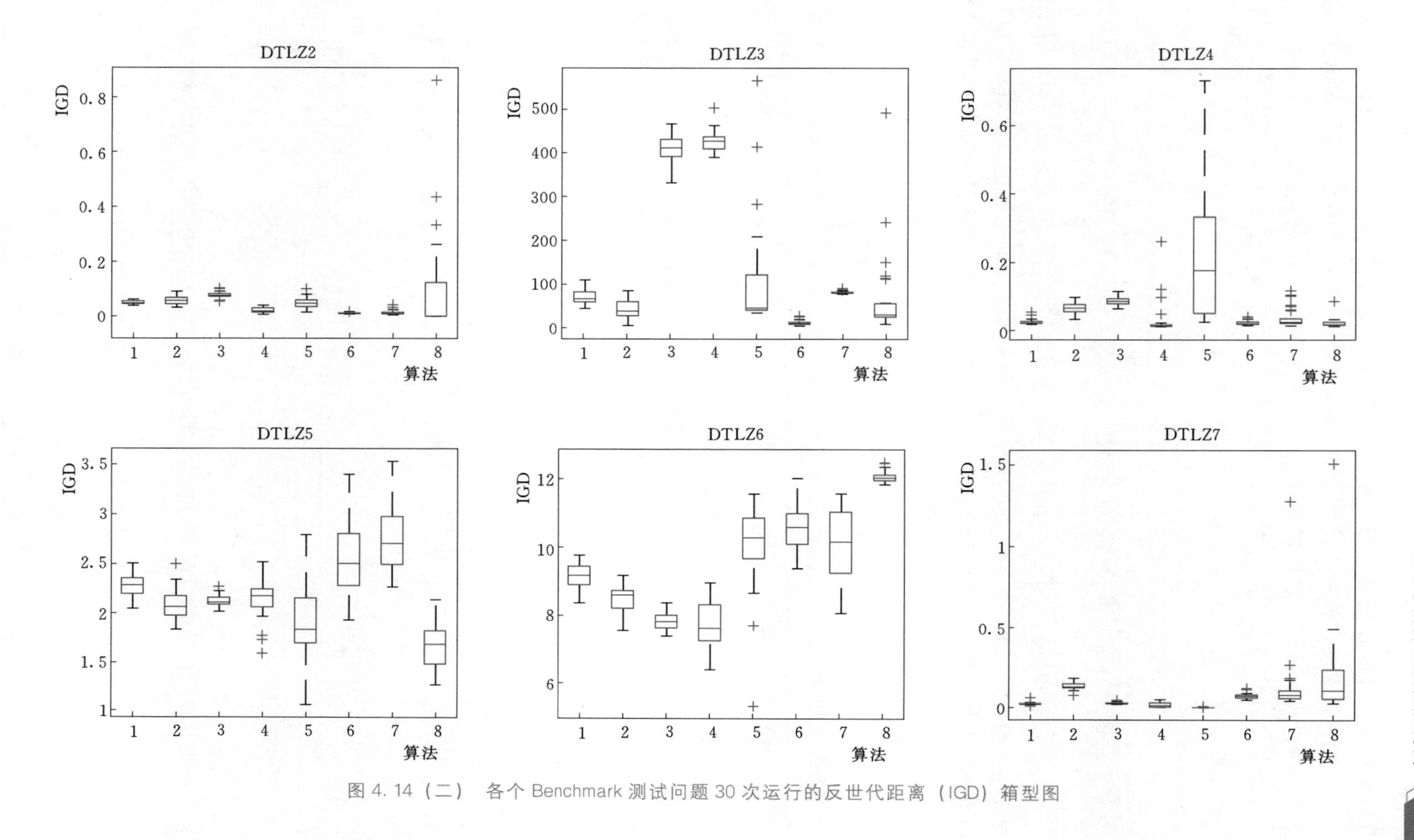

图 4.14（二） 各个 Benchmark 测试问题 30 次运行的反世代距离（IGD）箱型图

其求解精度和鲁棒性相对较好，验证了该算法在求解MOP上的有效性。此外，从图4.14中也可以看出，相较于其他MOEAs，NSGA-Ⅱ在大多数Benchmark测试问题上得到的中位数和四分位数均相对较小，表明该算法在求解精度和鲁棒性上的优势。另一方面，NSGA-Ⅱ获得的异常点要明显少于其他MOEAs，证明了NSGA-Ⅱ具有良好的稳定性。基于上述实验结果，将NSGA-Ⅱ用于梯级水库群优化调度问题是可行的。

4.3 协同优化调度情景应用

模拟向家坝水库下游发生突发性水污染事件，该事件为向家坝水库下游不同位置处发生苯酚泄漏事故。此污染事件发生后，相关单位立即采取应急措施，向家坝水库、溪洛渡水库和白鹤滩水库随即改变常态运行方式，通过调用白鹤滩水库、溪洛渡水库和向家坝水库的有效库容进行补水和稀释，尽可能降低下游水体的污染程度，控制污染物的迁移时间，使其在下游取水口达到Ⅲ类水质标准。为此，利用所建的川江水量水质模型分析满足污染处置要求的各个水库的调度开始时间点、调度持续时间和调度期间最大下泄流量。

4.3.1 情景一

假定在丰水年（1966年6月至1967年5月），7月上旬向家坝水库下游200m处发生苯酚泄漏事故，10t有毒化学物品苯酚排入金沙江干流形成点源污染，污染物浓度标准采用Ⅲ类水质标准。利用PSO算法，得到基于污染物浓度最短达标时间为优化目标的最优解，其中PSO算法的收敛情况以及10次独立重复实验数据分别见图4.15和表4.11。

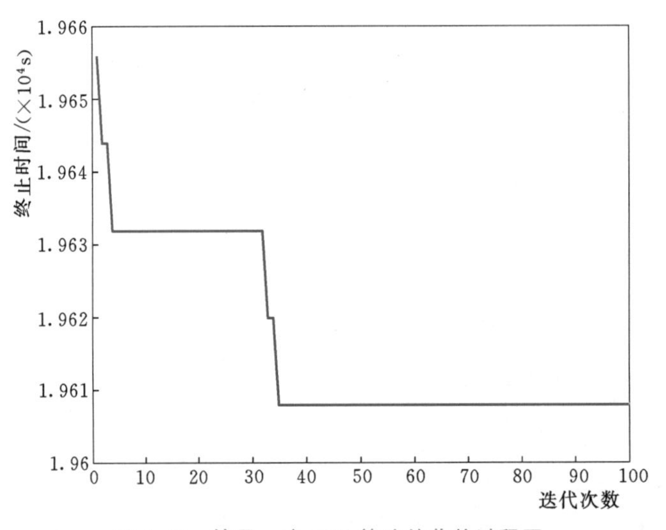

图4.15 情景一中PSO算法的收敛过程图

表 4.11　　情景一中应急调度实验结果

实验	白鹤滩水库				溪洛渡水库				向家坝水库				达标时间/h
	t_1	Q_{max}	t_{last}	dV	t_1	Q_{max}	t_{last}	dV	t_1	Q_{max}	t_{last}	dV	
实验一	0	0	0	0.00	0	0	0	0.00	0	0	0	0.00	0
实验二	5.07	5778.0	2.48	0.00	2.71	5915.3	4.81	0.00	0.06	7944.0	3.75	7.35	7.55
实验三	2.96	9639.3	3.14	33.47	4.25	9355.1	3.72	25.28	1.25	6130.5	5.37	0.00	7.96
实验四	4.01	6103.3	3.85	0.00	4.99	7092.2	1.00	0.00	1.27	6500.8	0.89	0.00	7.86
实验五	2.08	5080.0	0	0.00	2.82	11100.0	3.92	51.52	1.35	9713.3	5.50	45.95	6.85
实验六	2.99	10633.2	3.34	47.72	3.15	10633.6	2.61	29.96	0.93	7580.3	1.44	0.94	6.33
实验七	4.91	6682.9	5.40	0.00	2.26	7558.3	1.35	0.41	1.36	7057.3	3.41	0.00	10.31
实验八	0	0	0	0.00	0	0	0	0.00	0	0	0	0.00	0
实验九	4.26	8704.7	3.48	25.23	2.62	8796.9	4.69	22.37	1.36	7561.8	2.52	1.47	7.74
实验十	1.48	11059.6	0.03	1.00	0.22	9875.85	3.54	30.76	1.12	7488.56	4.37	1.39	5.49

注　其中优化结果若表示该水库没有启动调度时，(t_1，Q_{max}，t_{last}) 统一用 (t_{end}，Q_0，0) 表示。时间的单位为 h，流量单位为 m^3/s，dV 单位为 $10^6 m^3$。

由图 4.15 可知，PSO 在迭代过程早期快速收敛，且经过很少的迭代次数即可趋于稳定。由此表明 PSO 算法的有效性和优越性。

从表 4.11 中的统计结果可知，污染物浓度达标时间最短的是实验十，达标时间最长的是实验七。此外，通过观察表 4.11 中的统计结果可以发现，当白鹤滩水库和溪洛渡水库加大出库流量，配合向家坝水库时，有助于缩短污染物浓度达标所用的时间。

此外，为了更清楚地展示不同实验下污染物浓度变化的差异，实验一、实验二和实验三情况下，在污染事件发生 48h 后沿长江流域污染物浓度分布，以及实验一、实验五和实验十情况下，污染物浓度变化分别如图 4.16～图 4.19 所示。其中，图 4.17～图 4.19 中，白色辅助线代表了白鹤滩水库的起调时间与终止时间，红色辅助线代表了溪洛渡水库的起调时间与终止时间，绿色辅助线代表了向家坝水库的起调时间与终止时间。其中，虚线代表各水库的起调时间，实线代表各水库的终止调度时间。

从污染物浓度沿程变化图（图 4.16）可知，当水库加大出库流量时，有助于污染物浓度的降低，从而有助于缩短污染物浓度达标所用的时间。此外，由图 4.16 可知，不同实验结果下，污染物浓度变化过程是不同的。由图 4.17～图 4.19 可知，污染事件发生后，通过改变水库的出库流量有助于污染物浓度的稀释。然而，各个水库的起调时间对污染物浓度最终的达标时间具有重要的影响。各水库的起调时间越及时，则污染物浓度达标的时间越短。

4.3.2　情景二

假定在平水年（2002 年 6 月至 2003 年 5 月），7 月上旬向家坝水库下游 200m 处发生苯酚泄漏事故，10t 有毒化学物品苯酚排入金沙江干流形成点源污染，污染物浓度标准采用Ⅲ类水质标准。利用 PSO 算法，得到基于污染物浓度最短达标时间为优化目标的最优解，其中 PSO 算法的收敛情况以及 10 次独立重复实验数据分别见图 4.20 和表 4.12。

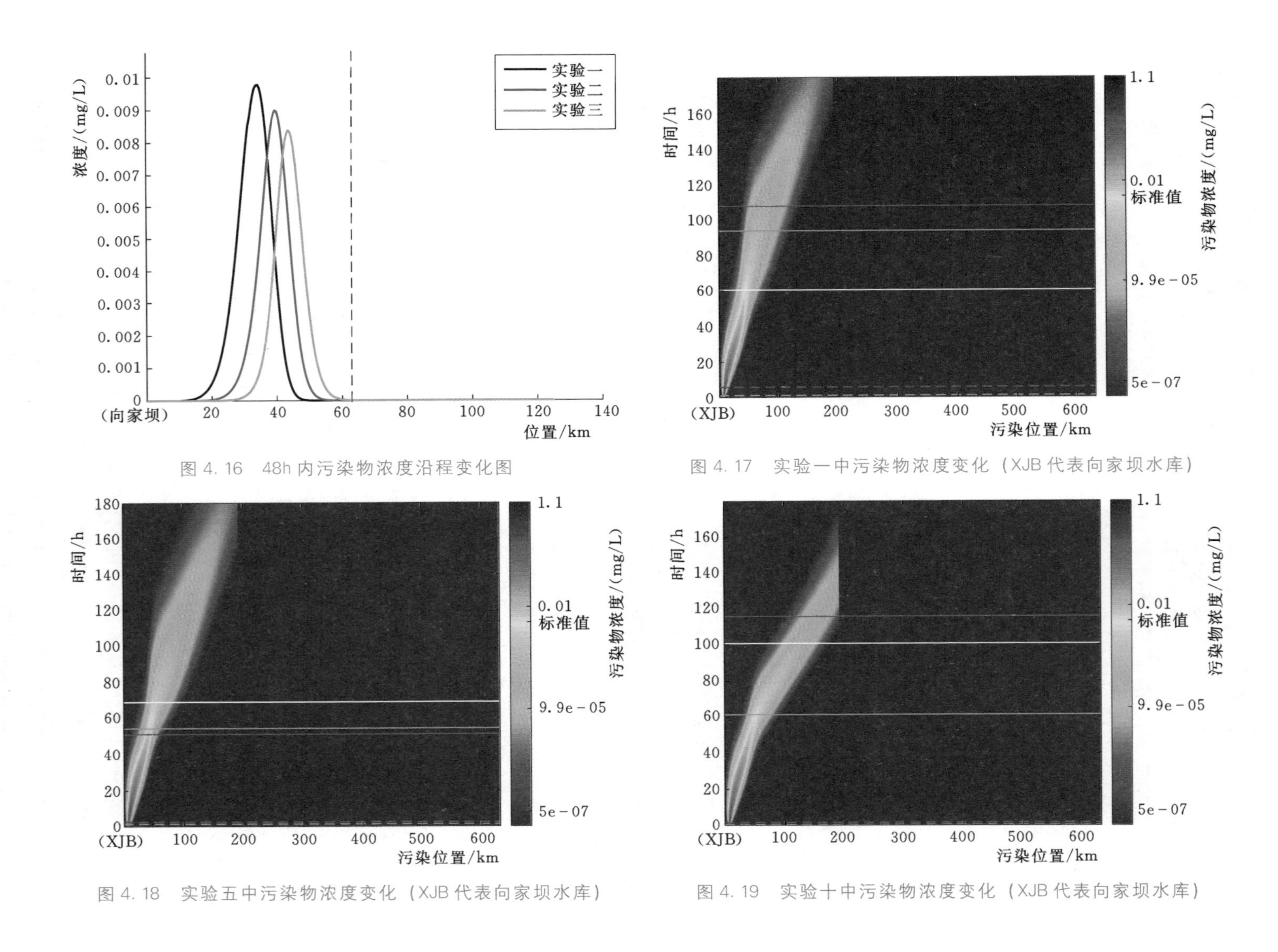

图4.16 48h内污染物浓度沿程变化图

图4.17 实验一中污染物浓度变化（XJB代表向家坝水库）

图4.18 实验五中污染物浓度变化（XJB代表向家坝水库）

图4.19 实验十中污染物浓度变化（XJB代表向家坝水库）

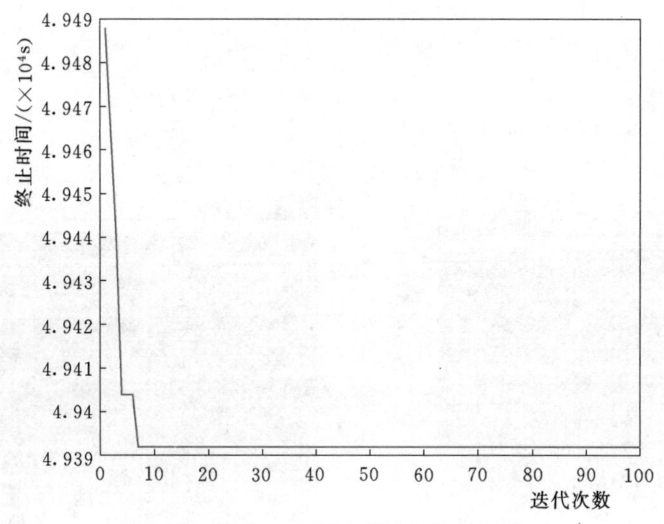

图 4.20 情景二中 PSO 算法的收敛过程图

表 4.12 情景二中应急调度实验结果

实验	白鹤滩水库				溪洛渡水库				向家坝水库				达标时间/h
	t_1	Q_{max}	t_{last}	dV	t_1	Q_{max}	t_{last}	dV	t_1	Q_{max}	t_{last}	dV	
实验一	5.16	5742.6	12.22	0.00	5.67	8659.9	8.90	38.00	3.26	5615.7	5.01	0.00	17.38
实验二	3.59	1945.3	7.70	0.00	4.86	10821.2	3.81	46.21	3.13	5474.2	5.33	0.00	11.29
实验三	6.01	5441.4	4.70	0.00	4.99	3403.4	3.23	0.00	1.57	4562.3	5.61	0.00	10.71
实验四	4.91	3526.8	1.71	0.00	7.97	2713.7	13.27	0.00	3.75	10932.7	0.96	12.56	21.24
实验五	7.19	8911.6	3.42	27.37	11.22	3944.0	9.91	0.00	2.64	4586.1	8.04	0.00	21.13
实验六	3.79	2670.3	4.51	0.00	7.05	4853.1	3.45	0.00	0.28	3115.7	6.97	0.00	10.49
实验七	1.94	5469.7	2.68	0.00	3.86	8746.5	7.22	33.09	1.77	6140.1	9.69	0.00	11.46
实验八	4.41	10297.6	12.08	156.81	3.07	7388.2	12.62	0.00	9.02	2517.1	11.02	0.00	20.04
实验九	9.89	3418.2	1.32	0.00	1.85	9568.7	10.44	78.81	0.57	6515.8	3.84	0.00	12.30
实验十	0.58	2223.2	12.33	0.00	9.44	9172.6	14.39	88.02	0.13	10039.6	5.38	51.32	23.83

注 其中优化结果若表示该水库没有启动调度时，(t_1，Q_{max}，t_{last}) 统一用 (t_{end}，Q_0，0) 表示。时间的单位为 h，流量单位为 m^3/s，dV 单位为 $10^6 m^3$。

由图 4.20 可知，PSO 在迭代过程早期快速收敛，且经过很少的迭代次数即可趋于稳定。由此表明 PSO 算法的有效性和优越性。

从表 4.12 中的统计结果可知，污染物浓度达标时间最短的是实验六，达标时间最长的是实验十。此外，通过观察表 4.12 中的统计结果可以发现，当白鹤滩水库和溪洛渡水库加大出库流量，配合向家坝水库时，有助于缩短污染物浓度达标所用的时间，这与丰水年和枯水年的实验结果相一致。

此外，为了更清楚地展示不同实验下污染物浓度变化的差异，实验一、实验二和实验三情况下，在污染事件发生 48h 后沿长江流域污染物浓度分布，以及实验一、实验五和实验十情况下，污染物浓度变化分别如图 4.21～图 4.24 所示。其中，图 4.22～图 4.24 中，

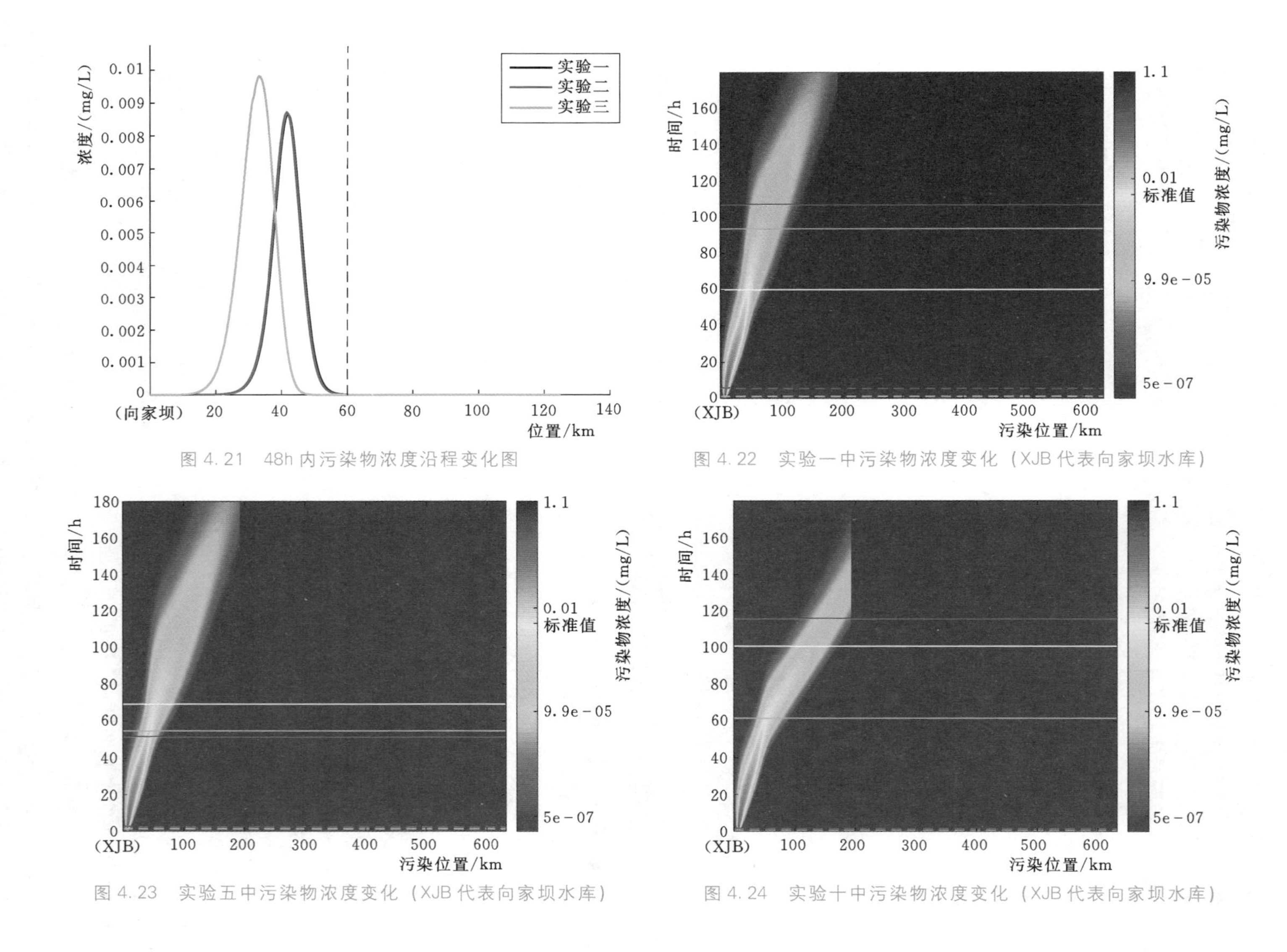

图 4.21 48h内污染物浓度沿程变化图

图 4.22 实验一中污染物浓度变化（XJB 代表向家坝水库）

图 4.23 实验五中污染物浓度变化（XJB 代表向家坝水库）

图 4.24 实验十中污染物浓度变化（XJB 代表向家坝水库）

白色辅助线代表了白鹤滩水库的起调时间与终止时间，红色辅助线代表了溪洛渡水库的起调时间与终止时间，绿色辅助线代表了向家坝水库的起调时间与终止时间。其中，虚线代表各水库的起调时间，实线代表各水库的终止调度时间。

由污染物浓度沿程变化图（图 4.21）可知，当水库加大出库流量时，有助于污染物浓度的降低，从而有助于缩短污染物浓度达标所用的时间。此外，由图 4.21 可知，不同实验结果下，污染物浓度变化过程是不同的。由图 4.22～图 4.24 可知，污染事件发生后，通过改变水库的出库流量有助于污染物浓度的稀释。然而，各个水库的起调时间对污染物浓度最终的达标时间具有重要的影响。各水库的起调时间越及时，则污染物浓度达标的时间越短。

4.3.3 情景三

假定在枯水年（1992 年 6 月至 1993 年 5 月），11 月上旬向家坝水库下游 200m 处发生苯酚泄漏事故，10t 有毒化学物品苯酚排入金沙江干流形成点源污染，污染物浓度标准采用Ⅲ类水质标准。利用 PSO 算法，得到基于污染物浓度最短达标时间为优化目标的最优解，其中 PSO 算法的收敛情况以及 10 次独立重复实验数据分别见图 4.25 和表 4.13。

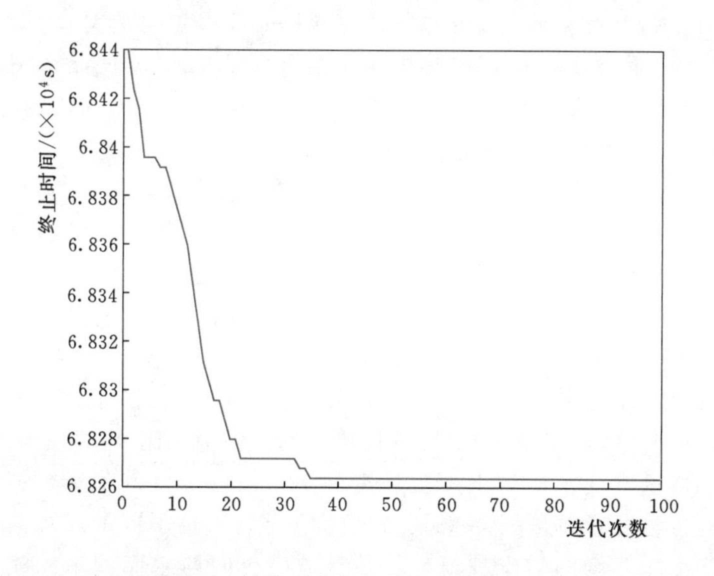

图 4.25　情景三中 PSO 算法的收敛过程图

表 4.13　情景三中应急调度实验结果

实验	白鹤滩水库				溪洛渡水库				向家坝水库				达标时间/h
	t_1	Q_{max}	t_{last}	dV	t_1	Q_{max}	t_{last}	dV	t_1	Q_{max}	t_{last}	dV	
实验一	1.28	5437.0	5.24	47.47	5.69	9765.7	5.05	115.19	1.03	8809.9	5.13	83.29	10.74
实验二	1.38	3446.7	6.41	11.93	2.71	5348.0	4.81	32.27	0.09	6048.0	5.22	32.37	7.80
实验三	0.98	4353.9	1.01	5.23	7.06	9090.6	2.80	57.33	1.21	5280.6	1.62	5.57	9.86

续表

实验	白鹤滩水库				溪洛渡水库				向家坝水库				达标时间/h
	t_1	Q_{max}	t_{last}	dV	t_1	Q_{max}	t_{last}	dV	t_1	Q_{max}	t_{last}	dV	
实验四	7.69	8697.8	6.83	142.74	0.58	10447.5	3.56	90.51	1.43	10312.1	5.98	129.78	14.52
实验五	6.16	6324.4	0.21	2.89	2.43	4896.9	0.419	2.18	1.22	5065.5	3.12	8.28	6.37
实验六	7.06	5862.8	2.23	23.78	0.91	4815.9	6.15	29.40	0.92	7019.7	2.90	28.28	9.29
实验七	5.10	3753.1	4.98	14.78	1.83	6265.3	4.32	43.38	0.42	5914.0	1.99	11.42	10.08
实验八	7.59	8526.0	6.66	135.04	5.04	10830.7	4.98	133.10	2.32	7434.1	3.89	43.74	14.25
实验九	4.47	7933.8	6.54	118.50	6.79	5999.79	3.80	34.51	0.55	6291.8	7.58	53.64	11.0
实验十	1.74	9533.5	4.06	97.73	1.47	1110.0	3.79	0.00	0.168	5856.9	3.09	17.05	5.80

注 其中优化结果若表示该水库没有启动调度时，(t_1，Q_{max}，t_{last}) 统一用 (t_{end}，Q_0，0) 表示。时间的单位为h，流量单位为 m^3/s，dV 单位为 10^6m^3。

从图4.25可知，PSO在经过很少的迭代次数即可收敛，由此表明PSO算法的优越性。

从表4.13中的统计结果可知，污染物浓度达标时间最短的是实验十，达标时间最长的是实验四。此外，通过观察表4.13中的统计结果可以发现，当白鹤滩水库和溪洛渡水库加大出库流量，配合向家坝水库时，有助于缩短污染物浓度达标所用的时间。

此外，为了更清楚地展示不同实验下污染物浓度变化的差异，实验一、实验二和实验三情况下，在污染事件发生48h后沿长江流域污染物浓度分布，以及实验一、实验五和实验十情况下，污染物浓度变化分别如图4.26～图4.29所示。其中，图4.27～图4.29中，白色辅助线代表了白鹤滩水库的起调时间与终止时间，红色辅助线代表了溪洛渡水库的起调时间与终止时间，绿色辅助线代表了向家坝水库的起调时间与终止时间。其中，虚线代表各水库的起调时间，实线代表各水库的终止调度时间。

由污染物浓度沿程变化图（图4.26）可知，当水库加大出库流量时，有助于污染物浓度的降低，进而缩短了污染物浓度达标所用的时间。由图4.27～图4.29可知，污染事件发生后，通过改变水库的出库流量有助于污染物浓度的稀释。特别地，不同实验结果情形下的应急水量调度对污染物浓度的稀释效果是不同的。距离水库越近的断面，对水库改变出库流量的响应越及时，并且响应时间与水库的出库流量具有很大的关系。

4.3.4 情景四

假定在丰水年（1966年6月至1967年5月），7月上旬向家坝水库下游2km处发生苯酚泄漏事故，10t有毒化学物品苯酚排入金沙江干流形成点源污染，污染物浓度标准采用Ⅲ类水质标准。利用PSO算法，得到基于污染物浓度最短达标时间为优化目标的最优解，其中PSO算法的收敛情况以及10次独立重复实验数据分别见图4.30和表4.14。

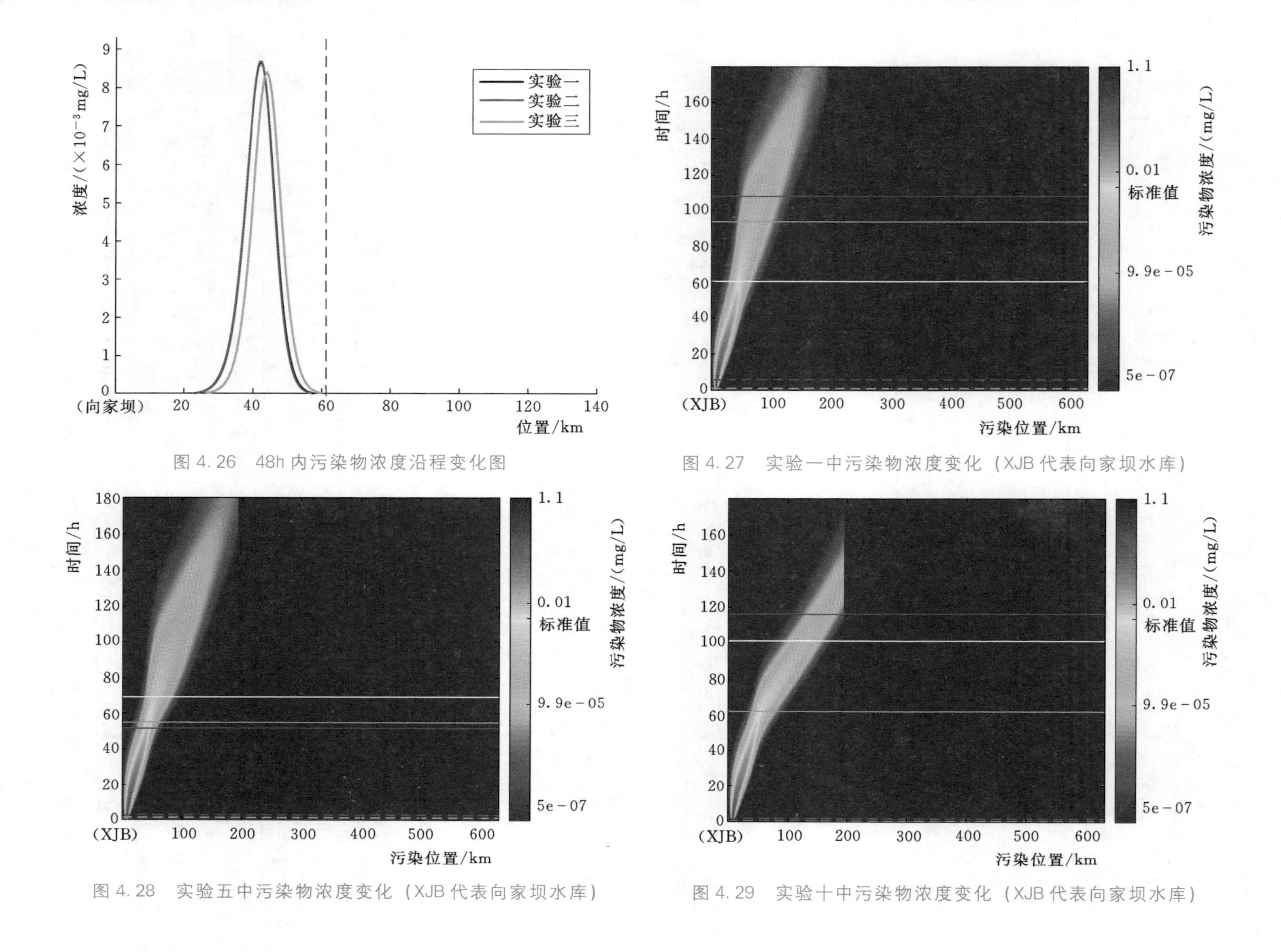

图 4.26　48h 内污染物浓度沿程变化图

图 4.27　实验一中污染物浓度变化（XJB 代表向家坝水库）

图 4.28　实验五中污染物浓度变化（XJB 代表向家坝水库）

图 4.29　实验十中污染物浓度变化（XJB 代表向家坝水库）

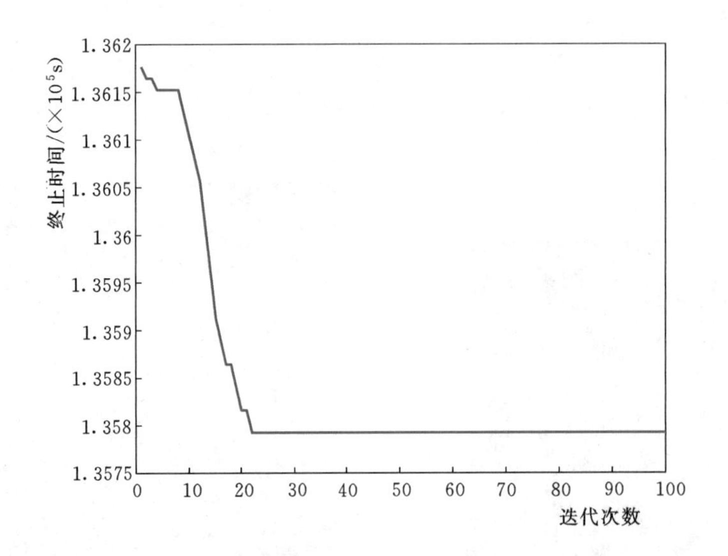

图 4.30 情景四中 PSO 算法的收敛过程图

表 4.14 情景四中应急调度实验结果

实验	白鹤滩水库				溪洛渡水库				向家坝水库				达标时间/h
	t_1	Q_{max}	t_{last}	dV	t_1	Q_{max}	t_{last}	dV	t_1	Q_{max}	t_{last}	dV	
实验一	29.58	10570.6	37.06	516.82	38.79	10471.3	7.30	78.99	1.46	10865.4	17.63	220.28	66.64
实验二	11.09	8208.2	11.56	62.83	24.15	7595.0	2.74	1.18	9.39	11086.2	32.04	425.56	41.44
实验三	12.36	8276.3	21.68	123.10	31.17	7669.9	11.98	8.41	3.65	7281.6	18.91	0.00	43.15
实验四	6.10	8505.4	38.10	247.72	37.77	10139.5	38.72	371.61	2.98	11100.0	21.30	284.10	76.49
实验五	1.98	7238.2	27.89	54.05	15.61	7737.6	29.88	28.25	0.15	10670.9	20.00	235.80	45.50
实验六	9.86	7203.2	2.35	4.26	10.63	6955.5	36.69	0.00	1.32	10381.1	24.97	268.22	47.32
实验七	35.24	8363.68	23.52	140.94	23.41	8538.75	17.36	66.51	1.42	8611.6	1.26	5.54	58.77
实验八	33.01	8566.9	24.51	164.82	23.44	10689.5	14.72	170.63	8.08	7861.8	18.75	31.18	57.51
实验九	16.33	7939.4	4.32	19.32	27.1	11100.0	1.65	21.90	6.42	8112.5	3.56	9.15	28.75
实验十	38.61	9733.4	8.18	89.58	29.4	5387.1	13.62	0.00	10.32	9404.6	15.85	114.49	46.79

注 其中优化结果若表示该水库没有启动调度时，(t_1，Q_{max}，t_{last}) 统一用 (t_{end}，Q_0，0) 表示。时间的单位为 h，流量单位为 m^3/s，dV 单位为 $10^6 m^3$。

从图 4.30 可知，PSO 在经过很少的迭代次数即可收敛，由此表明 PSO 算法的快速收敛性和有效性。

从表 4.14 中的统计结果可知，污染物浓度达标时间最短的是实验九，达标时间最长的是实验四。通过与情景一中表 4.11 中的统计结果进行对比可以发现，情景四中所有实验方案中污染物浓度达标时间均长于情景一中的实验方案结果，这是因为，情景四中突发水污染事件距离向家坝水库的距离要远于情景一中突发水污染事件距离向家坝水库的距离，若要污染物浓度达标，则需要更多的时间来对污染物进行稀释。此外，通过观察表4.14中的统计结果可以发现，当白鹤滩水库和溪洛渡水库加大出库流量，配合向家坝水库时，有助于缩短污染物浓度达标所用的时间，这与情景一、情景二和情景三中的结论相一致。

此外，为了更清楚地展示不同实验下污染物浓度变化的差异，实验一、实验二和实验三情况下，在污染事件发生48h后沿长江流域污染物浓度分布，以及实验一、实验五和实验十情况下，污染物浓度变化分别如图4.31～图4.34所示。其中，图4.32～图4.34中，白色辅助线代表了白鹤滩水库的起调时间与终止时间，红色辅助线代表了溪洛渡水库的起调时间与终止时间，绿色辅助线代表了向家坝水库的起调时间与终止时间。其中，虚线代表各水库的起调时间，实线代表各水库的终止调度时间。

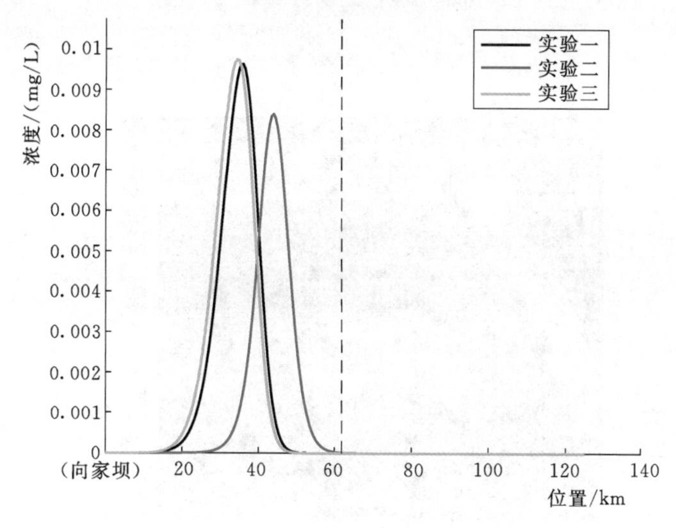

图4.31 48小时内污染物浓度沿程变化图

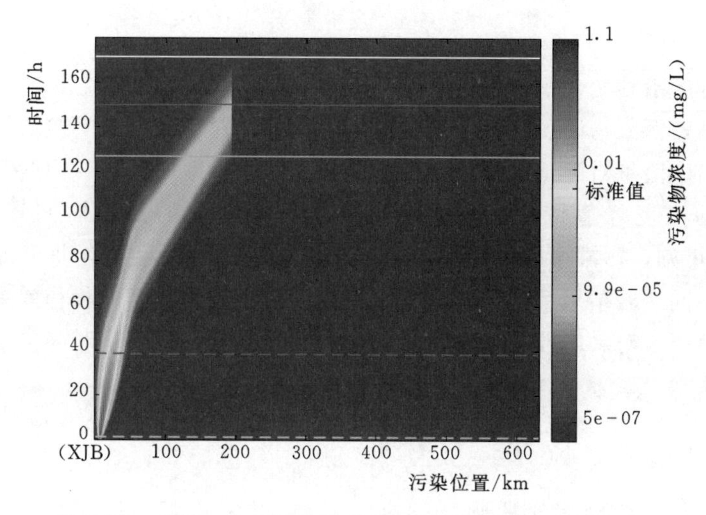

图4.32 实验一中污染物浓度变化（XJB代表向家坝水库）

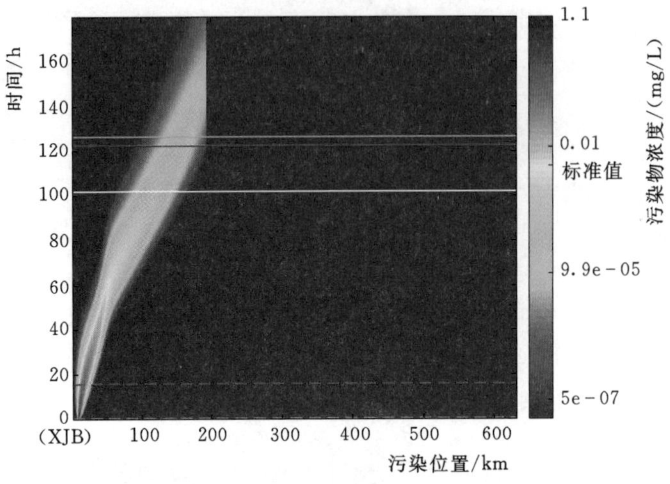

图4.33 实验五中污染物浓度变化（XJB代表向家坝水库）

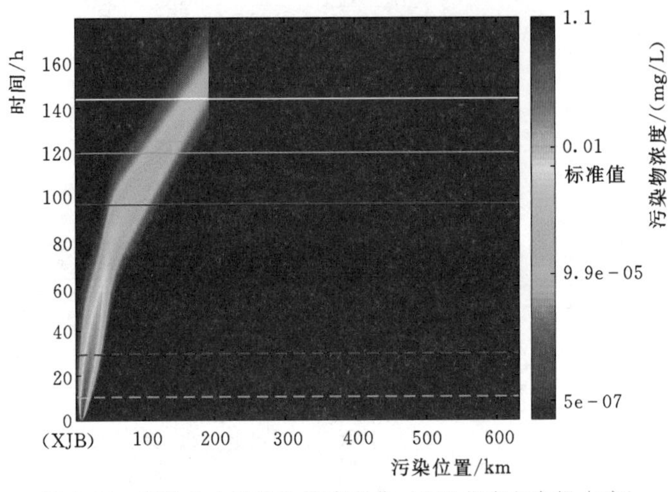

图4.34 实验十中污染物浓度变化（XJB代表向家坝水库）

由污染物浓度沿程变化图（图4.31）可知，当水库加大出库流量时，有助于污染物浓度的降低，缩短污染物浓度达标所用的时间。此外，对于同一个实验结果，由于河槽调蓄作用，水库出库流量对河道断面流速的影响幅度减小、时间延长，因此污染物经水流传输到下游断面的浓度峰值依次衰减，使得到达各个断面的传输时间逐渐增大。从图4.32～图4.34可知，污染事件发生后，通过改变水库的出库流量有助于污染物浓度的稀释。特别地，不同实验结果情形下的应急水量调度对污染物浓度的稀释效果是不同的。距离水库越近的断面，对水库改变出库流量的响应越及时，并且响应时间与水库的出库流量具有很大的关系。

4.3.5 情景五

假定在枯水年（1992年6月至1993年5月），11月上旬向家坝水库下游50km处发生苯酚泄漏事故，100t有毒化学物品苯酚排入金沙江干流形成点源污染，污染物浓度标准采用Ⅲ类水质标准。利用 NSGA-Ⅱ算法，得到基于污染物浓度最短达标时间和应急调度过程中损失的电能最少为优化目标的 Pareto 最优解集，其中由 NSGA-Ⅱ算法求得的 Pareto 最优前沿以及 50 个具有代表性的调度方案数据分别见图 4.35 和表 4.15。

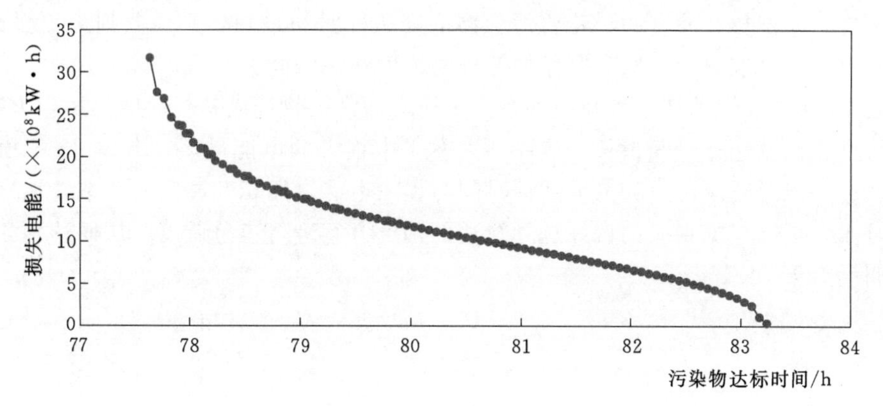

图 4.35 NSGA-Ⅱ算法求得的 Pareto 最优前沿

表 4.15 NSGA-Ⅱ算法得到的应急调度方案集

方案	达标时间 T/h	损失电能 E/($\times 10^8$kW·h)	方案	达标时间 T/h	损失电能 E/($\times 10^8$kW·h)
方案 1	77.63	31.6667	方案 26	80.30	11.0000
方案 2	77.90	23.7222	方案 27	80.43	10.6667
方案 3	78.00	22.7222	方案 28	80.57	10.3056
方案 4	78.10	20.9722	方案 29	80.63	10.1111
方案 5	78.17	20.2778	方案 30	80.77	9.8056
方案 6	78.23	19.5278	方案 31	80.83	9.6389
方案 7	78.40	18.5278	方案 32	81.03	9.1667
方案 8	78.50	17.6667	方案 33	81.17	8.8333
方案 9	78.57	17.2222	方案 34	81.23	8.6389
方案 10	78.70	16.5000	方案 35	81.37	8.3056
方案 11	78.80	16.0833	方案 36	81.43	8.1945
方案 12	78.87	15.8333	方案 37	81.57	7.8611
方案 13	78.97	15.1667	方案 38	81.70	7.5278
方案 14	79.07	14.9444	方案 39	81.77	7.3056
方案 15	79.10	14.6667	方案 40	81.97	6.8333
方案 16	79.23	14.1667	方案 41	82.10	6.4722
方案 17	79.30	13.8889	方案 42	82.23	6.0833
方案 18	79.37	13.7222	方案 43	82.30	5.8333
方案 19	79.50	13.2778	方案 44	82.43	5.4167
方案 20	79.63	12.8611	方案 45	82.50	5.2500
方案 21	79.70	12.6667	方案 46	82.63	4.8056
方案 22	79.80	12.4167	方案 47	82.77	4.2778
方案 23	79.90	12.0556	方案 48	82.90	3.6667
方案 24	80.03	11.6944	方案 49	83.03	2.8611
方案 25	80.17	11.3333	方案 50	83.17	1.0556

由图4.35可知，NSGA－Ⅱ算法不仅能够达到最好的收敛性能，而且能够获得分布相对均匀、覆盖范围较广的近似Pareto最优解集。由此表明，NSGA－Ⅱ在解集分布均匀性和扩展范围上均具有明显的优势。此外，从图4.35中也可以看出，污染物浓度达标时间与损失电能之间是相互冲突的，若要污染物浓度达标时间最短，则需要损失更多的电能；反之，若要损失电能更少，则需要增加污染物浓度达标时间。

从表4.15中的统计结果可知，方案1中所需的污染物浓度达标时间最短，方案50中所需的污染物浓度达标时间最长。然而，方案1中损失的电能最多，方案30中损失的电能最少。进一步说明了污染物浓度达标时间与损失电能之间相互冲突的关系，在进行应急调度的时候，可以根据相应的偏好选择合适的调度方案进行应急调度，从而达到相对满意的应急调度效果。

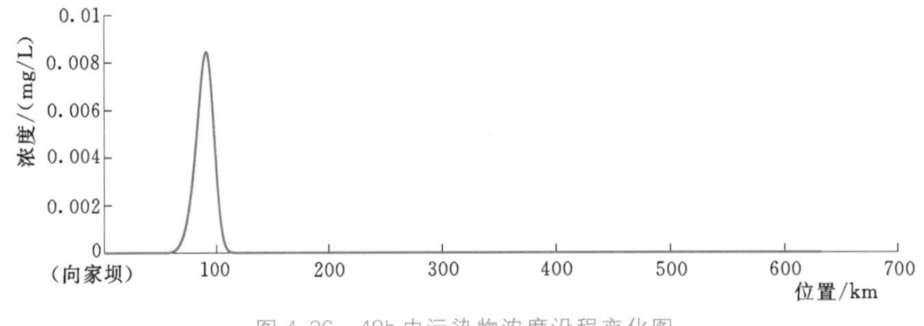

图4.36 48h内污染物浓度沿程变化图

为了更清楚地展示污染物浓度沿程变化以及不同方案下污染物浓度变化的差异，方案1情况下，在污染事件发生48h后沿长江流域污染物浓度分布，以及方案1、方案25和方案50情况下，污染物浓度变化分别如图4.36～图4.39所示。其中，图4.37～图4.39中，白色辅助线代表了白鹤滩水库的起调时间与终止时间，红色辅助线代表了溪洛渡水库的起调时间与终止时间，绿色辅助线代表了向家坝水库的起调时间与终止时间。其中，虚线代表各水库的起调时间，实线代表各水库的终止调度时间。

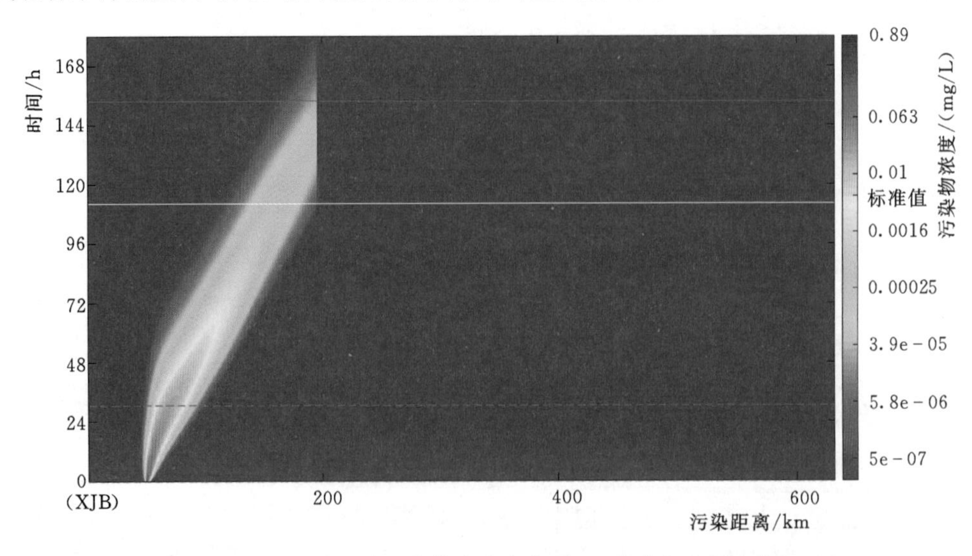

图4.37 方案1中污染物浓度变化（XJB代表向家坝水库）

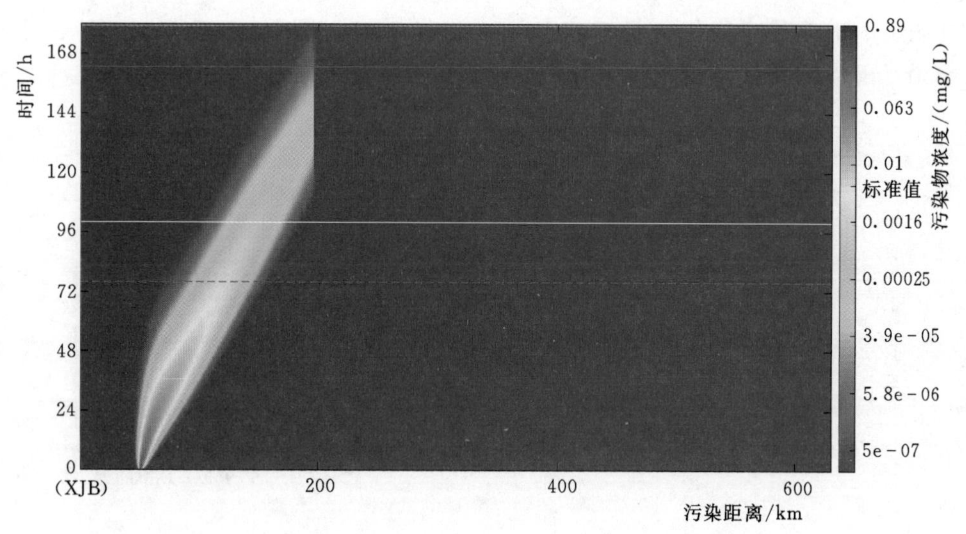

图 4.38 方案 25 中污染物浓度变化（XJB 代表向家坝水库）

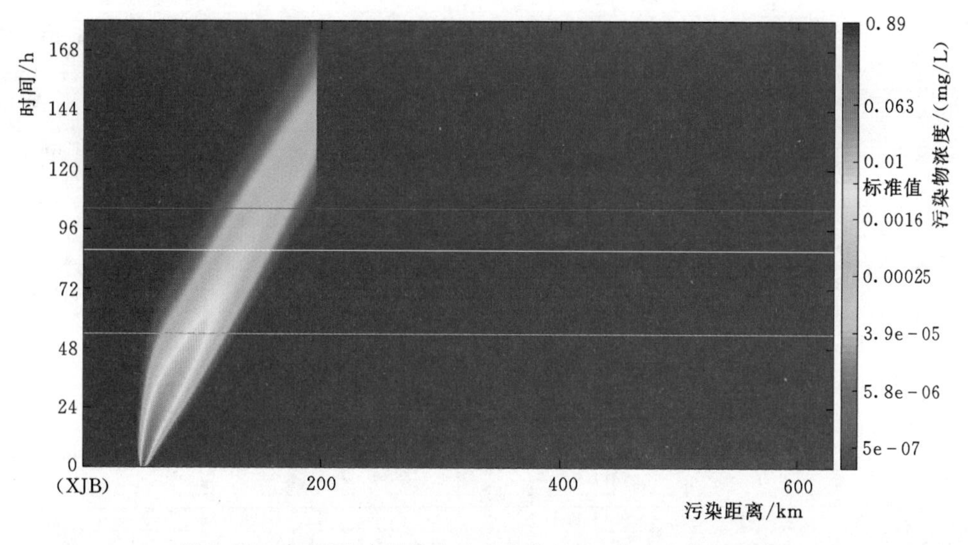

图 4.39 方案 50 中污染物浓度变化（XJB 代表向家坝水库）

由污染物浓度沿程变化图（图 4.36）可知，当水库加大出库流量时，有助于污染物浓度的降低，缩短污染物浓度达标所用的时间。此外，对于同一个实验结果，由于河槽调蓄作用，水库出库流量对河道断面流速的影响幅度减小、时间延长，因此污染物经水流传输到下游断面的浓度峰值依次衰减，使得到达各个断面的传输时间逐渐增大，这与单目标优化情景中的结论相一致。

4.3.6 情景六

假定在枯水年（1992 年 6 月至 1993 年 5 月），11 月上旬向家坝水库下游 20km 处发生苯酚泄漏事故，10t 有毒化学物品苯酚排入金沙江干流形成点源污染，污染物浓度标准采用Ⅲ类水质标准。利用 NSGA-Ⅱ算法，得到基于污染物浓度最短达标时间和应急调度过程中损失的电能最少为优化目标的 Pareto 最优解集，其中由 NSGA－Ⅱ算法求得的 Pareto 最优前沿以及 50 个具有代表性的调度方案数据分别见图 4.40 和表 4.16。

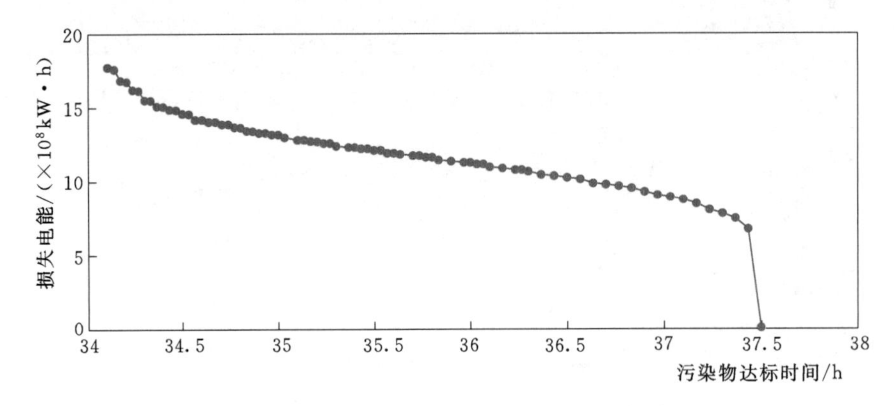

图 4.40 NSGA－Ⅱ算法求得的 Pareto 最优前沿

表 4.16 NSGA－Ⅱ算法得到的应急调度方案集

方案	达标时间 T/h	损失电能 $E/(\times10^8$kW·h)	方案	达标时间 T/h	损失电能 $E/(\times10^8$kW·h)
方案 1	34.10	17.7222	方案 26	35.43	12.2222
方案 2	34.13	17.5833	方案 27	35.50	12.1111
方案 3	34.17	16.8333	方案 28	35.57	11.9167
方案 4	34.23	16.1944	方案 29	35.63	11.8333
方案 5	34.27	16.1389	方案 30	35.73	11.7500
方案 6	34.33	15.4722	方案 31	35.80	11.6389
方案 7	34.40	15.0556	方案 32	35.83	11.4444
方案 8	34.43	14.8611	方案 33	35.97	11.2778
方案 9	34.50	14.5833	方案 34	36.00	11.2778
方案 10	34.57	14.1667	方案 35	36.03	11.1667
方案 11	34.60	14.1667	方案 36	36.10	10.9722
方案 12	34.67	14.0278	方案 37	36.23	10.7778
方案 13	34.73	13.8611	方案 38	36.30	10.6667
方案 14	34.77	13.6667	方案 39	36.43	10.3611
方案 15	34.80	13.6389	方案 40	36.50	10.2500
方案 16	34.87	13.3889	方案 41	36.63	9.8611
方案 17	34.97	13.1667	方案 42	36.77	9.6667
方案 18	35.00	13.1667	方案 43	36.90	9.2778
方案 19	35.03	12.9722	方案 44	36.97	9.0556
方案 20	35.13	12.8056	方案 45	37.10	8.7500
方案 21	35.17	12.7222	方案 46	37.17	8.4722
方案 22	35.20	12.6944	方案 47	37.30	7.8056
方案 23	35.27	12.5833	方案 48	37.37	7.4722
方案 24	35.30	12.3889	方案 49	37.43	6.7500
方案 25	35.40	12.3056	方案 50	37.50	0.0919

由图 4.40 可知，NSGA－Ⅱ算法不仅能够达到最好的收敛性能，而且能够获得分布相对均匀、覆盖范围较广的近似 Pareto 最优解集。由此表明，NSGA－Ⅱ在解集分布均匀性和扩展范围上均具有明显的优势，再次验证了 NSGA－Ⅱ算法在多目标优化问题上的有效性和先进性。此外，从图 4.40 中也可以看出，污染物浓度达标时间与损失电能之间是相互冲突的，若要污染物浓度达标时间最短，则需要损失更多的电能；反之，若要损失电能更少，则需要增加污染物浓度达标时间。

由表 4.11 中的统计结果可知，方案 1 中所需的污染物浓度达标时间最短，方案 50 中所需的污染物浓度达标时间最长。然而，方案 1 中损失的电能最多，方案 30 中损失的电能最少。进一步说明了污染物浓度达标时间与损失电能之间相互冲突的关系，在进行应急调度的时候，可以根据相应的偏好选择合适的调度方案进行应急调度，从而达到相对满意的应急调度效果。

为了更清楚地展示污染物浓度沿程变化以及不同方案下污染物浓度变化的差异，方案 1 情况下，在污染事件发生 48h 后沿长江流域污染物浓度分布，以及方案 1、方案 25 和方案 50 情况下，污染物浓度变化分别如图 4.41～图 4.44 所示。其中，图 4.42～图 4.44 中，白色辅助线代表了白鹤滩水库的起调时间与终止时间，红色辅助线代表了溪洛渡水库的起调

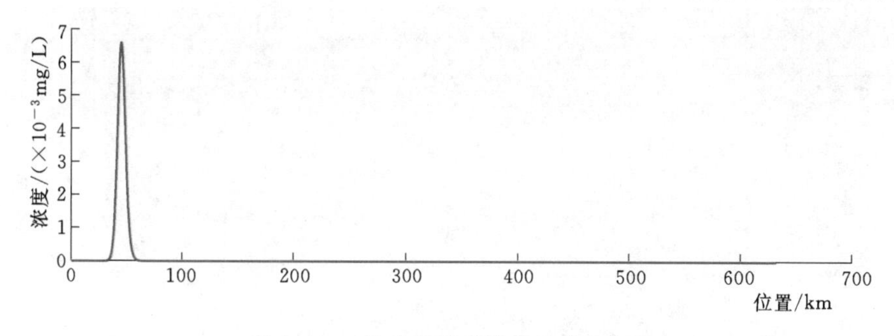

图 4.41　48h 内污染物浓度沿程变化图

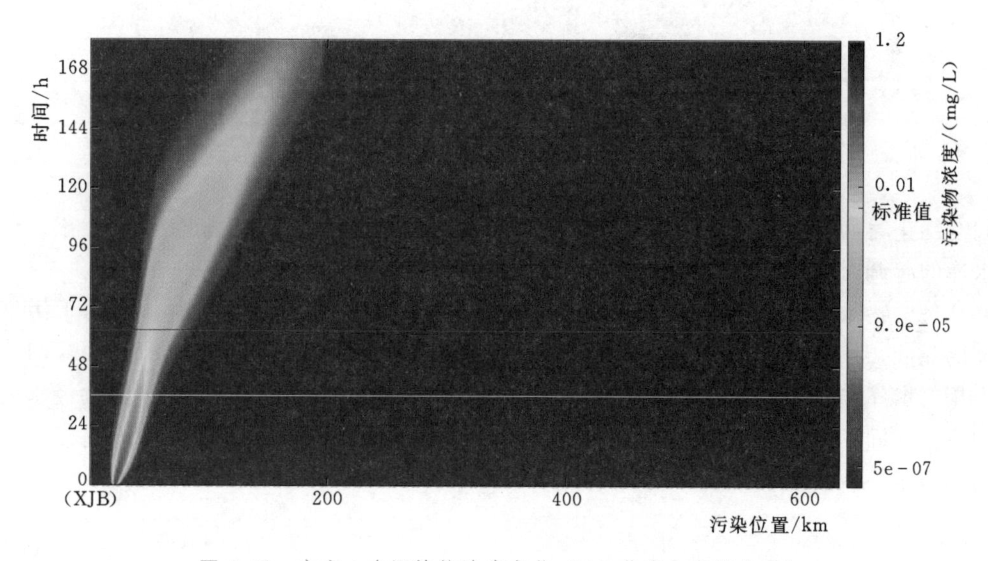

图 4.42　方案 1 中污染物浓度变化（XJB 代表向家坝水库）

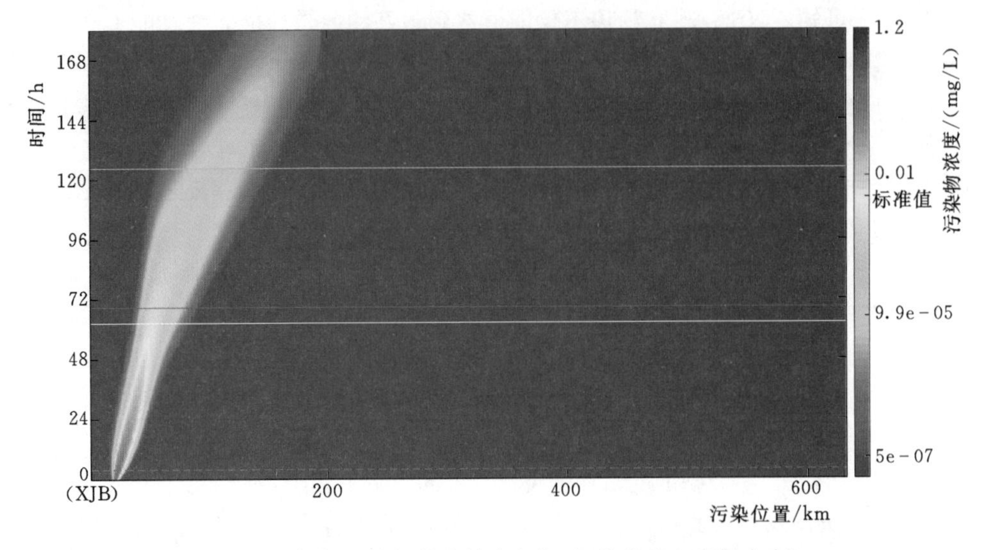

图 4.43 方案 25 中污染物浓度变化（XJB 代表向家坝水库）

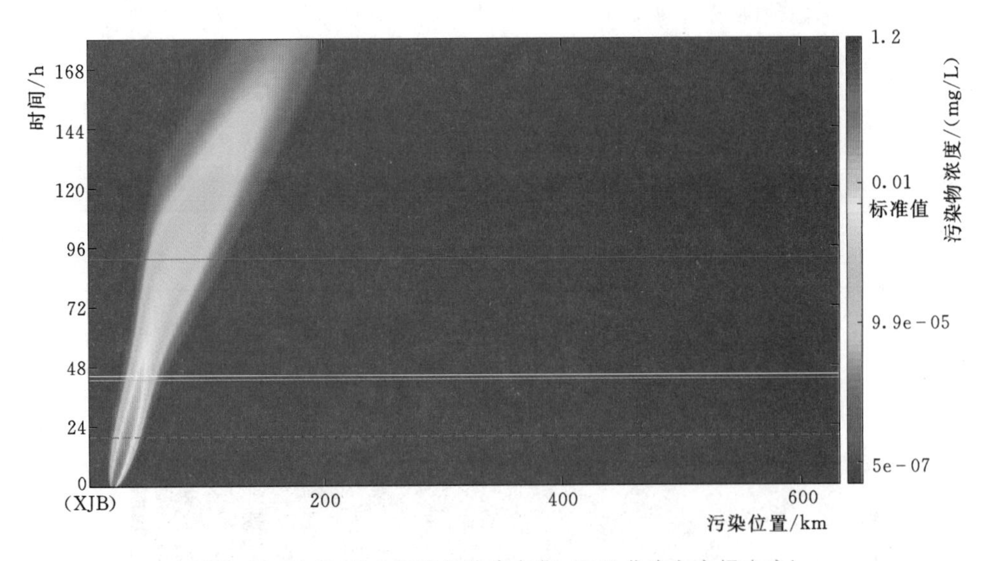

图 4.44 方案 50 中污染物浓度变化（XJB 代表向家坝水库）

时间与终止时间，绿色辅助线代表了向家坝水库的起调时间与终止时间。其中，虚线代表各水库的起调时间，实线代表各水库的终止调度时间。

从污染物浓度沿程变化图（图 4.41）可知，当水库加大出库流量时，有助于污染物浓度的降低，缩短污染物浓度达标所用的时间。此外，对于同一个实验结果，由于河槽调蓄作用，水库出库流量对河道断面流速的影响幅度减小、时间延长，因此污染物经水流传输到下游断面的浓度峰值依次衰减，使得到达各个断面的传输时间逐渐增大，这与情景五中的结论相一致。

第5章

长江上游突发水污染事件应急调度预案

5.1 总则

5.1.1 编制目的

为健全长江流域突发性水污染事件预警和应急响应机制，最大限度地减轻长江流域突发性水污染事件带来的人员伤亡、财产损失、环境污染和社会影响，快速、高效、有序地预防和处置突发性水污染事件，提高相关部门应对突发性水污染事件的处置能力，保障长江流域沿岸群众生命财产安全，流域生态环境健康，维护社会稳定，促进流域社会经济全面、协调、可持续发展，特制定本预案。

5.1.2 编制依据

《中华人民共和国水法》

《中华人民共和国环境保护法》

《中华人民共和国水文条例》

《中华人民共和国水污染防治法》

《中华人民共和国安全生产法》

《中华人民共和国突发事件应对法》

《国家突发公共事件总体应急预案》(国务院)

《国务院有关部门和单位制定和修订突发公共事件应急预案框架指南》(国办函〔2004〕33号)

《国家突发环境事件应急预案》(国办函〔2014〕119号)

《突发环境事件应急监测技术规范》(HJ 589—2010)

《突发环境事件信息报告办法》(环境保护部令第17号)

《水库大坝安全管理应急预案编制导则》(SL/Z 720—2015)

《重大水污染事件报告办法》(水资源〔2008〕104号)

《危险化学品安全管理条例》(国务院令第344号)

《安全生产事故报告和调查处理条例》(国务院令第493号)

《突发事件应急预案管理办法》(国办发〔2013〕101号)

《水路交通突发事件应急预案》(交水发〔2009〕3号)

国家颁布的有关法律、法规、办法，各级地方人民政府颁布的有关地方性法规、条例及规定。

经过批准的国家、省、市、县山洪灾害防治规划报告和地质灾害防治规划报告等。

5.1.3 适用范围

本预案适用于长江上游发生流域水污染事件梯级水库群所采取的预警预防和应急处置行动。

开展应急调度工作所对应的突发水污染事件类型包括但不限于以下事件：流域内尾矿废矿管理不当引起的水污染事件、流域水系内违法排放废水人为水污染事件、交通事故造成污染物泄漏引起水质异常超标事件、水体水华发臭变色死鱼事件、突发自然灾害造成的供水安全事件等可能影响水环境质量的事件。

5.1.4 工作原则

（1）以人为本，预防为主。以人民利益为基本出发点，把保障人民群众生命财产安全作为处置长江流域突发水污染事件的首要任务。高度重视流域水安全工作，居安思危，建立健全预防应急保障体系，切实履行政府和流域机构应行使的管理职能，快速协调、科学调度，最大限度地减少长江流域突发水污染及其造成的人员伤亡、财产损失、社会环境危害。

（2）统一领导，分级负责。根据突发水污染事件的严重性、影响范围及可控性等因素，在国务院统一领导下，以属地管理为主，各级政府和流域机构实行分级领导责任制，落实处置责任主体，明确指挥人和指挥权限，提高应对水污染事件的应急指挥能力。

（3）快速反应、联防联动。加强各级政府应急处置队伍建设，建立联动协调制度，加强水利、生态环境、交通、气象、水库电站等相关管理责任部门的联防联动机制，各专业队伍相互协同应对，形成统一指挥、反应迅速、协调有序的应急组织体系。

（4）创新手段、科学决策。加强长江流域突发水污染事件相关科学研究和技术研发，充分利用创新技术手段，发挥专家人才队伍和专业人员的作用，科学做好长江流域突发水污染事件的预测、预警工作，不断提高应对长江流域突发水污染事件的科技水平和指挥能力。

（5）资源共享、保障有力。加强部门间的协同配合，坚持资源共享、信息互通，建立健全应对长江流域突发水污染事件的资源共享平台，提高处置长江流域突发水污染事件的综合管理水平，使应对长江流域突发水污染事件的工作规范制度化，避免发生次生、衍生事件。

5.2 水污染事件分级

突发水污染事件是指突然发生与水有关的事件，该事件会造成或者可能造成严重社会环境危害，需要采取相关应急处置措施予以应对。其中长江流域突发性水污染事件指突然发生的由于人为或者自然因素引起的污染物倾卸至长江流域河湖等地表水或地下水中，造成了水体污染、水生态环境破坏，威胁沿岸居民生命财产安全、流域水体生态环境健康、影响社会经济活动的事件。

根据《国家突发公共事件总体应急预案》《国家突发环境事件应急预案》等突发公共、环境污染事件的分级标准和原则，结合长江上游突发水污染事件的性质特点、危害程度、发展趋势、可控性和影响范围等因素，可分为4个级别：Ⅰ级（特别重大突发水污染事件）、Ⅱ级（重大突发水污染事件）、Ⅲ级（较大突发水污染事件）、Ⅳ级（一般突发水污染事件），依次用红色、橙色、黄色和蓝色来表示。

1. 特别重大突发水污染事件

凡符合下列情形之一的，为特别重大突发水污染事件：

（1）造成长江流域沿岸居民中毒（重伤）100人以上，或造成30人以上死亡（含失踪）。

（2）造成长江干流大范围水污染或跨省（自治区、直辖市）界的。

（3）因船舶溢油1000t以上致长江干流及主要支流水域污染的。

（4）造成长江沿岸重要城市主要水源地取水中断，水源地水质在Ⅳ类水质或Ⅳ类以下标准。

（5）严重污染长江流域濒危物种生存环境或造成长江重要水域水生态功能严重丧失。

（6）造成长江流域重要港口、码头瘫痪或遭受灾难性损失的。

（7）因危险化学品船舶发生火灾、爆炸、沉没或严重泄漏，特别严重威胁到长江沿岸居民生命财产安全及生态环境安全的。

（8）需要启动国家应急预案，调用属地本省以外应急资源予以支援的。

（9）其他对长江流域产生特别重大危害和社会影响的。

2. 重大突发水污染事件

凡符合下列情形之一的，为重大突发水污染事件：

（1）造成长江流域沿岸居民50～100人中毒（重伤），或10～30人死亡（含失踪）。

（2）造成长江支流以及流域重要的湖泊水库发生大范围水污染或跨地（市）界的。

（3）因船舶溢油500t以上1000t以下致长江干流及主要支流水域污染的。

（4）造成长江沿岸县级以上城镇主要水源地取水中断，水源地水质在Ⅳ类水质或Ⅳ类以下标准。

（5）造成长江流域濒危物种生存环境污染或长江重要水域水生态功能部分丧失。

（6）造成长江流域重要港口、码头严重损失，一般港口、码头瘫痪或灾难性损失的。

（7）因危险化学品船舶发生火灾、爆炸、沉没或严重泄漏，严重威胁到长江沿岸居民生命财产安全及生态环境安全的。

（8）调用属地本省内应急资源能够有效控制的。

（9）其他对长江流域产生重大危害和社会影响的。

3. 较大突发水污染事件

凡符合下列情形之一的，为较大突发水污染事件：

（1）造成长江流域沿岸居民50人以下中毒（重伤），或3～10人死亡（含失踪）。

（2）因突发性水污染影响长江流域沿岸地市社会、经济活动，或者引起跨地级行政区纠纷，但不影响属地及下游水源地供水的事件，水源地水质达到Ⅲ类水质及以上标准。

(3) 因船舶溢油100t以上500t以下致长江干流及主要支流水域污染的。

(4) 跨县(区)界的水污染事件。

(5) 造成长江流域重要港口、码头局部严重损失，一般港口、码头严重损失的。

(6) 因危险化学品船舶发生火灾、爆炸、沉没或严重泄漏等，威胁到长江沿岸居民生命财产安全及生态环境安全的。

(7) 调用属地本行政区内资源能够有效控制的。

(8) 其他对长江流域产生较大危害和社会影响的。

4. 一般突发水污染事件

凡符合下列情形之一的，为一般突发水污染事件：

(1) 造成长江流域沿岸居民1人以上3人以下死亡(含失踪)，或者1人以上10人以下重伤的。

(2) 因突发性水污染造成长江流域沿岸地市一般群体性影响，引起跨县级行政区域纠纷，但不影响属地及下游水源地供水的事件，水源地水质达到Ⅲ类水质及以上标准。

(3) 因船舶溢油1t以上100t以下致长江干流及主要支流水域污染的。

(4) 其他对长江流域产生一般危害和社会影响的。

未达到一般突发水污染为小事件，不作为本次应急调度预案范围内。上述有关数量的表述中，“以上”包括本数，“以下”不包括本数。

5.3 组织机构与职责

5.3.1 组织体系

按照统一领导、分级负责的应急处理原则，突发性水污染发生后，在国务院统一领导下，依据属地管理原则，依托地方人民政府、水行政主管部门和流域机构承担的水库群应急调度主要指挥体系，从资源共享、信息互通、调度方案优化研究、联防联动、多目标共赢、协同调度执行等方面建立起包括水利、交通运输、生态环境、水库水电站、气象等多部门、跨区域协作共赢的长江流域水库群联合调度机制。

成立应急响应工作领导小组(以下简称“领导小组”)，由领导小组组长及成员组成，全面领导和指挥应急调度工作的开展，为水库群应急调度的决策层。按照分级负责、属地管理原则，领导小组主要由国家级相关行政主管部门、地方人民政府、地方水行政主管部门以及流域水利主管部门构成。

成立应急响应工作专家组(以下简称“专家组”)，为应急响应工作提供科学决策建议，作出应急响应方案可行性判断，制定应急监测方案和应急调度方案，必要时参与突发水污染的应急处置工作。专家组一般由水利部门、航运部门、生态环境部门、气象部门、卫生部门、公共安全等相关部门或水利、环保领域资深专家组成。

成立应急响应监测组(以下简称“应急监测组”)，进行突发污染物溯源，开展突发水污染事件发生及影响范围内水文情势、水质指标和生物指标等应急监测。对突发水污染事件的发生、发展规律及水库群调度(若启动水库群调度)后续影响进行持续性调查，并在规定时间内上报监测结果。应急响应监测组成员包括地方水利部门、生态环境部门以及流域机构监测部门。

成立应急响应调度执行组（以下简称“调度执行组”），负责执行应急调度方案的商榷、上报与决策任务，执行应急水库群实际调度。调度组成员包水利部门、水库主管部门或业主、水行政主管部门等。

成立应急响应综合协调组（以下简称“综合协调组”），主要负责突发水污染事件的报告、文件报送，负责与外界媒体沟通及新闻发布，承担领导小组会议和应急响应工作会商组织联络工作，负责与各单位和各部门的沟通协商，承担应急响应工作资料的归档工作，承担上级交办的其他应急响应工作。综合协调组主要由地方人民政府、各水行政主管部门、生态环境部门组成。

成立应急响应现场管控组（以下简称“现场管控组”），主要负责维护突发水安全事故现场秩序，设立警戒区域、严禁无关人员出入，指挥、协调现场救援工作。现场管控组主要由各水行政主管部门、航运部门、生态环境部门、卫生部门成立组成。

成立应急响后勤保障组（以下简称“后勤保障组”），主要负责应急人员车辆调度、食宿安排、应急抢险物资保障等后勤工作。后勤保障组主要由各水行政主管部门、航运部门、环保部门、气象部门、卫生部门成立组成。

成立应急响应善后处理组（以下简称“善后处理组”），主要负责突发水污染事件发生后人员转移、抚慰、安置、补偿等相关善后工作。善后处理组主要由各级人民政府部门、各水行政主管部门、航运部门、生态环境部门、卫生部门成立组成。

5.3.2 职责

1. 领导小组组长

（1）负责应急响应工作的统一组织、指挥，统筹各部门、跨区域人员队伍、设施装备等应急调配与协调。

（2）主持领导小组会议和应急响应工作会商。

（3）决定应急响应工作程序的启动、应急调度级别的确定或调整、应急响应工作的终止。

2. 领导小组

（1）负责突发水污染事件应急事项的决策商榷，负责现场组织、指挥应急救援工作，发布突发水污染事件安全预警。

（2）负责突发水污染事件应急响应预案体系建设。

（3）负责突发水污染事件应急响应能力建设。

3. 专家组

（1）参与应急响应工作会商，指导应急响应工作开展，分析研判突发水污染事件影响范围和危害程度，制定应急监测方法和污染防治措施。

（2）综合分析评估污染事件的发展趋势，结合水库的实际运行情况，制定应急调度方案措施。

（3）根据突发水污染事件事态发展趋势，提出启动、调整、终止应急处置措施的建议和意见。

4. 应急监测组

（1）负责突发水污染事件的前、中、后期（包括调水前、调水后）水文情势、水质理化指标、水生生物指标等应急监测。

（2）负责污染源溯源，分析污染事件发生原因，提出污染物可能造成的危害以及涉及的范围、扩散的趋势等，并在规定时间内上报监测结果。

5. 调度执行组

负责执行应急调度方案的商榷、上报与决策任务，执行应急水库群调度。

6. 综合协调组

（1）负责突发水污染事件日常报告值班工作，受理突发水污染事件报告和有关动态信息。

（2）承担领导小组会议和应急响应工作会商组织联络工作。

（3）承担应急期间与有关单位和部门的联络、沟通与协调工作。

（4）承担应急响应工作资料的归档工作。

（5）承担上级交办的其他应急响应工作。

7. 现场管控组

负责污染事故现场的安全保卫、治安管理和交通疏导工作。负责设置现场警戒区域、维护事故现场秩序，严禁无关人员出入，协助指挥协调现场救援工作；维护突发水污染事故附近重点单位、重要基础设施的安全。

8. 后勤保障组

负责做好应急指挥人员车辆调配、食宿安排等后勤工作；调集应急处置所需设备、材料、工具等物质，保障应急处置过程中的物质供应，准备应急设施和现场避难场所。

9. 善后处理组

主要负责转移、疏散、抚慰、安置、补偿可能受到突发水污染事件危害的人员；协助开展受灾群众的医疗救治和疾病预防控制工作；全力配合上级部门做好抢险救灾工作。

5.4 预警与预防机制

本着早预防、早发现、早报告、早响应的原则，做好突发水污染事件信息收集、整理及风险分析，通过预警信息分析，预判突发水污染事件发生的原因、可能产生的情形、造成危害的程度、所需要的应急力量等，从而采取预警预防措施，防止突发水污染事件发生造成事故或做好应急救援准备。

5.4.1 风险因素识别

突发性水污染事件的风险因素可分为以下几大类：

（1）流域水系内企业污染物违排、偷排等人为事故。

（2）流域内尾矿废矿管理不当造成的塌方泄漏事故。

（3）极端天气灾害造成的供水安全事故。

（4）设备设施的意外或老化造成的污染物泄漏等事故。

（5）交通事故造成的流域内非常规污染物泄漏等事故。

（6）水体水华发臭、变色、死鱼事件造成的突发事件。

5.4.2 预警信息与报告

1. 预警信息内容

长江上游突发水污染事件预警预防信息包括：突发水污染事件风险源、诱发风险因素、突发事件影响范围、造成的危害程度、预警预防与应急对策以及其他内容等。

2. 预警信息来源

（1）环境部门提供的重点排污段位监督性监测预警信息或者监测实施过程中的预警信息。

（2）气象部门提供的大雾、台风等天气形势可能引发突发水污染事件的预警信息。

（3）水利部门提供的水情预警信息。

（4）交通运输部门提供的港口、航道、危险货物运输、通航设施、水运基础设施建设等可能诱发长江流域河道突发水污染事件的风险源信息。

（5）当地相关部门接收到群众的监督举报信息或上级或有关部门的传真、电话等其他预警信息等。

5.4.3 预警分级

根据可能引发突发水污染事件的紧急程度、发展态势、危害程度和影响范围等，将突发水污染事件的预警信息的风险等级划分为四个等级，分别为Ⅰ级预警（特别重大风险信息预警）、Ⅱ级预警（重大风险信息预警）、Ⅲ级预警（较大风险信息预警）、Ⅳ级预警（一般风险信息预警），依次用红色、橙色、黄色、蓝色标示。

Ⅰ级预警：Ⅰ级突发水污染事件已经或可能发生；或Ⅱ级突发水污染事件已经发生，且事件的严重程度、可控性和影响范围有进一步恶化的趋势。

Ⅱ级预警：Ⅱ级突发水污染事件已经或可能发生；或Ⅲ级突发水污染事件已经发生，且事件的严重程度、可控性和影响范围有进一步恶化的趋势。

Ⅲ级预警：Ⅲ级突发水污染事件已经或可能发生；或Ⅳ级突发水污染事件已经发生，且事件的严重程度、可控性和影响范围有进一步恶化的趋势。

Ⅳ级预警：Ⅳ级突发水污染事件已经或可能发生；或有发生事件的隐患。

根据事态的发展情况和采取措施的效果，及时升级、降级或解除预警级别。

5.4.4 预警信息的发布

预警信息的发布实行严格的审签制，生态环境、气象、水利和交通运输系统相关部门根据各自职责向应急响应工作领导小组提供水质、气象、水文、航道等自然灾害预警信息，应急响应工作领导小组应针对可能出现的情况及时研判，必要时组织有关专家学者、专业技术人员进行会商，形成预警信息并审批签发。

Ⅰ级预警由属地地方人民政府逐级报国家级相关行政主管部门批准后发布。

Ⅱ级预警由属地地方人民政府逐级报省（自治区、直辖市）人民政府批准后发布。

Ⅲ级预警、Ⅳ级预警由属地区人民政府逐级报市人民政府批准后发布。

预警信息通过电视、广播、电子显示屏、通信运营商、信息网络、社区宣传等方式发布、调整或解除。

5.4.5 预警预防的措施

事故河段沿岸居民、相关单位、船舶和人员应注意接收预警信息，根据不同预警级别，采取相应的防范措施，防止或减少突发水污染事件对居民生命、财产和周围环境造成危害。

发布Ⅲ级、Ⅳ级警报时，宣布进入预警期后，应急响应工作领导小组应根据即将发生水污染事件的性质、特点和可能造成的危害，采取下列措施：①及时收集相关信息，应急监测组介入开展应急监测工作，领导小组组织相关专家或专业技术人员分析评估突发水污染事件事态发展趋势和影响范围，及时做好预报和预警工作；②及时发布与公众有关的预测信息和分析评估结果，并按规定向公众发布可能受到危害的警告，做好避免、减轻危害的常识宣传等。

发布Ⅰ级、Ⅱ级警报时，宣布进入预警期后，应急响应工作领导小组除采取Ⅲ级、Ⅳ级预警期的措施外，还应采取以下相关措施：①责令调度执行组、综合协调组、现场管控组、后勤保障组和善后处理组进入待命状态，做好参加应急救援和处置工作的准备；②现场管控组做好重点单位和重要基础设施的安全保卫工作，维护现场治安秩序，关闭或者限制使用易受突发水污染事件危害的场所；③采取必要措施，确保城镇居民供水、交通运输等公共设施的安全和正常运行；④及时向社会发布避免或者减轻突发水污染事件危害的建议、劝告；⑤善后处理组做好易受突发水污染事件危害的人员的转移、疏散及安置工作；⑥法律、法规、规章规定的其他必要的防范性、保护性措施。

5.5 应急调度响应程序

应急调度流程如图5.1所示，主要包括以下4个步骤：

（1）确定水污染事件响应等级、水污染事件扩散范围，建立以水质运动方程为核心的污染物质扩散模型。通过各流域监测点，反馈水污染事件的时间、地点、原因、影响等信息，同时根据污染物的生物化学性质及水流速度推求其在水中的迁移速度。

（2）建立考虑污染各方面影响的目标函数集合，即应急任务集合，如各区域污染物浓度低于阈值、最大下泄流量值域、梯级水库上游水位、应急调度最短时间阈值。考虑梯级水库调度的目标函数，从而制定响应的调度方案，根据水库防洪任务及除污任务的比重，确定水库调节水量，最终实现污染物浓度的快速降低。

（3）建立梯级水库调度任务分配模型，即梯级水库调度规则，如各水库调度水量值、响应时间值。根据污染物迁移模型，梯级水库联合调度各约束条件及目标函数计算得到各级水库调度方案，统一分配调度任务，控制应急调度时间。

(4) 完善梯级水库调度响应模型，包含响应执行内容和执行效果评价指标。侧重对应急调度响应时间、应急调度承担任务量、水污染突发事件处理效果等进行综合评价，通过制定评价权重等方式总结应急调度经验，优化应急调度方案。

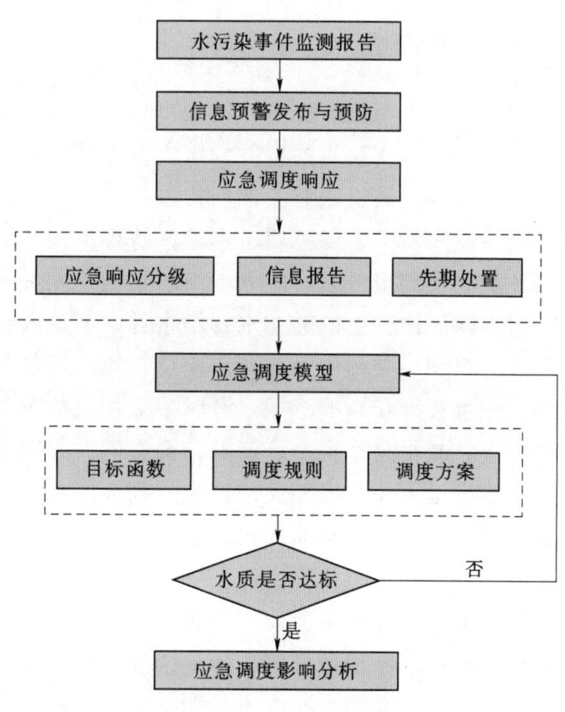

图 5.1 应急调度流程图

5.5.1 应急响应原则

根据相关法规要求，考虑突发水污染事件的发生地、影响范围、严重程度及可控性，分级别响应。突发水污染事件的应急响应按照属地管理原则，以事发地政府应急处置为主，超出本级应急处置能力时，向上级政府请求增援。Ⅰ级、Ⅱ级突发水污染事件应急响应由事发所在地的省（自治区、直辖市）人民政府统一组织实施，省（自治区、直辖市）水行政主管部门、流域机构相关部门协助组织实施，应急响应结束报水利部备案。如果为跨省市流域的水污染事件，则由水利部统一组织实施，并上报国务院。Ⅲ级突发水污染事件的响应由市级人民政府统一组织实施，并上报省（自治区、直辖市）人民政府。如果为跨地市流域的水污染事件，则由所在地的省（自治区、直辖市）人民政府统一组织实施。Ⅳ级突发水污染事件的响应由县（区）人民政府统一组织实施，如果为跨县级行政区域的突发性水污染事件，则由所在地的市人民政府统一组织实施。

5.5.2 信息报告

突发水污染事件发生后，遇险人或现场附近目击人要立即通过联动报警电话“110”报警，或通过 12369 环保热线等向当地政府相关部门报告。突发水污染事件发生后，事发地人民政府有关部门应立即采取措施控制事态发展，并在 2 小时内上报上一级人民政府，做好应急准备。针对Ⅰ级、Ⅱ级跨流域的突发水污染事件，则事发地省（自治区、直辖市）人民政府必须报水利部，并上报国务院。有关突发水污染事件的信息报送、报告应当做到及时、真实、客观，不得迟报、漏报、谎报和瞒报。报告内容包括突发水污染事件发生时间、地点、产生原因、影响范围、严重程度、受灾人数及伤亡情况、事故发展态势和已经采取的应急处置措施等。突发水污染事件信息报告内容应简明、准确，并随时更新、续报应急处置过程的最新情况。对于敏感突发水污染事件，或发生在敏感时间、敏感地区的突发水污染事件，或可能扩大升级的信息的报送，随时报送，相关部门之间要加强沟通，完善信息交换机制，及时通报、共享突发水污染事件相关信息。

5.5.3 先期处置

发生突发水污染事件后，接到报告，当地人民政府相关部门应立即核实与分析事件的真实性，对于确认属实的事件划定突发水污染事件的等级，并按规定向上级人民政府部门报告，同时向流域机构有关部门报告。

当突发水污染事件不属于本辖区管理范围时，应立即报告属地人民政府相关部门，属地人民政府接到报告后，应立即组织辖区的相关部门开展应急处置工作。

对本辖区内发生的突发水污染事件，不论级别高低、规模大小、损失轻重，事发地人民政府应组织相关部门迅速调集应急救援力量赶赴现场开展先期应急处置，尽快辨析事件性质、危害程度和影响范围，及时采取相应应急处置措施，全力控制事态发展，保障人民生命安全，减小财产损失，降低社会影响。如突发水污染事件等级较高或有进一步恶化的趋势，事发地人民政府相关部门应立即向所在地省（自治区、直辖市）人民政府、水行政主管部门、流域机构有关部门报告。

在突发水污染事件发生后，事发地人民政府应同时组织水行政主管部门、气象部门、生态环境部门立即加强流速、流量、水位、降水、水质理化指标等水文、气象及水环境要素方面实时不间断应急监测工作，为应急响应工作的开展奠定基础。

5.5.4 应急调度响应启动

当发生突发性水污染事件时，上游梯级水库群适时启动应急调度。实施应急调度方案前，应及时向相关部门和单位通报，视情况向社会公告。根据突发水污染事件的应急响应等级，确定相应的应急调度规则。

1. Ⅰ级响应

Ⅰ级突发水污染事件发生后，国家级相关行政主管部门、省（自治区、直辖市）人民政府、水行政主管部门以及流域水利主管部门成立应急响应工作领导小组。跨省市流域的，由水利部成立应急响应工作领导小组，并上报国务院。由省（自治区、直辖市）水利部门、生态环境部门以及流域机构组成应急响应监测小组。由应急响应工作领导小组会商，组织成立应急响应专家组。由省（自治区、直辖市）水库主管部门、水行政主管部门等组成应急响应调度执行组。由省（自治区、直辖市）人民政府、水行政主管部门、生态环境部门组成综合协调组。由省（自治区、直辖市）水行政主管部门、航运部门、生态环境部门、卫生部门成立组成现场管控组和后勤保障组。由省（自治区、直辖市）人民政府、水行政主管部门、航运部门、生态环境部门、卫生部门组成善后处理组。

领导小组赶赴现场，主持召开紧急会商，各成员均须参加，做出应急工作部署安排。立即向国家级相关行政主管部门、省（自治区、直辖市）人民政府及水行政主管部门通报有关信息，并上报国务院。宣布启动应急预案Ⅰ级响应预警。

应急监测小组全部人员到位，开展现场调查，开展突发水污染事件发生及影响范围内水文情势、水质和生物指标等动态应急监测以及水质预警预报；密切监视水雨情、水体污染团扩散的发展变化，做好24小时值班制，及时准确上报相关信息。

专家组进行会商，制定应急监测方案，测定水体污染团向下游输移演进过程，构建突发水污染事件应急调度模型，同时考虑是否存在船只遇险人员或者搁浅事故，设计调度方案。

调度执行组根据专家组的会商结果，执行多个水库群的联合调度。

综合协调组做好突发水污染事件日常报告值班工作，受理突发水污染事件报告和有关动态信息，整理、转发、归档相关材料等工作；做好领导小组会议和应急响应工作会商组织联络工作，协调各工作组的工作，及时向应急工作领导小组汇报处置工作的进展情况；做好与地方人民政府、各相关部门的信息联络；发布预警信息，配合做好宣传报道抢险实况和险情公报。

现场管控组在应急工作领导小组的统一指挥调度下，维护突发水安全事故现场秩序，做好污染事故现场的安全保卫、治安管理工作，设立警戒区域，禁止无关人员处于事故现场。配合做好交通疏导工作，确保应急抢险道路畅通。

后勤保障组负责做好前线指挥人员车辆调配、食宿安排等后勤工作；调集应急抢险所需材料、设备、工具等物质，保障应急物资的充足供应，准备应急设施和避难场所；全力配合上级部门做好抢险救灾工作。

善后处理组负责做好转移、疏散、抚慰、安置、补偿可能受到突发水污染事件危害的人员的相关工作；协助伤病群众积极开展医疗救治和疾病预防控制工作；全力配合上级部门做好抢险救灾工作。

2. Ⅱ级响应

Ⅱ级突发水污染事件发生后，由属地省（自治区、直辖市）人民政府协同流域水利主管部门成立应急响应工作领导小组，并报水利部。如果为跨省级行政区域的突发水污染事件，则由水利部统一组织实施，并上报国务院。由省（自治区、直辖市）水利部门、生态环境部门以及流域机构组成应急监测小组。由应急响应工作领导小组会商，组织成立应急响应专家组。由省（自治区、直辖市）水库主管部门、水行政主管部门等组成应急调度执行组。由省（自治区、直辖市）人民政府、水行政主管部门、生态环境部门组成综合协调组。由省（自治区、直辖市）水行政主管部门、航运部门、生态环境部门、卫生部门成立组成现场管控组和后勤保障组。由省（自治区、直辖市）人民政府、水行政主管部门、航运部门、生态环境部门、卫生部门成立组成善后处理组。

领导小组赶赴现场，主持召开紧急会商，密切监视险情的发展变化，做出相应的工作部署安排。1小时内省（自治区、直辖市）人民政府及水行政主管部门通报有关信息。宣布启动应急预案Ⅱ级响应预警。

应急监测小组全部人员到位，开展现场调查，开展突发水污染事件发生及影响范围内水文情势、水质和生物指标等动态应急监测以及水质预警预报；密切监视水雨情、水体污染团扩散的发展变化，做好24小时值班制，及时准确上报相关信息。

专家组进行会商，制定应急监测方案，测定水体污染团向下游输移演进过程，构建突发水污染事件应急调度模型，同时考虑是否存在船只遇险人员或者搁浅事故，设计调度方案。

水库调度执行组根据专家组的会商结果，执行单个水库或多个水库群的联合调度。

综合协调组做好突发水污染事件日常报告值班工作，受理突发水污染事件报告和有关动态信息，做好整理、转发、归档相关材料等工作；做好领导小组会议和应急响应工作会商组织联络工作，协调各工作组的工作，及时向应急工作领导小组汇报处置工作的进展情况；做好与地方政府、各相关部门的信息联络；发布预警信息，配合做好宣传报道抢险实况和险情公报。

现场管控组在应急工作领导小组的统一指挥调度下，维护突发水安全事故现场秩序，做好污染事故现场的安全保卫、治安管理工作，设立警戒区域，禁止无关人员处于事故现场。配合做好交通疏导工作，确保应急抢险道路畅通。

后勤保障组负责做好前线指挥人员车辆调配、食宿安排等后勤工作；调集应急抢险所需材料、设备、工具等物质，保障应急物资的充足供应，准备应急设施和避难场所；全力配合上级部门做好抢险救灾工作。

善后处理组负责做好转移、疏散、抚慰、安置、补偿可能受到突发水污染事件危害的人员的相关工作；协助伤病群众积极开展医疗救治和疾病预防控制工作；全力配合上级部门做好抢险救灾工作。

3. Ⅲ级响应

Ⅲ级突发水污染事件发生后，市（自治州）人民政府成立应急响应工作领导小组，并上报省（自治区）人民政府相关部门。如果为跨地市流域的突发水污染事件，则由所在地的省（自治区）人民政府统一组织实施，并报水利部。由市（自治州）水利部门、生态环境部门以及流域机构组成应急响应监测小组。由应急响应工作领导小组会商，组织成立应急响应工作专家组。由市（自治州）水库主管部门、水行政主管部门等组成应急响应调度执行组。由市（自治州）人民政府、水行政主管部门、生态环境部门组成综合协调组。由市（自治州）水行政主管部门、航运部门、生态环境部门、卫生部门组成现场管控组和后勤保障组。由市（自治州）人民政府、水行政主管部门、航运部门、生态环境部门、卫生部门组成善后处理组。

领导小组赶赴现场，主持召开紧急会商，密切监视险情的发展变化，做出相应的工作部署安排。2小时内向市（自治州）人民政府及市（自治州）水行政主管部门通报有关信息。宣布启动应急预案Ⅲ级响应预警。

应急监测小组全部人员到位，开展现场调查，开展突发水污染事件发生及影响范围内水文情势、水质和生物指标等动态应急监测以及水质预警预报；密切监视水雨情、水体污染团扩散的发展变化，做好24小时值班制，及时准确上报相关信息。

应急响应专家组由专家组进行会商，制定应急监测方案，测定水体污染团向下游输移演进过程，构建突发水污染事件应急调度模型，同时考虑是否存在船只遇险人员或者搁浅事故，设计调度方案。

水库调度执行组根据专家组的会商结果，执行单个水库或多个水库群的联合调度。

综合协调组做好突发水污染事件日常报告值班工作，受理突发水污染事件报告和有关动态信息，做好整理、转发、归档相关材料等工作；做好领导小组会议和应急响应工作会商组织联络工作，协调各工作组的工作，及时向应急工作领导小组汇报处置工作的进展情况；做好与地方政府、各相关部门的信息联络；发布预警信息，配合做好宣传报道抢险实况和险情公报。

现场管控组在应急工作领导小组的统一指挥调度下，维护突发水安全事故现场秩序，做好污染事故现场的安全保卫、治安管理工作，设立警戒区域，禁止无关人员处于事故现场。配合做好交通疏导，确保应急抢险道路畅通。

后勤保障组负责做好前线指挥人员车辆调配、食宿安排等后勤工作；调集应急抢险所需材料、设备、工具等物质，保障应急物资的充足供应，准备应急设施和避难场所；全力配合上级部门做好抢险救灾工作。

善后处理组负责做好包括转移、疏散、抚慰、安置、补偿可能受到突发水污染事件危害的人员的相关工作；协助伤病群众积极开展医疗救治和疾病预防控制工作；全力配合上级部门做好抢险救灾工作。

4. Ⅳ级响应

Ⅳ级突发水污染事件发生后，县（区）人民政府成立应急响应工作领导小组，并上报市（自治州）人民政府相关部门。如果为跨县级行政区域的突发性水污染事件，则由所在地的市人民政府统一组织实施，并上报省（自治区、直辖市）人民政府。由县（区）水利部门、生态环境部门以及流域机构组成应急响应监测小组。由应急响应工作领导小组会商，组织成立应急响应专家组。由县（区）水库主管部门、水行政主管部门等组成应急响应调度执行组。由县（区）人民政府、水行政主管部门、生态环境部门组成综合协调组。由县（区）水行政主管部门、航运部门、生态环境部门、卫生部门组成现场管控组和后勤保障组。由县（区）人民政府、水行政主管部门、航运部门、生态环境部门、卫生部门组成善后处理组。

领导小组赶赴现场，主持召开紧急会商，密切监视险情的发展变化，做出相应的工作部署安排。2小时内向县（区）人民政府及县（区）水行政主管部门通报有关信息。宣布启动应急预案Ⅳ级响应预警。

应急监测小组全部人员到位，开展现场调查，开展突发水污染事件发生及影响范围内水文情势、水质和生物指标等动态应急监测以及水质预警预报；密切监视水雨情、水体污染团扩散的发展变化，做好24小时值班制，及时准确上报相关信息。

应急响应专家组进行会商，制定应急监测方案，测定水体污染团向下游输移演进过程，构建突发水污染事件应急调度模型，同时考虑是否存在船只遇险人员或者搁浅事故，设计调度方案。

水库调度执行组根据专家组的会商结果，执行单个水库的调度。

综合协调组做好突发水污染事件日常报告值班工作，受理突发水污染事件报告和有关动态信息，做好整理、转发、归档相关材料等工作；做好领导小组会议和应急响应工作会商组织联络工作，协调各工作组的工作，及时向应急工作领导小组汇报处置工作的进展情况；做好与地方政府、各相关部门的信息联络；发布预警信息，配合做好宣传报道抢险实况和险情公报。

现场管控组在应急工作领导小组的统一指挥调度下，维护突发水安全事故现场秩序，做好污染事故现场的安全保卫、治安管理工作，设立警戒区域，禁止无关人员处于事故现场。配合做好交通疏导，确保应急抢险道路畅通。

后勤保障组负责做好前线指挥人员车辆调配、食宿安排等后勤工作；调集应急抢险所需材料、设备、工具等物质，保障应急物资的充足供应，准备应急设施和避难场所；全力配合上级部门做好抢险救灾工作。

善后处理组负责做好包括转移、疏散、抚慰、安置、补偿可能受到突发水污染事件危害的人员的相关工作；协助伤病群众积极开展医疗救治和疾病预防控制工作；全力配合上级部门做好抢险救灾工作。

5.5.5 应急调度资源

长江上游已建大中型水库众多，实际运行过程中受上下游梯级运行的影响较大。长江上游的一级支流主要有南岸的赤水河和乌江，北岸的雅砻江、岷江、沱江和嘉陵江。各一级支流又包含众多二级支流、三级支流等，从而构成了庞大的河网体系。

长江上游根据其水系构成，可大致分为金沙江干流水系、雅砻江水系、岷江水系、嘉陵江水系、乌江水系五大板块。金沙江干流水库群、雅砻江水库群、岷江水库群、嘉陵江水库群、乌江水库群和长江中游的三峡水库构成了长江上中游巨型水库群。该水库群包含21座大型水库，总库容达到了1026.5亿 m^3（表5.1）。

表 5.1 长江上中游水库群概况

<table>
<tr><th>水系名称</th><th>水库名称</th><th>所在河流</th><th>总库容/亿 m³</th><th>水系名称</th><th>水库名称</th><th>所在河流</th><th>总库容/亿 m³</th></tr>
<tr><td rowspan="9">长江</td><td>梨园</td><td rowspan="8">金沙江</td><td>7.3</td><td rowspan="2">岷江</td><td>紫坪铺</td><td>干流</td><td>11.1</td></tr>
<tr><td>阿海</td><td>8.8</td><td>瀑布沟</td><td>大渡河</td><td>53.9</td></tr>
<tr><td>金安桥</td><td>9.1</td><td rowspan="4">乌江</td><td>构皮滩</td><td rowspan="4">干流</td><td>64.5</td></tr>
<tr><td>龙开口</td><td>5.1</td><td>思林</td><td>12.1</td></tr>
<tr><td>鲁地拉</td><td>17.2</td><td>沙沱</td><td>9.1</td></tr>
<tr><td>观音岩</td><td>20.7</td><td>彭水</td><td>5.2</td></tr>
<tr><td>溪洛渡</td><td>126.7</td><td rowspan="5">嘉陵江</td><td>碧口</td><td rowspan="2">白龙江</td><td>5.21</td></tr>
<tr><td>向家坝</td><td>51.6</td><td>宝珠寺</td><td>25.5</td></tr>
<tr><td>三峡</td><td>干流</td><td>393</td><td>亭子口</td><td rowspan="3">干流</td><td>40.7</td></tr>
<tr><td rowspan="2">雅砻江</td><td>锦屏一级</td><td rowspan="2">干流</td><td>77.6</td><td>草街</td><td>24.1</td></tr>
<tr><td>二滩</td><td>58</td><td></td><td></td></tr>
</table>

5.5.6 应急调度运用条件

1. 应急调度目标

突发性水污染事件应急调度模型的核心问题是何如进行水库出库流量分配。水污染事件的应急调度应以应急处置历时最短、经济损失最小、水环境保护恢复为目标进行调度。应急调度应具备及时性、可实施性和适应性等，并具备多方案可比性。应根据水污染应急处置目标模拟计算多组水库调度方案，并对处置效果进行对比分析。在分析调度方案可实施性和适应性时，需考虑水库调度方案的防洪安全影响和航道通畅运行影响，加强设置污染物削减拦截断面和开启水库下泄水量的综合运用。根据控制断面处计算污染物的浓度及时调整应急调度方案，直到断面处浓度达标。

2. 应急调度限制条件

通过水库应急调度，目的是加快污染团的扩散，降低水体污染物浓度，有效减少水污染影响范围。但当水污染事件对周边居民生活造成重大影响时，应在保证居民日常生活用水及流域生态需水不受影响的前提下，实施水库应急调度，以免发生因处理水污染事件而造成居民日常供水不足，引发民众恐慌。避免破坏生态需水，导致生态系统不可逆的损害。若应急调度处于主汛期时，应结合专家组意见，保证河道及水利工程设施、上下游居民生命财产安全的前提下，进行水库应急调度运行。

5.5.7 应急调度规则

应急调度规则是以突发水污染事件应急处置为目标，对水库调度规则的概括和总结。针对不同时期的应急调度和不同响应级别的应急调度制定总体规则。

长江上游已建大中型水库众多，根据《关于2018年度长江中上游水库群联合调度方案的批复》（国汛〔2018〕6号），长江上游21座水库群的调度方式根据自身特点各异，具体的调度规则见表5.2。

表5.2 长江上中游水库群调度规则

<table>
<tr><th rowspan="2">编号</th><th rowspan="2">水库名称</th><th colspan="2">防洪调度方式</th><th rowspan="2">蓄水调度方式</th><th rowspan="2">其他调度</th></tr>
<tr><th>防洪限制水位</th><th>调度方式</th></tr>
<tr><td>1</td><td>梨园</td><td>7月1—31日的防洪限制水位为1605m</td><td rowspan="6">与金沙江水库联合调度群配合三峡水库来承担中下游防洪任务</td><td>8月1日开始蓄水，逐步蓄至正常蓄水位1618m</td><td rowspan="8">非汛期水库根据兴利需求进行调度</td></tr>
<tr><td>2</td><td>阿海</td><td>7月1—31日的防洪限制水位为1493.3m</td><td>8月1日开始蓄水，逐步蓄至正常蓄水位1504m</td></tr>
<tr><td>3</td><td>金安桥</td><td>7月1—31日的防洪限制水位为1410m</td><td>8月1日开始蓄水，逐步蓄至正常蓄水位1418m</td></tr>
<tr><td>4</td><td>龙开口</td><td>7月1—31日的防洪限制水位为1289m</td><td>8月1日开始蓄水，逐步蓄至正常蓄水位1298m</td></tr>
<tr><td>5</td><td>鲁地拉</td><td>7月1—31日的防洪限制水位为1212m</td><td>8月1日开始蓄水，逐步蓄至正常蓄水位1223m</td></tr>
<tr><td>6</td><td>观音岩</td><td>7月1—31日的防洪限制水位为1122.3m，8月1日至9月30日的防洪限制水位为1128.8m</td><td>10月1日开始蓄水，逐步蓄至正常蓄水位1134m</td></tr>
<tr><td>7</td><td>溪洛渡</td><td>7月1日至9月10日的防洪限制水位为560m</td><td>与向家坝水库联合调度</td><td>原则上9月上旬开始蓄水，逐步蓄至正常蓄水位600m</td></tr>
<tr><td>8</td><td>向家坝</td><td>7月1日至9月10日的防洪限制水位为370m</td><td>与溪洛渡水库联合调度</td><td>原则上9月中旬开始蓄水，逐步蓄至正常蓄水位380m</td></tr>
</table>

续表

编号	水库名称	防洪调度方式		蓄水调度方式	其他调度
		防洪限制水位	调度方式		
9	锦屏一级	7月1—31日的防洪限制水位为1859m	配合三峡水库承担长江中下游防洪任务	8月1日开始蓄水，逐步蓄至正常蓄水位1880m	非汛期水库根据兴利需求进行调度
10	二滩	6月1日至7月31日的防洪限制水位为1190m		8月1日开始蓄水，逐步蓄至正常蓄水位1200m	
11	紫坪铺	6月1日至9月30日的防洪限制水位为850m	分担川渝河段防洪任务和配合三峡水库分担长江中下游地区防洪任务	10月1日开始蓄水，逐步蓄至正常蓄水位877m	
12	瀑布沟	6月1日至7月31日的防洪限制水位为836.2m，8月1日至9月30日的防洪限制水位为841m		10月1日开始蓄水，逐步蓄至正常蓄水位850m	
13	构皮滩	6月1日至7月31日的防洪限制水位为626.24m，8月1—31日的防洪限制水位为628.12m	配合三峡水库调度	9月1日开始蓄水，逐步蓄至正常蓄水位630m	
14	思林	6月1日至8月31日的防洪限制水位为435m	与构皮滩、沙沱、彭水等水库联合调度，配合三峡水库承担长江中下游防洪任务	9月1日开始蓄水，逐步蓄至正常蓄水位440m	
15	沙沱	6月1日至8月31日的防洪限制水位为357m		9月1日开始蓄水，逐步蓄至正常蓄水位365m	
16	彭水	5月21日至8月31日的防洪限制水位为287m	配合三峡水库承担长江中下游防洪任务	9月1日开始蓄水，逐步蓄至正常蓄水位293m	
17	碧口	5月1日至6月14日的防洪限制水位为697m。6月15日至9月30日的防洪限制水位为695m	与下游麒麟寺水库联合调度	10月1日开始蓄水，逐步蓄至正常蓄水位704m	
18	宝珠寺	7月1日至9月30日的防洪限制水位为583m	配合三峡水库承担长江中下游防洪任务	10月1日开始蓄水，逐步蓄至正常蓄水位588m	
19	亭子口	6月21日至8月31日的防洪限制水位为447.0m	当长江中下游发生大洪水时，与长江上游水库群联合运用	9月1日开始蓄水，逐步蓄至正常蓄水位458m	
20	草街	6月1日至8月31日的防洪限制水位为200m	配合其他水库减轻重庆市主城区防洪压力	9月1日开始蓄水，逐步蓄至正常蓄水位203m	
21	三峡	6月10日至9月30日的防洪限制水位为145m	长江上游发生大洪水，对荆江河段进行防洪补偿调度。长江上游洪水不大，兼顾对城陵矶地区进行防洪补偿调度	9月中旬开始蓄水，分段控制9月蓄水位上升进程	

1. 汛期的应急调度规则

(1) 汛期的梯级水库群应急调度应以防洪安全为首要目标，遵循上游水库先蓄水、下游水库先放水的基本原则。长江汛期与降水一致，降雨量有三个相对集中期：春汛期（4—5月）、夏汛期（6—8月）和秋汛期（8—10月）。其中主汛期为6—8月，防洪压力大；同时梯级水库的防洪库容达200亿m^3以上，下泄流量大，水污染浓度易被稀释，调度规则遵循防洪调度规则。

(2) 非主汛期发生的突发水污染事件，应根据事故发生所处流域位置，减小上游下泄流量，首先完成船只、人员救援；监测污染团断面浓度，设置污染物浓度阈值，加大下泄流量，当污染物浓度阈值达到安全标准时，逐渐减小下泄流量，保持水库水位在汛限水位。

2. 非汛期的应急调度规则

非汛期发生的突发水污染事件，应构建河道水流计算模型、污染物浓度预测模型、污染物溯源模型。其中河道水流计算模型用于计算污染团断面过流流量，污染物浓度预测模型用于计算河道中污染物受流速、水温、风速等因素的迁移速度，污染物溯源模型依据所观测的污染物浓度过程推测出污染物排放位置、排放时间以及排放强度影响。

根据突发水污染事件的应急响应等级，确定相应的应急调度规则。以水库处置历时最短、经济损失最小、水环境保护恢复为目标。

Ⅰ级响应发生时，突发水污染事件影响范围大，在完成船只、人员救援后，采取梯级水库联合调度。以污染物溯源所在断面为主控制断面，计算断面过流流量、污染物迁移速度、扩散范围，设置污染物浓度阈值。进行以降低主控制断面污染物浓度为目标的梯级水库联合调度，设置多个流域及大型水库的重点控制断面。建立控制断面上游水库水量平衡公式及污染物平衡公式，计算下泄流量值后，进行联合调度，均加大下泄流量。下游水库设置若干监测断面检测污染物扩散浓度。若污染物扩散到下游，浓度超过阈值，下游水库同时加大下泄流量；若监测断面污染物浓度符合安全标准，则将污染物引流到处置区域进行稀释吸附等。

Ⅱ级响应发生时，突发水污染事件影响范围较大，在完成船只、人员救援后，采取梯级水库联合调度。以污染物溯源所在断面为控制断面，计算断面过流流量、污染物迁移速度、扩散范围，设置污染物浓度阈值。估算污染物的扩散范围，以降低扩散范围内的污染物浓度为目标进行梯级水库联合调度。控制断面上游水库加大下泄流量，直至断面污染物浓度降至阈值以下。下游水库设置监测断面，实时反馈污染物浓度，调整上游水库下泄流量。

Ⅲ级响应发生时，突发水污染事件影响范围为市（自治州），在完成船只、人员救援后，采取串联水库联合调度。一般只需进行两个左右水库的联合调度，监测污染物源所在断面浓度，设置重点保护区域（取水口等）的控制断面，加大控制断面上游水库的下泄流量，直至控制断面污染物浓度低于阈值。

Ⅳ级响应发生时，突发水污染事件影响范围较小，在完成船只、人员救援后，采取单个水库调度。监测污染物源所在断面浓度，设置重点保护区域（取水口等）的控制断面，加大控制断面上游水库的下泄流量，直至控制断面污染物浓度低于阈值。

5.5.8 应急调度的中止

受气象、水情等客观条件限制，应急调度行动无法进行的，应急响应工作领导小组可以决定暂时中止应急调度行动；中止原因消除后，应当立即恢复应急调度行动。

5.5.9 应急调度结束

出现下列情形之一时，应急响应工作终止：

(1) 连续的监测结果表明水体中引起水污染事件的污染物浓度已经达到正常值，水源地水质检测结果符合国家生活饮用水卫生标准。

(2) 有关应急响应工作已无实施的必要。

5.5.10 应急响应工作评估

水库应急调度的作用是保证在发生突发性水污染事件时，应急处置各小组能及时采取有效的处理措施，防止事故进一步扩散或者减少灾害损失。应急响应工作终止后，综合协调组负责对突发水污染事件处置进行科学、客观地评估总结并编制评估报告。报告内容主要包括：①事件的发现，污染物性质、来源和成因；②应急机制启动、应急处理措施及结果；③事件造成的人员伤亡、财产损失、社会影响和危害；④应急响应过程中存在的问题及今后工作意见和建议。评估报告经应急响应领导小组审核后，报属地人民政府及上级人民政府和水利部。

5.5.11 应急资料归档

当应急响应结束后，综合协调组负责应急响应工作资料的整理与归档。

5.6 保障措施

5.6.1 应急培训

(1) 应急响应工作中应急监测组、调度执行组、综合协调组、现场管控组、后勤保障组、善后处理组相关人员应通过专业培训和在职培训，掌握履行其职责所需的相关知识。

(2) 当地人民政府负责指导各相关部门，为被指定为应急处置储备力量的相关人员开展应急技能和安全知识培训工作。

5.6.2 应急演练

当地人民政府相关部门应根据实际情况，定期或不定期地组织开展应突发水污染事件的应急演练，保证本预案的有效实施及完善，提高应急反应系统的实战能力。

5.6.3 责任与奖惩

突发水污染事件预警和应急处置工作实行责任追究制度。对在突发水污染事件预警和应急处置工作中敢于担当、反应迅速、处置得当、贡献突出的先进集体和个人给予表彰和奖励。对于未按规定履行职责，在应急响应过程中调查、处置不得力、不到位，有玩忽职守、失职、渎职等行为的依照法纪对有关责任人给予行政处分，构成犯罪的，依法追究刑事责任。

第6章

结论与展望

6.1 结论

选择长江上游为研究区域，以突发水污染事件风险识别与评估为切入点，构建梯级水库群应急调度水量水质模拟与预警模型，研究突发水污染事件风险扩散、传递、演化规律，提出梯级水库群应急与常态协同调度方法，编制针对突发水污染事件的梯级水库群应急调度预案；从事前的风险预判和调度预案，到事后的实时预警和应急调度，形成梯级水库群应急预警与调度快速、精准、协同响应成套技术。

1. 突发水污染事件演化规律与风险诊断

在梳理长江上游突发水污染事件演化规律的基础上，基于层次分析法构建了突发水污染风险评价指标体系；选择重庆、宜昌、泸州、宜宾和攀枝花等上游重要沿江城市为典型区域，采用GIS冷热点分析方法对各风险评估指标进行量化，综合统计分析各研究区风险源危险性、风险受体敏感性和区域环境风险可接受程度，探明了研究区潜在水环境污染风险等级空间分布状况，诊断出了高危风险源和高风险江段，如重庆主城区，宜昌市城区，泸州市龙马潭区等江段，这些区域城镇化水平高、人口聚集、工业活动集中，是长江上游突发水污染风险最严重的地区，也是水环境潜在风险监督与管理的重点区域。

2. 突发水污染事件应急模拟与预警

针对突发水污染事件的应急调度，采用多学科交叉的技术手段，集成水文、水动力、水质等学科中与此相关的理论、方法和模型，构建了长江上游突发水污染事件应急模拟与预警数学模型，上始攀枝花、下至宜昌，覆盖长江干流江段约1800km，分为金沙江模块和川江模块。以TP为代表性水质因子，选择2015—2016年水文水质序列开展模型的率定验证，结果表明所建模型能较好地反映水流及污染物在长江上游水库群调控下的演进与输移过程。在此基础上，针对2个拟定的突发水污染事件，开展了水库群不同调度方案下事故污染团输移扩散的应急预警，初步展示了所建模拟模型在事后实时应急预警中的应用前景。

3. 梯级水库群应急与常态协同优化调度

根据梯级水库群蓄放水常态优化调度的特性和要求，基于突发水污染事件应急调度的特点与需求，考虑水库、河道水力联系等约束，以污染物达标所用时间最短以及应急调度过程中损失的电能最少为目标，构建了梯级水库群应急与常态协同优化调度模型，并采用粒子群优化算法和带精英策略的多目标遗传优化算法实现了模型的高效求解。模型在白鹤滩水库、溪洛渡水库和向家坝水库开展了应急调度的情景应用，针对6个拟定的突发水污染事件，对不同调度方案下的污染处置效果展开了详细的计算和结果分析，优选出了水库群应对突发水污染事件的协同优化调度方案集，初步展示了所建优化模型在事后实时应急调度中的应用前景。

4. 梯级水库群应急调度预案

长江上游突发水污染事件应急调度预案，对水污染事件进行了分级分类，以统一领导、分级负责的管理原则，明确了组织机构与职责；从风险因素识别、分级预警及预防信息发布、预警预防措施实施等方面，确定了预警预防机制；制定了水库群应急调度响应程序，并提出了相应的保障措施，当水污染事件发生后，根据水污染事件的发生地、影响范围、严重程度，分级别实施应急响应，通过相关部门及管理机构联动实行水库应急调度。预案的编制，为提高相关部门应对突发性水污染事件的应急处置能力提供技术支撑，当污染事件发生后可做到高效有序的响应处置，当水污染事件发生后，根据水污染事件的发生地、影响范围、严重程度，分级别实施应急响应。

6.2 展望

梯级水库群应急预警与调度问题极为复杂，涉及的学科领域也非常宽泛，本文在这一领域的研究只是一个阶段性探索，还有很多工作有待进一步完善，同时也有很多问题亟待开展相关研究，主要包括以下几个方面。

1. 突发水污染事件演化规律与风险诊断

突发水污染事件演化规律有必要从定性分析为主推进到定量研究。突发水污染风险评估目前采用的层次分析法，主观性较强，同时风险源分级评估影响因素多采用半定量的等级划分，将其各影响因素进行简化；因此要进一步研究如何构建更加普适性、合理化的方法和标准，需要根据实际情况变化不断完善风险评价指标体系，从而使风险评价结果更符合实际情况。此外，风险系统是一个不断变化的动态系统，有必要定期开展风险评估工作，针对新增加的风险源和可能发生的突发水污染事故，添加新的风险源类型以及敏感目标类型。

2. 突发水污染事件应急模拟与预警

随着长江上游乌东德和白鹤滩两座大型水库的建成投产，所建模型中的金沙江模块需要相应进行更新，并采用两库运用后的水文水质资料重新对模型进行率定检验，以反映水流及污染物质输运在新水库群调控下的演进特征。所建模型为开展突发水污染事件的精细化预警指明了可行性，但要进入日常的业务化运行还需开展大量的工作，包括模型参数的多情景设置与优选、模型数值算法的完善、CPU/GPU 异构并行的改造、实时校正模块的集成等，以提高模型适应复杂水情水质条件的鲁棒性与健壮性。

3. 梯级水库群应急与常态协同优化调度

目前所建模型展现了在突发水污染事件应急调度中实现应急与常态协同的可行性，并在白鹤滩、溪洛渡和向家坝 3 座串联水库开展了初步应用；但是实际应急调度时面临的情况更复杂，包括水库的数量更多、水库之间的水力学联系是串并混合，因此所建模型还需进一步拓展至更复杂的库群条件。现有的研究成果说明应急调度目标与常态调度目标之间呈现拮抗关系，如何选择最佳方案实现应急与常态的平衡是一大难题，有必要进一步研究水库群应急调度的极限区间，并提出应急调度与常态调度的协同判别准则。

4. 梯级水库群应急调度预案

由于长江上游水库众多，各个水库的调度规则、方式、权限不尽相同，每个水库的应急调度潜力差异很大。为了更好地实现库群间的协同应急调度，需要在系统评估各个水库的应急调度潜力基础上，明确各个水库实施应急调度对应的江段，以及区群间协同应急调度的原则与秩序。

参 考 文 献

包为民，2009. 水文预报［M］. 4版. 北京：中国水利水电出版社.

包子阳，余继周，2016. 智能优化算法及其MATLAB实例［M］. 北京：电子工业出版社.

毕海普，2011. 三峡库区突发水污染事故的数值模拟及风险评估研究［D］. 重庆：重庆大学.

曾维华，宋永会，姚新，等，2013. 多尺度突发环境污染事故风险区划［M］. 北京：科学出版社.

陈炼钢，施勇，钱新，等，2014. 闸控河网水文-水动力-水质耦合数学模型［J］. 水科学进展，25（4）：534-541.

陈炼钢，施勇，钱新，2013. 闸控大型河网水量水质耦合模拟及水环境预警［M］. 北京：科学出版社.

陈秋颖，刘静玲，2015. 流域水环境风险评价研究展望［J］. 北京师范大学学报（自然科学版）（2）：202-205.

褚君达，徐惠慈，1992. 河网水质模型及其数值模拟［J］. 河海大学学报（1）：16-22.

方娜，2014. 梯级电站群联合发电调度优化方法与应用研究［D］. 武汉：华中科技大学.

管永宽，2012. 蓄滞洪区洪水演进、撤退路线数学模型的研究与应用［D］. 天津：天津大学.

郭媛，2012. 汾河水库突发事件水污染模拟与应急处置研究［D］. 太原：太原理工大学.

郭振仁，张剑鸣，李文禧，2009. 突发性环境污染事故防范与应急［M］. 北京：中国环境科学出版社.

国家自然科学基金委员会工程与材料科学部，2011. 水利科学与海洋工程学科发展战略研究报告（2011～2015）［M］. 北京：科学出版社.

韩龙喜，金忠青，1998. 三角联解法水力水质模型的糙率反演及面污染源计算［J］. 水利学报（7）：31-35.

韩晓刚，黄廷林，2010. 我国突发性水污染事件统计分析［J］. 水资源保护，26（1）：84-86，90.

郝丽娟，綦中跃，2007. 突应对突发性水污染事故存在的问题和建议［J］. 北京水务（2）：34-35.

胡二邦，2009. 环境风险评价实用技术、方法和案例［M］. 北京：中国环境科学出版社.

黄平，孟永刚，2009. 最优化理论与方法［M］. 北京：清华大学出版社.

贾倩，黄蕾，袁增伟，等，2010. 石化企业突发环境风险评价与分级方法研究［J］. 环境科学学报，30（7）：1510-1517.

江铭炎，袁东风，2014. 人工蜂群算法及其应用［M］. 北京：科学出版社.

金忠青，韩龙喜，1998. 一种新的平原河网水质模型—组合单元水质模型［J］. 水科学进展，9（1）：35-40.

雷德明，严新平，2009. 多目标智能优化算法及其应用［M］. 北京：科学出版社.

李纯龙，2016. 长江上游大规模水库群综合运用联合优化调度研究［D］. 武汉：华中科技大学.

李大鸣，管永宽，李玲玲，等，2011. 蓄滞洪区洪水演进数学模型研究及应用［J］. 水利水运工程学报，3（3）：27-33.

李荷华，2018. 化工物流中的HSE关键问题研究［M］. 西安：西安电子科技大学出版社.

李家星，赵振兴，2001. 水力学［M］. 南京：河海大学出版社.

李锦秀，廖文根，黄真理，2002. 三峡水库整体一维水质数学模拟研究［J］. 水利学报（12）：7-10.

练继建，孙萧仲，马超，等，2017. 水库突发水污染事件风险评价及应急调度方案研究［J］. 天津大学学报：自然科学与工程技术版，50（10）：1005-1010.

廖想，2014. 流域梯级水电站群及其互联电力系统联合优化运行［D］. 武汉：华中科技大学.

刘广一，强金龙，于尔铿，等，1988. 凸网络流规划及其在电力系统经济调度中的应用［J］. 中国电机工程学报，8（6）：9－18.
刘国东，宋国平，丁晶，1999. 高速公路交通污染事故对河流水质影响的风险评价方法探讨［J］. 环境科学学报，19（5）：572－575.
雒文生，李怀恩，2009. 水环境保护［M］. 北京：中国水利水电出版社.
马光文，刘金焕，节菊根，2008. 流域梯级水电站群联合优化运行［M］. 北京：中国电力出版社.
梅菊花，2003. 梯级水库非恒定流研究［D］. 武汉：华中科技大学.
彭虹，张万顺，夏军，等，2002. 河流综合水质生态数值模型［J］. 武汉大学学报（工学版），35（4）：56－59.
芮孝芳，2013. 水文学原理［M］. 北京：高等教育出版社.
沈园，谭立波，单鹏，等，2016. 松花江流域沿江重点监控企业水环境污染风险分析［J］. 生态学报，36（9）：2732－2739.
石剑荣，2005. 水体扩散衍生公式在环境风险评价中的应用［J］. 水科学进展，16（1）：92－102.
史瑞兰，孙照东，曾永，等，2011. 黄河下游水量稀释调度若干问题的探讨［J］. 人民黄河，33（8）：58－59.
四川大学水力学与山区河流开发保护国家重点实验室，2016. 水力学［M］. 5版. 北京：高等教育出版社.
宋国浩，张云怀，2008. 水质模型研究进展及发展趋势［J］. 装备环境工程（2）：32－36.
苏友华，2011. 崇左市突发性水污染事件应急调水分析［J］. 企业科技与发展月刊，20：115－117.
孙美云，刘俊，左君，等，2012. 分段马斯京根法在黄河—潼河段洪水预报中应用［J］. 水电能源科学，30（8）：44－46.
孙晓艳，2007. 淮河干流（鲁台子至田家庵河段）一维水质模拟［D］. 合肥：合肥工业大学.
覃晖，2011. 流域梯级电站群多目标联合优化调度与多属性风险决策［D］. 武汉：华中科技大学.
唐磊，2014. 河流水动力水质模拟及应急调度研究［D］. 武汉：华中科技大学.
陶亚，任华堂，夏建新，2013. 突发水污染事故不同应对措施处置效果模拟［J］. 应用基础与工程科学学报，21（2）：203－213.
陶亚，2013. 复杂条件下突发水污染事故应急模拟研究［D］. 北京：中央民族大学.
汪德爟，2011. 计算水力学理论与应用［M］. 北京：科学出版社.
汪立忠，陈正夫，1998. 突发性环境污染事故风险管理进展［J］. 环境工程学报（3）：14－23.
王超，2016. 金沙江下游梯级水电站精细化调度与决策支持系统集成［D］. 武汉：华中科技大学.
王船海，李光炽，向小华，等，2015. 实用河网水流计算［M］. 南京：河海大学出版社.
王方方，雷晓辉，彭勇，等，2017. 考虑水电调蓄的西江水库群应急防洪调度研究［J］. 中国农村水利水电，4：189－193.
王家彪，雷晓辉，廖卫红，等，2015. 基于耦合概率密度方法的河渠突发水污染溯源［J］. 水利学报（11）：1280－1289.
王家彪，雷晓辉，廖卫红，等，2016. 马斯京根法模型改进新思路［J］. 南水北调与水利科技，14（2）：87－92，37.
王家彪，雷晓辉，王浩，等，2018. 基于水库调度的河流突发水污染应急处置［J］. 南水北调与水利科技，16（2）：1－6.
王家彪，2016. 西江流域应急调度模型研究及应用［D］. 北京：中国水利水电科学研究院.
王森，2014. 梯级水电站群长期优化调度混合智能算法及并行方法研究［D］. 大连：大连理工大学.
王爽，王志荣，2010. 危险化学品重大危险源辨识中存在问题的研究与探讨［J］. 中国安全科学学报，5（20）：120－124.
王威，王金生，滕彦国，等，2013. 国内外针对突发性水污染事故的立法经验比较［J］. 环境污染与防治，35（6）：83－86.

王学敏，2015. 面向生态和航运的梯级水电站多目标发电优化调度研究［D］. 武汉：华中科技大学.
王赢，2012. 梯级水库群优化调度方法研究与系统实现［D］. 武汉：华中科技大学.
翁士创，2008. 珠江下游突发性水污染事故预警预报系统研究［D］. 广州：中山大学.
吴其彰，2009. 淮河干流（鲁台子至田家庵河段）二维水质模拟［D］. 合肥：合肥工业大学.
向毅，2018. 高维多目标优化算法及其在最优软件产品选择的应用研究［D］. 广州：中山大学.
肖婧，许小可，张永健，等，2018. 差分进化算法及其高维多目标优化应用［M］. 北京：人民邮电出版社.
辛小康，叶闽，尹炜，2011. 长江宜昌江段水污染事故的水库调度措施研究［J］. 水电能源科学，29（6）：46-48.
徐峰，石剑荣，等，2003. 水环境突发事故危害后果定量估算模式研究［J］. 上海环境科学（增刊）：64-71.
徐贵泉，宋德蕃，黄士力，等，1996. 感潮河网水量水质模型及其数值模拟［J］. 应用基础与工程科学学报（1）：94-105.
徐小明，2001. 大型河网水力水质数值模拟方法［D］. 南京：河海大学.
徐月华，2014. 南水北调东线一期工程南四湖突发水污染仿真模拟及应急处置研究［D］. 济南：山东大学.
徐祖信，廖振良，2003. 水质数学模型研究的发展阶段与空间层次［J］. 上海环境科学，22（2）：79-85.
徐祖信，卢士强，2003. 平原感潮河网水质模型研究［J］. 水动力学研究与进展（A 辑），18（2）：182-188.
杨晨，2014. 汾河水库突发环境事件数值模拟研究［D］. 太原：太原理工大学.
杨春花，许继军，2011. 金沙江下游梯级与三峡梯级水库联合发电调度［J］. 水电能源科学，29（5）：142-144.
杨侃，刘云波，2001. 基于多目标分析的裤裙系统分解协调宏观决策方法研究［J］. 水科学进展，12（2）：232-236.
应红梅，2013. 突发性水环境污染事故应急监测响应技术构建与实践［M］. 北京：中国环境科学出版社.
余真真，张建军，马秀梅，等，2014. 小浪底水库应急调度对下游水污染事件的调控［J］. 人民黄河，36（8）：73-75，100.
张大伟，2014. 南水北调中线干线水质水量联合调控关键技术研究［D］. 上海：东华大学.
张菊，周祖昊，李旺琦，等，2013. 应对突发性水污染事件的水动力与水质模型［J］. 人民黄河，35（11）：44-47.
张军，詹志辉，2009. 计算智能［M］. 北京：清华大学出版社.
张明亮，2007. 河流水动力及水质模型研究［D］. 大连：大连理工大学.
张明亮，2015. 近海及河流环境水动力数值模拟方法与应用［M］. 北京：科学出版社.
张强，富宇，李盼池，2018. 智能进化算法概述及应用［M］. 哈尔滨：哈尔滨工业大学出版社.
张睿，2014. 流域大规模梯级电站群协同发电优化调度研究［D］. 武汉：华中科技大学.
张维新，熊德琪，等，1994. 工厂环境污染事故风险模糊评价［J］. 大连理工大学学报，34(1)：38-44.
张艳军，秦延文，张云怀，等，2016. 三峡库区水环境污染风险评估与预警平台总体设计与应用［J］. 环境科学研究，29（3）：391-396.
张勇传，1998. 水电站经济运行原理［M］. 北京：中国水利水电出版社.
张勇传，2007. 系统辨识及其在水电能源中的应用［M］. 武汉：湖北科学出版社.
赵科理，傅伟军，叶正钱，等，2016. 电子垃圾拆解区土壤重金属空间异质性及分布特征［J］. 环境科学，37（8）：3151-3159.
赵人俊，1979. 马斯京根法-河道洪水演算的线性有限差解［J］. 河海大学学报（自然科学版）（1）：

44－50.

赵昕，张晓元，赵明登，等，2009. 水力学［M］. 北京：中国电力出版社.

赵玉新，Xin－She Yang，刘利强，2013. 新兴元启发式优化方法［M］. 北京：科学出版社.

郑金华，邹娟，2017. 多目标进化优化［M］. 北京：科学出版社.

周建中，张勇传，2010. 复杂能源系统水电竞价理论与方法［M］. 北京：科学出版社.

周雪漪，1995. 计算水力学［M］. 北京：清华大学出版社.

朱德军，陈永灿，王智勇，刘昭伟，2011. 复杂河网水动力数值模型［J］. 水科学进展，22（2）：203－207.

朱德军，陈永灿，刘昭伟，2012. 大型复杂河网一维动态水流-水质数值模型［J］. 水力发电学报，31（3）：83－87.

祝慧娜，袁兴中，曾光明，等，2009. 基于区间数的河流水环境健康风险模糊综合评价模型［J］. 环境科学学报，2009（7）：1527－1533.

左广巍，2004. 河道洪水演算方法的研究与应用［D］. 武汉：华中科技大学.

AKBARI R，HEDAYATZADEH R，ZIARATI K，et al，2012. A multi－objective artificial bee colony［J］. Swarm and Evolutionary Computation，2：39－52.

ANSELIN L，1995. Local indicators of spatial association－LISA［J］. Geogr Anal，27：93－115.

CERCO C F，COLE T，1995. User's Guide to the CE－QUAL－ICM Three－Dimensional Eutrophication Model，Release Version 1.0［R］. U.S. Army Corps of Engineers Waterways Experiment Station.

CHAPRA S C，PELLETIER G J，TAO H，2008. QUAL2K：A Modeling Framework for Simulating River and Stream Water Quality，Version 2.11：Documentation and Users Manual［R］. Medford，MA.，USA：Civil and Environmental Engineering Dept.，Tufts University.

COELLO C A，PULIDO G T，et al，2004. Handling multiple objectives with particle swarm optimization［J］. IEEE Transactions on Evolutionary Computation，8（3）：256－279.

COSTANZA R，NORTON B，KASKEII B，2002. Ecosystem Health：New goals for Environmental Management［M］. Washington DC：Island Press.

DEB K，AGARWAL S，1999. A niched－penalty approach for constraint handling in genetic algorithms［C］. Proceedings of Artificial Neural Nets and Genetic Algorithms. Springer，Vienna，235－243.

DEB K，PRATAP A，AGARWAL S，et al，2002. A fast and elitist multiobjective genetic algorithm：NSGA－Ⅱ［J］. IEEE Transactions on Evolutionary Computation，6（2）：182－197.

DEB K，THIELE L，LAUMANNS M，et al，2001. Scalable Test Problems for Evolutionary Multi－objective Optimization［J］. Evolutionary Multiobjective Optimization，Springer，105－145.

DONALDSON B M，WEBER J T，2007. Use of a GIS based model of habitat cores and landscape corridors for the Virginia department of transportation's project planning and environmental scoping［R］. Environmental Policy.

EBERHART R，KENNEDY J，1995. A new optimizer using particle swarm theory［C］. Proceedings of the Sixth International Symposium on Micro Machine and Human Science，Japan：39－43.

Environmental Laboratory，1995. CE－QUAL－RIV1：A dynamic，one，dimensional（longitudinal）water quality model for streams：user's manual，U.S. Army Engineer Waterways Experiment Station，Vicksburg，MS.

Force Institute of Technology，1998. Wright－Patterson AFB，OH，Technology Report. TR－98－03.

FREDERICKS J W，LABADIE J W，Altenhofen J M，1998. Decision support system for conjunctive stream－aquifer management［J］. Journal of Water Resources Planning and Management，124（2）：69－78.

GETIS A，ORD J K，1996. Local spatial statistics：an overview［A］. In：Longley P，Batty M.（eds）：

Spatial Analysis: Modelling in a GIS environment [C]. GeoInformation International, Cambridge, England, 261 - 277.

HEDAYATZADEH R, HASSANIZADEH B, AKBARI R, et al, 2010. A multi - objective artificial bee colony for optimizing multi - objective problems [C]. Proceedings of 2010 Third International Conference on Advanced Computer Theory and Engineering (ICACTE), Chengdu, China, V5: 277 - 281.

HEIDARI A A, MIRJALILI S, FARIS H, et al, 2019, Chen H. Harrishawks optimization: algorithm and applications [J]. Future Generation Computer Systems, 97: 849 - 872.

HIEW K L, 1987. Optimization algorithms for large - scale multireservoir hydropower systems [D]. Fort Collins, Colorado (USA): Colorado State University.

HOLLAND J H, 1975, Adaptation in Natural and Artificial Systems [M]. Ann Arbor: University of Michigan Press.

K 麦赫默德，V 叶夫耶维奇，1987. 明渠不恒定流 [M]. 林秉南，等，译. 北京：水利电力出版社.

KARABOGA D, 2005. An idea based on honey bee swarm for numerical optimization [R]. Technical Report TR06, Erciyes University, Engineering Faculty, Computer Engineering Department.

KENNEDY J, EBERHART R, 1995. Particle swarm optimization [C]. Proceedings of ICNN'95 - International Conference on Neural Networks, Australia (4): 1942 - 1948.

LABADIE J W, ASCE M, 2004. Optimal operation of multireservoir systems: state - of - the - art review [J]. Journal of Water Resources Planning and Management, 130 (2): 93 - 111.

LEE J H, LABADIE J W, 2007. Stochastic optimization of multireservoir systems via reinforcement learning [J]. Water Resources Research, 43 (11): W11408.

LERMA N, PAREDES - ARQUIOLA J, MOLINA J L, et al, 2014. Evolutionary network flow models for obtaining operation rules in multi - reservoir water systems [J]. Journal of Hydroinformatics, 16 (1): 33 - 49.

LI C A, JAP P J, STREIFFERT D L, 1993. Implementation of network flow programming to the hydrothermal coordination in an energy management system [J]. IEEE Transactions on Power Systems, 8 (3): 1045 - 1053.

MARTIN J L, WOOL T, 1995. A Dynamic One - Dimensional Model of Hydrodynamics and Water Quality EPD - RIV1 Version 1.0: User's Manual [R]. Atlanta, Georgia, USA: Georgia Environmental Protection Division.

Danish Hydraulics Institute, 1993. MIKE11: users & reference manual [R]. Horsholm, Denmark.

MIRJALILI S Z, MIRJALILI S, SAREMI S, et al, 2018. Grasshopper optimization algorithm for multi - objective optimization problems [J]. Applied Intelligence, 48 (4): 805 - 820.

MIRJALILI S, JANGIR P, MIRJALILI S Z, et al, 2017. Trivedi I. Optimization of problems with multiple objectives using the multi - verse optimization algorithm [J]. Knowledge - Based Systems, 134: 50 - 71.

MIRJALILI S, JANGIR P, SAREMI S, 2017. Multi - objective ant lion optimizer: a multi - objective optimization algorithm for solving engineering problems [J]. Applied Intelligence, 46 (1): 79 - 95.

MIRJALILI S, LEWIS A, 2016. The whale optimization algorithm [J]. Advances in Engineering Software, 95: 51 - 67.

MIRJALILI S, MIRJALILI S M, LEWIS A, 2014. Grey wolf optimizer [J]. Advances in Engineering Software, 69 (0): 46 - 61.

MIRJALILI S, SAREMI S, MIRJALILI S M, et al, 2016. Multi - objective grey wolf optimizer: a novel algorithm for multi - criterion optimization [J]. Expert Systems With Applications, 47: 106 - 119.

MIRJALILI S, 2016. SCA: a sine cosine algorithm for solving optimization problems [J]. Knowledged - Based Systems, 96: 120 - 133.

RAMASWAMI, A, MILFORD J, SMALL M, 2005. Integrated environmental modeling: pollutant transport, fate, and risk in the environment [M]. New York: Small John Wiley & Sons Inc.

RASHEDI E, NEZAMABADI - POUR H, SARYAZDI S, 2009. GSA: a gravitational search algorithm [J]. Information Sciences, 179 (13): 2232 - 2248.

SCHWEFEL H P, 1995. Evolution and Optimum Seeking [M]. New York: John Wiley & Sons.

SHI Y H, EBERHART R, 1998. A modified particle swarm optimizer [C]. Proceedings of 1998 IEEE International Conference on Evolutionary Computation, IEEE World Congress on Computational Intelligence (Cat. No. 98TH8360): 69 - 73.

STORN R, PRICE K, 1996. Minimizing the real functions of the ICEC'96 contest by differential evolution [C]. Proceedings of the IEEE Conference on Evolutionary Computation, Japan: 842 - 844.

Tetra Tech, INC., 2007. The Environmental Fluid Dynamics Code Theory and Compution [R].

VAN VELDHUIZEN D A, LAMONT G B, 1998. Multiobjective evolutionary algorithm research: A history and analysis [R]. Department of Electrical and Computer Engineering, Graduate School of Engineering, Air

WOOL T A, AMBROSE R B, MARTIN J L, et al, 2001. Water Quality Analysis Simulation Program (WASP): User's Manual [R]. USEPA.

YANG X S, DEB S, 2009. Cuckoo search via levy flights [C]. Proceedings of 2009 World Congress on Nature & Biologically Inspired Computing (NaBIC): 210 - 214.

YAO X, LIU Y, LIN G M, 1999. Evolutionary programming made faster [J]. IEEE Transactions on Evolutionary Computation, 3 (2): 82 - 102.

YAO X, LIU Y, 1997. Fast evolution strategies [C]. Proceedings of International Conference on Evolutionary Programming VI (EP 1997), 1213: 149 - 161.

YEH W W G, 1985. Reservoir management and operations models: a state - of - the - art review [J]. Water Resources Research, 21 (12): 1797 - 1818.

ZHANG Q F, ZHOU A M, ZHAO S Z, et al, 2008. Multiobjective optimization test instances for the CEC 2009 special session and competition [R]. Proceedings of Special Session on Performance Assessment of Multi - objective optimization algorithm, Technical Report. Universit of Essex, Colchester, UK and Nanyang Technological University, Singapore.

ZHANG Y, 2005. Simulation of open channel networks flow using finite element approach [J]. Communication Nonlinear Science and Numerical Simulation, 10 (5): 467 - 478.

ZHAO W G, WANG L Y, ZHANG Z X, 2019. A novel atom search optimization for dispersion coefficient estimation in groundwater [J]. Future Generation Computer Systems, 91: 601 - 610.

ZHAO W G, WANG L Y, ZHANG Z X, 2019. Atom search optimization and its application to solve a hydrogeologic parameter estimation problem [J]. Knowledge - Based Systems, 163: 283 - 304.

ZITZLE E, THIELE L, 1999. Multiobjective evolutionary algorithms: a comparative case study and the strength Pareto approach [J]. IEEE Transactions on Evolutionary Computation, 3 (4): 257 - 271.

ZITZLER E, DEB K, THIELE L, 2000. Comparison of multiobjective evolutionary algorithms: empirical results [J]. Evolutionary Computation, 8 (2): 173 - 195.

ZITZLER E, 1999. Evolutionary algorithms for multiobjective optimization: methods and applications [D]. Swiss Federal Institute of Technology Zurich.

ZITZLER E, LAUMANNS M, 2001. SPEA2: improving the strength Pareto evolutionary algorithm for multiobjective optimization [C]. Proceedings of the EUROGEN' 2001, Evolutionary Methods for Design, Optimization and Control with Applications to Industrial Problems: 95 - 100.